浙江省重点教材建设项目

家禽生产

JIAQIN SHENGCHAN

吕 骅 吴海洪 主 编

ZHEJIANG UNIVERSITY PRESS
浙江大学出版社

编委会

主　编　吕　骅　金华职业技术学院

吴海洪　嘉兴职业技术学院

副主编　赵海云　嘉兴职业技术学院

吴春琴　温州科技职业学院

赵　江　温州科技职业学院

编　委（按姓氏笔画排序）

刘德明　金华市畜牧兽医局

吴　瑗　金华职业技术学院

宋维龙　金华市畜牧兽医局

胡晓青　金华市畜牧兽医局

高士寅　金华市畜牧兽医局

舒鑫标　浙江大飞龙动物保健品有限公司

曾庆山　浙江大北农农牧科技有限公司

前　言

本教材根据《教育部关于全面提高高等职业教育教学质量的若干意见》《教育部关于加强高职高专教育教材建设的若干意见》等文件精神，同时按照畜牧兽医类专业人才培养目标，并结合家禽生产规模化、规范化和标准化对高端人才的需要而编写。

家禽生产是高职高专畜牧兽医类专业核心课程，其实践性、应用性和操作性均非常强。在编写过程中，我们遵循以下原则：以职业能力训练内容为主，以学术理论为辅；以家禽生产综合能力训练为主线；以单项技能训练为重点；以选取内容实用、适用和够用为基准。

本教材以学生就业为导向，以适用“工学结合”的教学模式为出发点，基于家禽生产过程，以项目引导、任务驱动为基本形式。教材内容选取以鸡生产为主，以水禽生产为辅；以种鸡生产为主线，以蛋鸡生产为重点。全书设计了养禽场的选择与设计、家禽品种的识别及主要经济性状、家禽的繁育与人工孵化、蛋鸡生产、肉鸡生产、种鸡生产、水禽生产、养禽场的综合性卫生防疫、养禽场的经营管理与产品质量控制等九个项目，共包含35个学习任务，每个项目都附有教学目标、技能目标以及技能训练，达到“学中做，做中学”的目的，以培养学生分析与解决家禽生产实际问题的能力和职业素质。

本教材是基于家禽生产过程，任务驱动的项目化教材；畜产品安全生产、规范化管理工作和标准生产等先进理念贯穿全书；从养殖场建设开始，按照家禽生产工艺流程顺序由浅入深逐步展开教学内容。教材中设计了许多需要学生动手操作的内容，利于教师就此开展让学生边做边学、先做后学“工学结合”的教学模式。本教材编写团队阵容强大，既有从事生产、具有实战经验的经营管理者，又有从事家禽生产教学多年、经验丰富的教师。

本教材由吕骅、吴海洪担任主编，赵海云、吴春琴、赵江担任副主编，并组织省内相关的高职院校及畜牧兽医行业内的近10位专家、学者共同编写了本教材。具体分工如下：吕骅编写项目一；宋维龙、赵海云编写项目二；吴海洪编写项目三；吕骅编写项目四；吕骅、高士寅编写项目五；胡晓青、刘德明编写项目六；吴春琴编写项目七；吴瑗、舒鑫标编写项目八；赵江、曾庆山编写项目九。全书由吕骅统稿。

本教材可作为高职院校畜牧、畜牧兽医、兽医、饲料与动物营养、动物防疫与检疫、兽药生产与营销、兽医医药等专业的教材，也可作为从事与家禽相关研究及生产技术人员的培训教材与参考书。

本教材在编写过程中参考了国内外许多优秀教材，查阅了大量的相关资料，吸收和引用了许多专家、学者和同行的研究成果，在此一并致以诚挚的谢意。

由于时间仓促，编者水平有限，本教材错漏之处在所难免，恳请读者和同行批评指正。

编　者

2017年6月

目 录

项目一　养禽场的选择与设计

☞ **教学目标**

1. 了解养禽场的选择、规划设计与常用设备使用的理论知识。

2. 掌握养禽场的规划设计方法与常用设备的安装、使用技术，通过禽舍结构及其设备的使用与环境结合以达到提高生产效率的目的。

♠ **技能目标**

1. 根据当地实际、养殖规模、饲养方式、设备的机械化程度与地理位置等，能为新建的养禽场科学选择场址，并根据场址实际情况进行规划布局、规划设计，能初步设计禽场总平面图，能绘制建筑物布局平面图。

2. 具备根据家禽生产工艺流程初步设计禽舍的能力。

♣ **案例导入**

某大型养殖企业将投资新建一个年产1000万羽雏鸡的蛋用父母代种鸡场，要求具备标准化、机械化饲养的配套设施，完善的生产功能区，合理的布局和防疫措施。你将如何进行场址的选择，并进行规划设计，绘制建筑物布局平面图？

养禽场规划设计是养禽场关键性的硬件工程，主要包括养殖场的选址及合理布局、养禽场禽舍设计及养禽场绿化美化。鸡舍设备是根据家禽饲养方式而采用的一定的机械设备，养禽场的设备影响着家禽的生产水平和养殖企业的经营效益。养禽场的规划设计事关养禽场的生物安全体系建设。实践证明，一些养禽场由于选址不当、场内外布局不合理或舍内外环境不易控制等，造成疾病屡屡发生，难以从根本上解决。建立一个选址科学、结构合理及舍内外环境易控制的养禽场是养好家禽的前提，好的规划设计能给养禽场带来无形的效益。

任务1.1　养禽场场址的选择及布局

一、养禽场场址的选择

养禽场根据生产任务和经营性质的不同，分育种场、种禽繁殖场和商品禽场三级。场址选择时推行经营区、生活区与生产区异地建设的布局，将办公区、生活区设在远离养禽场的城镇中，将养禽场建在城郊外；同时，生产区应改变"大、齐、全"的观念，采用分点式或多点式生产，将育种场、种禽繁殖场、商品禽场异地建设。场址选择时还要考虑建场的任务、生产需要、国家养禽生产总体规划及地方资源等情况。所以在场址选择决定前，有必要做好自然条件和社会条件的调查研究。

(一)自然条件

1. 养禽场的位置

养禽场的位置要选择远离公路、铁路、屠宰场、化工厂等处，距城市 3000m 以上，空气和水源没有被污染的位置。养禽场应建在高燥、排水良好、背风向阳、空气流通的山坡上，禽舍坐向最好为坐北朝南或坐西北朝东南。养禽场的位置应选在居民点下风处，地势要低于居民点，但要离开居民点污水排放口，更不应选在化工厂、屠宰场、制革厂等容易造成污染的企业的下风处或附近。

2. 地形地势

地形是指场地形状、大小和地物(如房屋、树木、河流沟坎等)情况，要求开阔整齐、边角不宜过多。地势是指场地的高低起伏状况，要求高燥、排水良好。平原地区建养禽场时场址应选择在比周围地段稍高的地方，以利排水。山区建场应选在缓坡上，坡面向阳，鸡场总坡度不超过 25%，建筑区坡度应在 2%～3%。在靠近河流、湖泊的地区，场地要选择在较高的地方，应比当地水文资料中最高水位高 1～2m，离河流或湖泊 1000m 以上，严禁向河流或湖泊排放污水，同时需要考虑养禽场的污水排量应与附近的田地及果园对污染物的处理能力相匹配。

3. 水源水质

(1)要求水量丰富(包括丰水季、枯水季)，包括场内人员用水、家禽饮用水、饲养管理用水和消防用水等，同时应考虑河流、湖泊流量，地下水的初见水位和最高水位，含水层厚度和流量等。

(2)要求水质良好、水质清洁，不含细菌、寄生虫卵及矿物毒物。在选择地下水作为水源时，要调查是否因水质不良而出现过某些地方性疾病。水质包括酸碱度、硬度、透明度，以及有无污染源和有害化学物质等，应做水质的物理、化学和生物污染等方面的化学分析。

(3)水源要容易保护。

4. 地质土壤

主要是收集拟定场区的地质资料，如有无断层、陷落、塌方及地下泥沼地层等。同时，应考虑土壤情况，要求土壤透水透气性强、毛细管作用弱、吸湿性和导热性弱、质地均匀、抗压性强。沙土及沙石土透水透气性强，易干燥，受有机物污染后自净能力强，场区空气卫生状况好，抗压能力一般较强，但其热容量大、昼夜温差大。黏土透水透气性差，易潮湿而滋生各种微生物、寄生虫及蚊蝇等，受有机物污染后降解速度慢，不易消除，抗压性能差，易冻胀。沙壤土和壤土的特性介于沙土和黏土之间，是最好的土壤，也是理想的养禽场建设用地。

5. 气候因素

主要了解常年气候资料，包括平均气温，绝对最高、最低气温，土壤冻结深度，降雨量与积雪深度，最大风力，常年主导风向，日照情况等。

(二)社会条件

1. 三通条件

三通条件是指供水、供电、交通三个方面的条件。要求水量丰富、水质良好，电供应或储备充足,交通既要方便,又要使牧场与交通干线保持适当的距离。一般畜牧场距离国道和铁路不少于500m,距离省级道路不少于300m,距离地方公路不少于50m。

2.环境疫情

对当地疫情要做周密的调查研究,特别要注意兽医站、畜牧场、集贸市场、屠宰加工场距拟建养禽场的距离,以及有无自然隔离条件等,防止给本场防疫工作带来危害,同时考虑本场疫情情况是否会给公共安全体系带来危害。

3.确定养禽场位置的其他条件

选址时应考虑该地是否有利于公共安全体系的建立,是否有利于养禽场生物安全体系的建立,是否有利于生活的便利和社会联系,是否有利于产品销售,是否有利于周围环境保护问题。养禽场应尽量利用无农耕价值地段,节约土地资源。

国家级家禽品种和地方资源家禽品种保护区内严禁建养禽场。

二、养禽场建筑物的布局与规划

(一)养禽场总体布局

1.推行经营区、生活区与生产区异地建设的布局。将办公区、生活区设在远离养禽场的城镇中,将养禽场建在城郊外,变成一个独立的生产单位。这样有利于办公区的信息交流和产品销售,也有利于生活区的生活便利和社会联系,更有利于养禽场生物安全体系的建立。

2.生产区改变"大、全、齐"的概念,采用多点式或分点式生产,即将育种场、种禽繁殖场、商品禽场异地建设。多点式或分点式生产要求各生产区既能根据各自生产特点组织生产,也能利用天然防疫屏障提高养禽场的生物学安全。

3.实在难以将经营区、生活区与生产区异地建设的养禽场,应按建筑物的种类和建筑设施的用途来进行布局。养禽场分区规划的总体原则是按人、禽、污三者中以人为先、污为后,风与水中以风为主的顺序排列。生活区一般位于经营区100m以外的上风向处,生产区应位于生活区、经营区500m以外的下风向处,粪便处理设施应位于生产区300m以外的下风向处。禽场建筑物共分为5类:①经营性用房,包括门市、办公室、接待室、会议室、图书资料室、财务室、门卫室,以及配电、水泵、锅炉、车库、机修等用房;②生活性用房,包括食堂、宿舍、医务室、浴室等房舍;③生产性用房,包括各类禽舍、孵化室等;④生产辅助用房,包括料库、蛋库、兽医室、消毒更衣室等;⑤检疫隔离室、解剖室、化粪池和化尸池等设施。各类建筑物的总体布局构成了养禽场的总平面图。

养禽场的合理布局事关养禽场的生产经营、养禽场生物安全体系和人类公共安全体系的建设,它关系到养禽场的持续发展和人类的公共安全。

(二)养禽场内建筑物的布局

1.养禽场内各生产区的布局

(1)养禽场生产区四周需砌围墙或绿色隔离带与外界隔离,有条件的尽量做一个防疫沟与外界隔离;

(2)养禽场内各生产区之间要有一定的距离和绿色林作为缓冲防疫隔离带;

(3)各生产区间应配有检疫隔离间和消毒池。

2.生产区内各生产用房的布局

生产区内各生产用房的布局是根据养禽场生产流程来安排的，养禽场内有两条主要的流程线：一条流程线为饲料（库）→禽群（舍）→产品（库）；另一条流程线为饲料（库）→禽群（舍）→粪污（场）。饲料库与蛋库因与场外联系频繁、劳动量大，因此均要靠近生产区的上风向，但不能在生产区内。粪污场与饲料库和蛋库为相反的方向，因此其平面位置也应是相反的下风向或偏角的位置。

鸡舍的生产工艺流程为种鸡→种蛋→孵化→育雏→育成→成鸡，其生产布局应按所饲养鸡群的经济价值和鸡群获得的免疫力有序排列。种鸡生产小区的防疫环境应优于商品鸡；育雏育成鸡小区的防疫环境又应优于成年鸡，且其与成年鸡舍的间距要远大于本群鸡舍的间距。

孵化场与场外联系较多，宜建在靠近场前区的入口处，不宜深入场区深处，最好在专用道路的入口处单独建场。孵化场周围环境要清静、空气新鲜（场区周围最好是绿树成荫），要远离震动较大、粉尘严重的区域，以防震伤胚胎或使胚胎中毒、感染疾病。

生产用房一般要求横向成行、纵向成列，尽量将建筑物排成方形，避免排成狭长形而造成饲料、粪便运输距离加大，给管理和工作带来不便。四栋以内，单行排列；超过四栋，则可双行或多行排列。

3.养禽场内道路的布局

道路是养禽场各建筑物间联系的纽带，场内道路按大小可分为主干道（5m 以上）和支干道（2～5m），按用途可分为净道和污道。净道是饲料和产品的运输通道。污道是运输粪便、病死鸡、淘汰鸡以及废弃物设备的专用道。为了保证养禽场的安全，设计时道路与房屋及禽舍之间要有合适的间距，净污分开，互不交叉，出入口分开，净道不能与污道贯通，净道和污道以沟渠或林带相隔。

4.养禽场内管线的布局

在保证防疫安全的前提下，养禽场内各建筑物排列要紧凑，以缩短筑路、给排水管道和架设电线的距离，减少建设投资。

任务 1.2　鸡舍的设计、类型及其结构

一、鸡舍间距设计

鸡舍间距是指各鸡舍之间的距离，鸡舍间距要考虑到防疫、防火、日照和排污的要求。鸡舍间距与鸡舍高度和长度有一定的关系，可取 5～8 倍的鸡舍高度作为鸡舍间距；鸡舍的长度增加，鸡舍间距可适当增加。鸡舍间距一般为 20～50m。

二、鸡舍类型的选择

鸡舍类型是指鸡舍的建筑形式和密封性，鸡舍类型有开放式和密闭式两种。

(一)开放式鸡舍

所谓开放式鸡舍，是指舍内与外部直接相通，可直接利用光、热、风等自然能源的鸡舍。

此种建筑投资低，但易受外界不良气候的影响，需要投入较多的人工进行温度、湿度的调节，主要有以下三种形式。

1. 全开式鸡舍

此种鸡舍四周无墙壁，由柱子或砖条支撑房顶，用网、篱笆或塑料纺织物等与外部隔开。这种鸡舍通风效果好，但防寒、防暑、防雨、防风效果差，用于种鸡、育成鸡和成鸡的饲养，适用于热带或亚热带地区及我国北方夏季使用，但低温季节需做好保温防寒工作。这种鸡舍适用于广大农村地区，我国大部分养鸡场尤其是农村养鸡户均采用此种鸡舍。

2. 半开放式鸡舍

半开放式鸡舍是指前墙和后墙上部敞开的鸡舍(见图 1-2-1)。敞开的面积取决于气候条件及鸡舍类型，一般敞开 50%～60%的面积。敞开部分可安装卷帘、塑料布、草卷等，高温季节拉起通风，低温季节封闭保温。这种鸡舍用于种鸡、育成鸡和成鸡的饲养，适用于气候条件变化不大的地区。

3. 有窗鸡舍

有窗鸡舍是指四周用围墙封闭，前后墙设有较大的窗口用来采光和通风的鸡舍(见图 1-2-2)。此种鸡舍可借助一定的设备人工调节舍温和污气。这种鸡舍适用于各阶段鸡的饲养，也适用于各种气候条件，是目前采用最多的鸡舍类型。

图 1-2-1　半开放式鸡舍

图 1-2-2　有窗鸡舍

(二)密闭式鸡舍

密闭式鸡舍是指无窗、与外界隔离的鸡舍(见图 1-2-3)。密闭式鸡舍要求屋顶与四周隔温良好，可通过设备的控制与调节减少自然不利因素对鸡群的影响，使舍内小气候适宜于鸡体生理特点的需要。密闭式鸡舍的建筑和设备投资高，对电的依赖性大，饲养管理技术要求高，需要根据当地的气候条件和资金能力慎重地选用。此种鸡舍一般适宜于大型机械化鸡场和育种公司。

图 1-2-3　密闭式鸡舍

三、鸡舍结构设计与布局

(一)鸡舍结构的设计

1.鸡舍的坐向

鸡舍的坐向应根据日照和通风的方向来确定。开放式鸡舍场区排污需要借助于自然通风,利用主导风向与鸡舍长轴所形成的一定角度获得较好的排污效果。密闭式鸡舍造禽舍时最好坐北朝南或坐西北朝东南,鸡舍的主要窗户尽可能向南或基本向南。

2.鸡舍的长度

鸡舍的长度指每栋鸡舍的长度。鸡舍长度取决于设计容量,应根据每栋鸡舍具体需要的面积与跨度来确定。大型机械化生产鸡舍长度一般为 66m、90m、120m;中小型普通鸡舍为 36m、48m、54m。鸡舍长度可用以下公式来确定:

$$\text{鸡舍长度}=\frac{\text{鸡舍面积}}{\text{鸡舍跨度}}$$

3.鸡舍的跨度

鸡舍的跨度指鸡舍的宽度。鸡舍的跨度与鸡舍类型和舍内的设备有关。普通开放式鸡舍跨度不宜太大,否则舍内的采光与换气不良,一般以 6～9.5m 为宜;采用机械通风的鸡舍其跨度可在 9～12m;笼养鸡舍要根据安装列数和走道宽度来决定鸡舍的跨度。

4.鸡舍的高度

鸡舍的高度与饲养方式、笼层高度、跨度与气候条件有关,一般以 2.5～3.0m 为宜。在南方干热地区,鸡舍的高度可适当高些以利于通风,北方寒冷地区可适当矮些以利于保温。

5.鸡舍的地面

鸡舍的舍内地面一般要高出舍外地面 30cm,潮湿或地下水位高的地区应高出 50cm。鸡舍的地面要求表面坚固、无缝隙,多采用混凝土铺平,虽造价较高,但便于清洗、消毒,还能防潮、保持鸡舍干燥。笼养鸡舍地面应设有浅粪沟,比地面深 15～20cm。

6.鸡舍的墙壁

鸡舍墙壁的有无、多少或厚薄依当地气候条件和鸡舍类型而定。育雏室要求墙壁保温性能良好,并有一定数量的窗户来保温和通风;中鸡舍和种鸡舍的前、后墙壁有全敞开式、半敞开式和开窗式几种,一般敞开 1/3～1/2。有墙鸡舍应与地面一起抹上墙裙,便于冲刷消毒和隔湿。寒冷地区的鸡舍可增加墙体厚度。

7.鸡舍的窗

有窗鸡舍的窗口设计形式不一,除南北侧墙上部面积较大的通风窗外,有的鸡舍上部设天窗,或在侧壁下部设地窗,起调节气流或辅助通风作用。利用机械负压通风时,风机口是集中的排气口,窗口为进风口,其面积和位置应与风机功率大小一致,既要避免形成穿堂风,又要使气流均匀,防止出现涡流或无风的滞留区。

8.鸡舍的屋顶

鸡舍屋顶的形式有很多种,如平屋顶、双坡式屋顶、单坡式屋顶、联合式屋顶、半钟楼式屋顶、钟楼式屋顶、拱式屋顶、平拱式屋顶等(见图 1-2-4),一般根据当地的气温、通风等环境因素来决定。在实际生产中,大多数鸡舍采用双坡式屋顶,坡度值一般为 1/4～1/3。屋顶材料要求绝热性能良好，以利于夏季隔热和冬季保温。在气温高、雨量大的地区，屋顶坡度要大一些，屋顶两侧加长房檐。北方寒冷地区的屋顶最好设顶棚，其上放一层稻草或干草以增加隔热性能。

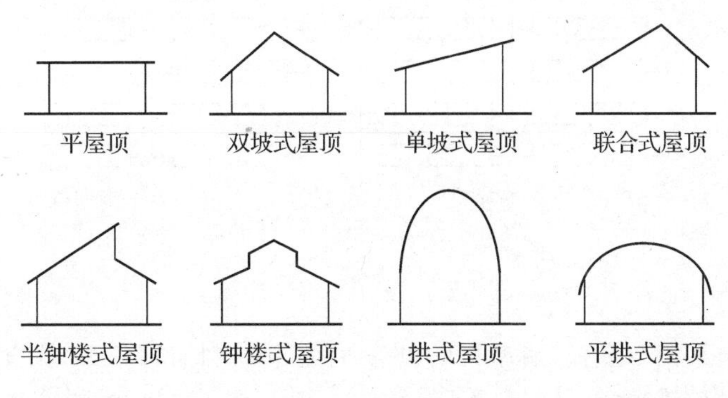

图 1-2-4 鸡舍屋顶形式

(二)鸡舍的布局

1. 平养鸡舍

按鸡栏排列与走道的组合划分，平养鸡舍有以下几种类型。

(1)无走道平养鸡舍。这种鸡舍不设专门的通道，舍内面积利用率高。管理鸡群时饲养人员进入鸡栏不如有走道鸡舍操作方便，也不利于防疫。

(2)单列单走道平养鸡舍。舍内走道约 1m 宽，饲养人员在走道上操作，管理方便，不经常进到栏内，有利于鸡群防疫。但走道所占鸡舍面积的比例较大，使舍内有效利用面积较低，适于跨度较小的种鸡舍采用。

(3)双列单走道或双走道平养鸡舍。双列单走道是指鸡舍纵向的中央设走道，分别管理两侧栏圈鸡群，饲养人员操作方便，可提高走道的利用率，如垫料或网上平养鸡舍多用这种形式。也可采用走道设在沿墙两侧的形式，将双列鸡栏放在鸡舍中部，集中使用一套喂料设备，便于鸡群管理，且开窗方便。

(4)三列二走道或三列四走道平养鸡舍。舍内设计三列鸡舍，若有两列纵向沿墙排列则用二走道，舍内面积利用率高，但开放式鸡舍靠墙时鸡栏易受外界气温和光照的影响，夏季开窗时还易因洒落雨水而弄湿垫料。还可采用三列四走道形式，走道应控制在 60～80cm，否则舍内面积利用率低。

上述方式以单列式、双列式排列比较普遍。跨度较大的鸡舍采用三列式，甚至还有四列多走道排列式(见图 1-2-5)。

2. 笼养鸡舍

笼养鸡舍鸡笼的列数与平养鸡舍的形式完全相同，只是每列鸡笼都必须在走道上操作，因此需留有一定宽度的工作道：半架笼组为单侧道，整架笼两侧都应设走道。

3. 鸡舍的建筑方式

按鸡舍组建方式划分，鸡舍可分为砌筑型鸡舍和装配型鸡舍两种。砌筑型鸡舍常用砖瓦或其他建筑材料。近年已研制出装配型结构的鸡舍，施工时间短，鸡舍构件已由专业厂家生产，建造质量也有保障。目前适合装配型鸡舍的复合板块材料有多种，房舍面层材料有金

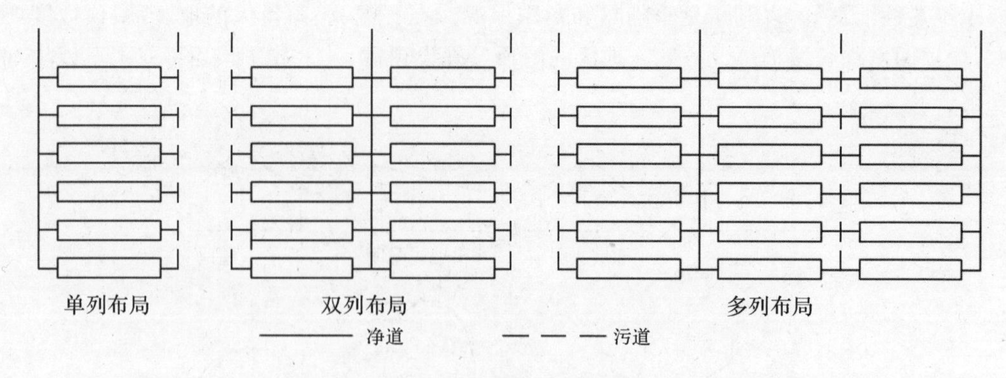

图 1-2-5　养鸡场鸡舍排列

属镀锌板、玻璃钢板、铝合金板、耐用瓦面板等，保温层材料有聚氨酯、聚苯乙烯等高分子发泡塑料，以及岩棉、矿渣棉、纤维材料等。

四、孵化场的设计

(一)孵化场场址的选择

孵化场要建在环境清静、空气新鲜、交通方便、水电资源充足的地方，要远离震动较大、粉尘严重和污染严重的区域，以防震伤胚胎或使胚胎中毒、感染疾病。

(二)孵化场的设计

1. 孵化场的布局

孵化场按照“种蛋→种蛋消毒→种蛋保存→种蛋处置(分级码盘等)→孵化→移盘→出雏→雏鸡处理(分级鉴别、预防接种等)→雏鸡存放”的生产流程进行布局。由“种蛋”到“出雏”，较小的孵化场可采用“一”字形流程布局；但大型孵化场则应以孵化室、出雏室为中心，根据生产流程确定孵化场的布局，安排其他各室的位置和面积，以减少运输距离和工作人员在各室之间不必要的往来，提高房室的利用率，有效改善孵化效果。

2. 孵化场的规模

孵化场的规模应根据当地养鸡发展情况而定，应充分调查本地区养鸡场的数量、鸡的品种和存栏量，计算出每月需要生产的雏鸡量和所需的种蛋数、批次、每批入孵的种蛋数，进而确定孵化箱的台数和孵化室的面积。根据每批出雏的最高数量，来确定出雏室和雏鸡存放室、贮蛋室、收蛋室、洗涤室、雏盒室等需要的面积，作为建场的依据。

3. 孵化场的建筑

孵化室、出雏室内最好为无柱结构，便于孵化机布局及管理操作；地面至天花板一般高度为 3.4～3.8m；孵化室与出雏室之间设缓冲间。孵化场的地面用混凝土浇筑，表面要光滑、平整；孵化场的墙壁、地面和天花板应选用防火、防潮和便于冲刷消毒的材料；排水沟口径和坡度要稍大，要用铁箅子盖好。

(三)孵化机的安装

安装孵化机时，孵化机间距应在 80cm 以上，孵化机与墙壁之间的距离应不小于 1.1m(以不妨碍码盘和照蛋为原则)，孵化器顶部离天花板的高度应为 1～1.5m。

任务1.3　养禽场绿化美化

一、专业养禽场绿化美化原则

统一规划布局，因地制宜地植树、栽花、种草是现代化养禽场不可缺少的建设项目。养禽场的绿化美化要遵循以下原则。

（一）自然性、地域性原则

所选植物首先要符合当地的自然状况，并与地形、水系相结合，按照自然植被的分布特点进行植物配置，做到"适地适树"，充分展现当地的地域性自然景观特征、人文景观特征和植物群落的自然演变特征。

（二）防蚊防蝇原则

按照植物本身的花、叶的味道，选择能够防蚊防蝇的植物，做到绿化美化和防蚊防蝇相结合。

（三）多样化原则

植物景观应充分体现当地植物品种的丰富性和植物群落的多样性特征。营造丰富多样的植物景观，首先依赖于丰富多样的环境空间的塑造，所谓"适地适树"原则，就是强调为各种植物群落营造更加适宜的生境。

（四）时间性原则

植物景观设计应充分利用植物生长和植物群落演替的规律，注重植物景观随时间、随季节逐渐变化的效果。

（五）经济性原则

强调植物群落的自然适宜性，力求植物景观在养护管理上的经济性和简便性。应尽量避免养护管理费时费工、水分和肥力消耗过高、人工性过强的景观设计手法。

二、不同区域的绿化

（一）场区林带的规划

在场界周边种植乔木和灌木混合林带，并种植刺笆。乔木类可选择大叶杨、旱柳、钻天杨、榆树及常绿针叶树等；灌木类可选紫穗槐等；刺笆可选陈刺等，起到防风、阻沙、安全等作用。

（二）场区隔离带的设置

场区内的隔离带主要用以分隔场内各区，如生产区、生活区及行政管理区的四周都应设置隔离林带，一般可种植杨树、榆树等，其两侧种灌木，起到隔离作用。

(三)运动场遮阳林

在运动场的东、南、西三侧应设 1～2 行遮阳林，一般可选择枝叶开阔、生长势强、冬季落叶后枝条稀少的树种，如杨树、法国梧桐等。

(四)生产区绿化

绿化以植物为主，从而在净化空气、减少尘埃、吸收噪声、保护生产区环境方面有良好的作用，同时有利于改善小气候、遮阳降温、防止西晒、调节气温、降低风速。在炎夏静风时，由于温差而促进空气交换。

总之，树种花草的选择应因地制宜，就地取材，加强管护，保证成活。通过绿化，改善养禽场的环境和局部小气候，净化空气，美化环境，同时也起到隔离作用。

任务 1.4　鸡场的设备及其使用

一、饲养设备

(一)鸡笼

1. 育雏笼

育雏笼用于饲养 0～6 周龄的雏鸡，采用最多的是电热育雏笼。它由加热笼、保温笼、活动笼三部分组成，通常为四层叠层式，由四组或五组组成，每层下方都有承粪板，食槽、水槽挂于活动笼外(见图 1-4-1、图 1-4-2)。

图 1-4-1　叠层式育雏笼

图 1-4-2　阶梯式育雏笼

2. 育成笼

育成笼适用于 7～20 周龄育成鸡，其基本结构与蛋鸡笼相似，但底网无坡度、无集蛋槽。

3. 蛋鸡笼

目前，蛋鸡笼有适用于轻型蛋鸡的轻型蛋鸡笼和适用于中型鸡的中型蛋鸡笼两种。蛋鸡笼由底网、前网、隔网、顶网和后网等组成(见图 1-4-3、图 1-4-4)。

图 1-4-3　双层蛋鸡笼

图 1-4-4　三层蛋鸡笼

(二)饲喂设备

养鸡生产中喂料设备包括贮料塔、输料机、饲槽、喂料机等几部分。

1. 贮料塔

贮料塔建在鸡舍的一端或侧面，用来贮存该鸡舍 2～3 天的饲料量，以防供料中断，不能均衡供料(见图 1-4-5)。

2. 输料机

目前从贮料塔向鸡舍内送料的输送装置有螺旋弹簧式、普通螺旋式、塞盘式等多种形式，但以螺旋弹簧式居多。螺旋弹簧一端固接于输料机电机上，另一端连于贮料塔出料口螺旋轴上，螺旋弹簧旋转时，可把贮料塔中的饲料输送到鸡舍各下料口，经下料口落入喂料机料箱中(见图 1-4-6)。

图 1-4-5　贮料塔

图 1-4-6　输料机

3. 饲槽

常用的饲槽有：饲碟、长饲槽、喂料桶和盘筒式饲槽等。

(1)饲碟。用于 5 日龄以内的雏鸡，每只饲碟可供 100 只雏鸡使用。

(2)长饲槽。长饲槽为长条形状，用塑料或镀锌板等材料制作。

(3)喂料桶。喂料桶适用于平养鸡舍。饲料加入喂料桶中，在调节装置的某一位置时，喂料桶与食盘之间有环形带状间隙，饲料由此间隙流到料盘外周供鸡食用，调节装置主要调

图 1-4-7　喂料桶

节流料间隙，以满足不同日龄鸡只的采食需要（见图 1-4-7）。

(4)盘筒式饲槽。盘筒式饲槽适用于平养鸡舍，可与螺旋弹簧式喂料机和塞盘式喂料机配套使用。

4. 喂料机

(1)链式喂料机。链式喂料机由料槽、料箱、驱动器、链片、转角器、除尘器、料槽支架等组成。

(2)塞盘式喂料机。塞盘式喂料机由料箱、长饲槽、索盘、转角轮、传动装置、升降器等组成。

(3)行车式自动喂料机。行车式自动喂料机是一种骑跨在鸡笼上的喂料车，主要用于笼养鸡舍。

(三)饮水设备

一般鸡用饮水系统由阀门、过滤器、水箱(减压阀)、水压表、饮水器、水管及附件等组成。

1. 过滤器

过滤器的功能是滤除水中的杂质，提高水质并使减压阀和饮水器能够正常工作。

2. 水箱

鸡场水源一般来自自来水，其水压相对较大。

3. 饮水器

(1)真空饮水器。真空饮水器主要用于平养鸡舍(见图 1-4-8)。

(2)吊塔式饮水器。吊塔式饮水器又称普拉松自动饮水器，主要用于平养鸡舍(见图 1-4-9)。

(3)乳头式饮水器。乳头式饮水器广泛应用于饲养 2 周龄以上鸡的笼养或平养鸡舍，常见的有 RT 型球阀式乳头饮水器和 9FRY-3 型复位式乳头饮水器(见图 1-4-10)。

图 1-4-8　真空饮水器

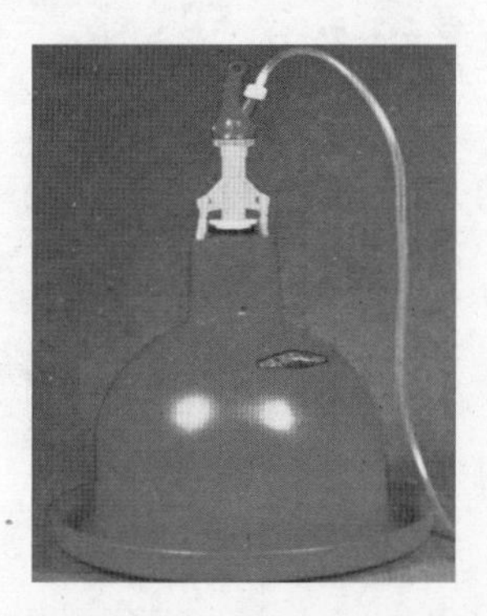
图 1-4-9　吊塔式饮水器

图 1-4-10　乳头饮水器

乳头式饮水器具有以下优点：①保证鸡饮用清洁水，防止疾病通过饮水系统传播，提高鸡的健康水平和生产性能；②封闭饮水系统极少漏水，改善了鸡舍的小环境；③极大地节约了用水，其用水量只为长流水式供水的 1/8 左右，并减少了饲料浪费，直接降低了饲养成本；④减轻了饲养的劳动强度。乳头式饮水器必须具有良好的密封性，不漏水。

(四)集蛋设备

简易的平养或单层笼养鸡舍，大多采用集蛋小车，人工集蛋。机械化多层笼养鸡舍，则采用自动集蛋装置。机械化自动集蛋装置有平置式和叠层式两种。

1. 平置式集蛋装置

平置式集蛋装置主要由集蛋输送带和集蛋车组成。鸡蛋自动滚入笼前的集蛋槽，槽上装有输送带，由集蛋车分别带动。集蛋车安装在集蛋间的地面双轨上，工作时，推到需要集蛋的输送带处，将车上的动力输出轴插入输送带的驱动轮，开动电机使输送带转动，送出的蛋均滚入集蛋车的盘内，再由手工装箱，或转送至整理车间。

2. 叠层式集蛋装置

叠层式集蛋装置主要由集蛋输送带、拨蛋器和鸡蛋升降器三部分组成。集蛋输送带安装在笼前的集蛋槽上面，鸡蛋产出后，即随底网的坡度滚到输送带上。由集蛋器传动部分的链轮带动滚轴，使输送带向鸡笼的一端方向转动，并将带上的蛋徐徐送到拨蛋器处。拨蛋器的直径为7cm，圆周上装有三个等距的塑料片，用于拨蛋。鸡蛋升降器的链条上装有48个盛蛋篮，升降器的链条为一般自行车链，链轮为18齿，分三组，每6节链中装一个盛蛋篮。拨蛋器链轮为12齿。由于拨蛋器的圆周速度与升降器的链速同步，因此拨蛋器能准确地将蛋拨入盛蛋篮里。工作时，输送带、拨蛋器和升降器同时向不同方向运转。输送带传来的蛋由拨蛋器把蛋拨入升降器的盛蛋篮内，升降器向下缓慢转动又将蛋送入集蛋台，或送入通往整理车间的总输送带上。

二、环境控制设备

(一)保温设备

1. 煤炉

煤炉是专业户小规模育雏常用的加温设备。煤炉的大小和数量应根据育雏室的大小与保温性能而定，一般保温良好的雏舍每15～20m^2采用一个煤炉即可。此法简单易行，投资少，但使用时比较麻烦，且室内较脏，影响空气质量，尤其应注意适当通风，防止煤气中毒。

2. 电热育雏笼

电热育雏笼一般由加热育雏笼、保温育雏笼、雏鸡活动笼三部分组成，每一部分都是独立的个体，可根据需要进行组合。

3. 红外线灯

在育雏室一定高度悬挂红外线灯泡，利用红外线灯发出的热量育雏。

4. 热风炉

热风炉是目前广泛使用的一种供暖设备，热效率为70%左右。热风炉供暖系统由热风炉、送风风机、风机支架、电控箱、连接弯头、有孔风管等组成。

5. 太阳能空气加热器

太阳能空气加热器是利用太阳辐射热能来加热进入畜禽舍空气的一种设备。

(二)通风降温设备

1. 通风机

为了排除鸡舍内多余的有害气体、水汽、热量，提供足够的新鲜空气，需要对鸡舍进行科学的通风。通风机一般分为两种:轴流式通风机和离心式通风机。鸡舍一般选用节能、大直径、低转速的轴流式通风机。

2.湿帘—风机降温系统

湿帘—风机降温系统是目前生产中应用较多的一种降温系统,该系统由纸质波纹多孔湿帘、循环水系统、控制装置及节能风机等组成。湿帘—风机降温系统一般在密闭式鸡舍里使用,卷帘鸡舍也可以使用。

3.电风扇

用于鸡舍通风的电风扇主要有吊扇和圆周扇两种。使用时将其安装在顶棚或墙内侧壁上,将空气直接吹向鸡体,从而在鸡只附近增加气流速度,促进蒸发散热。

(三)照明设备

密闭式鸡舍或开放式鸡舍在光照不足时都要进行人工光照。鸡舍中常用的照明设备包括照明灯、光照控制器及照度计等。

1.照明灯

照明灯包括白炽灯、荧光灯、紫外线灯和节能灯等。生产中常使用的是15～60W的白炽灯,它是一种简单、方便、价廉的光源,但发光效率低、寿命较短。荧光灯由镇流器、启辉器、荧光灯管等组成,这种灯具发光效率高、省电、寿命长、光色好,但价格较高。

2.光照控制器

光照控制器是指用来自动启闭鸡舍内的照明灯,即利用定时器的多个时间段自编程序功能,实现精确控制鸡舍内光照时间的目的的设备。有的还可通过调整电压改变灯光亮度,根据鸡群需要调节不同的光照强度(见图1-4-11)。

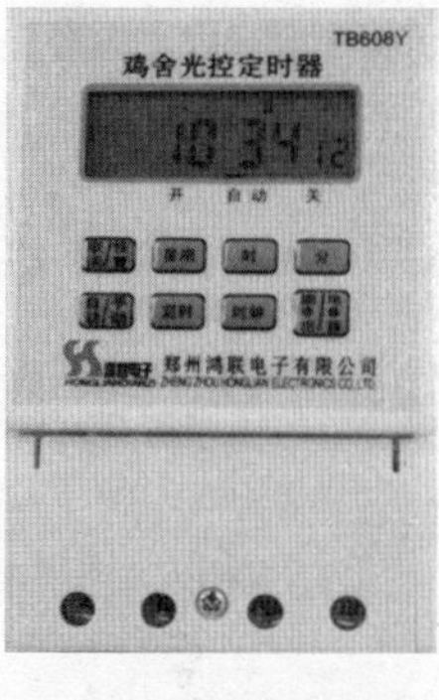

3.照度计

鸡舍中光照强度的大小可用照度计来测量,生产中常用的是光电池照度计,使用时可参照生产厂商提供的说明书。

图1-4-11　光照控制器

三、清粪设备

多层笼养或大面积网养时,由于清粪工作量较大,常采用机械清粪。清粪机械多种多样,生产中应用较多的是牵引刮板式清粪机和输送带式清粪机。

(一)牵引刮板式清粪机

牵引刮板式清粪机一般由牵引机、刮粪板、框架、钢丝绳、转向滑轮、钢丝绳转动器等组成(见图1-4-12),且一般在一侧都有贮粪沟。它是靠绳索牵引刮粪板,将粪便集中,刮粪板在清粪时自动落下,返回时刮粪板自动抬起。主要用于鸡舍内同一个平面一条或多条粪沟的清粪。钢丝绳牵引的刮粪机结构比较简单,维修方便,但钢丝绳易被鸡粪腐蚀而断裂。

(二)输送带式清粪机

输送带式清粪机主要由传送带、主动轮、从动轮、托轮等组成,常用于叠层式鸡笼,每层鸡笼下面均要安装一条输粪带,鸡粪直接排到输送带上,开启减速电机将鸡粪送到鸡舍末端,再由刮板将鸡粪刮到集粪沟内(见图1-4-13)。

图 1-4-12　牵引刮板式清粪机

图 1-4-13　输送带式清粪器

四、其他设备

(一)消毒设备

鸡舍常用的消毒设备有火焰消毒器和喷雾消毒器。

1. 火焰消毒器

火焰消毒器的工作原理是把一定压力的燃油雾化并燃烧产生喷射火焰，喷向消毒部位来消毒的一种消毒工具。其结构简单，操作方便，由于燃烧的火焰温度较高，触及之处可以烧死所有病原微生物，所以消毒效果较好。

2. 喷雾消毒器

喷雾消毒器的工作原理是消毒液在压力作用下，经过雾化装置雾化后，雾滴直接喷施于消毒间或消毒部位，实现药液化学灭菌消毒。喷雾消毒器一般分为气动喷雾器和电动喷雾器两种。

此外，还有熏蒸器、臭氧发生器、电子消毒器等消毒器械。

(二)断喙器

断喙器(见图 1-4-14)是蛋鸡场尤其是种鸡场必须购置的专用设备，可有效地防止育成和产蛋期啄癖的发生。目前市场上的断喙器的品种很多，常用断喙器均采用低电压、高电流使切喙刀片烧红发热(600～800℃)，瞬间切喙。高温灼烧可起消毒和止血的作用。

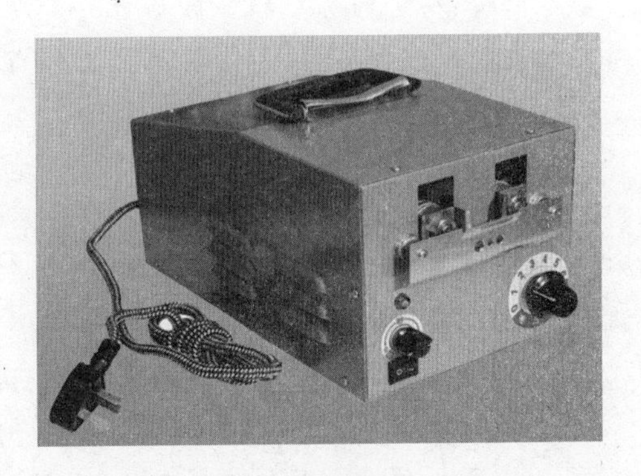

图 1-4-14 断喙器

养鸡场除了上述设备外，还应有其他许多设备，如孵化设备、栖架、运输设备、饲料室加工设备、照蛋器等。

◎复习思考题

1. 鸡场的场址选择考虑的因素有哪些?
2. 养鸡场生产区包括哪些建筑设施?如何进行合理布局?
3. 养鸡场饲喂、饮水设备有哪些?
4. 设计一个蛋用父母代种鸡场(包括孵化场)的各功能区的布局图。

【技能实训1】 中小型鸡场的设计

一、目的要求

掌握中小型鸡场的场址选择、规划布局和生产工艺的设计方法。

二、材料与用具

提供鸡场的性质、规模、当地自然条件、社会条件及养鸡现场等。

三、内容与方法

(一)选择鸡场的场址

主要从地形地势、土壤、水源、交通、供电、周围居民等方面综合考虑。

(二)平面图设计

(1)规划场区。鸡场规划出生活管理区、行政管理区、生产区及隔离区。根据场地地势和当地全年主风向,顺序安排以上各区。如果地势与风向不一致,则以风向为主。

(2)鸡舍栋数的确定。蛋鸡实行两阶段饲养,需建两种鸡舍,一般两种鸡舍的面积比例为1∶2。

(3)建筑物的排列与布置。各栋鸡舍的排列应横向成行(东西)、纵向成列(南北),根据场地形状、鸡舍的栋数和每栋鸡舍的长度,布置为单列式、双列式或多列式。生产区最好按方形或近似方形布置,尽量避免狭长形布置,蛋鸡场按育维舍、育成舍、产蛋舍的顺序布置,饲料库、蛋库等均布置在靠近生产区的地方。

(4)鸡舍的朝向。鸡舍朝向要根据地理位置、气候环境来确定。在我国,鸡舍应采取南向稍偏西南或偏东南为宜,利于冬季防寒保暖、夏季防暑。

(5)鸡舍间距。鸡舍间距可取5～8倍的鸡舍高度,鸡舍的长度增加,鸡舍间距也可适当增加。鸡舍间距一般为20～50m。

(6)鸡场的道路。场内道路分为清洁道和脏污道,两者不能相互交叉,道路应不透水,材料可选择柏油、混凝土、砖和石等,路面断面的坡度为1%～3%,道路宽度根据用途和车宽决定。

(7)场区绿化。场区设置防风林、隔离林、行道绿化、遮阳绿化、绿地等。绿化布置要根据不同地段的不同需要种植不同的树木或花草。

(三)生产工艺设计

(1)饲养制度。对于中小型鸡场,常采用全进全出的饲养制度。

(2)饲养方法。蛋鸡多采用两阶段饲养或三阶段饲养。

(3)饲养方式和饲养密度。饲养方式分为平养和笼养两种。平养鸡舍的饲养密度小,建筑面积大,投资较高。笼养鸡舍的饲养密度大,投资相对较少,便于防疫与管理。

(四)鸡舍的建筑设计

(1)密闭鸡舍。密闭鸡舍的屋顶及墙壁都采用隔热材料封闭起来,设有进气孔和排风机;采用人工光照、机械通风,舍内的温、湿度主要通过改变通风量大小和气流速度的快慢来调控。降温采用湿帘—风机系统等。

(2)有窗鸡舍。有窗鸡舍四面有墙,在两侧纵墙有窗户。鸡舍内全部或大部分靠自然通风、自然光照,为补充自然条件下通风和光照的不足常增设通风和光照设备。

(3)全敞开、半敞开鸡舍。全敞开鸡舍四周无墙壁,用网、篱笆或塑料编织物与外部隔开,由立柱或砖条支撑房顶;半敞开鸡舍前后上部敞开,敞开部分要装上卷帘,高温季节便于通风,低温季节封闭保温。全敞开、半敞开鸡舍主要依靠自然通风、自然光照。

⇨实训报告

根据当地实际情况设计一个1万只商品蛋鸡场。

项目二　家禽品种的识别与主要经济性状

☞ **教学目标**

1. 掌握家禽品种的类型。

2. 了解各个品种的外貌特征、经济用途和生产性能。

♠ **技能目标**

1. 能正确识别家禽品种。

2. 利用所学的家禽品种知识，做到有针对性地选择家禽品种，并应用现代科学的管理方法，尽可能地创造适合其生物学特征的饲养管理条件，更好地进行饲养。

♣ **案例导入**

某家庭农场将采用“果园—鸡—鱼塘”生态养殖模式，要求年出栏生态土鸡 10 万羽，年产土鸡蛋 1 万公斤。请你结合本地情况、市场需求以及自身经济条件选择适宜的土鸡品种，并进行生产规划。

品种的形成不仅与自然生态条件和饲养管理条件密切相关，而且也随着人类需要和当时的社会经济条件及文化的发展而变化。20 世纪初，随着人们对家禽生产价值的认识逐步提高，商业化养禽产业兴起，使育种目标转向经济性状(即产蛋性能和产肉性能)。因此，家禽的品种主要包括蛋鸡系和肉鸡系两大类。掌握家禽的品种类型，了解各个品种的生产性能，才能做到有针对性地选择家禽品种，获得最好的经济效益。

任务 2.1　家禽品种分类

一、鸡的品种分类

(一)地方品种

地方品种由于没有明确的育种目标，没有经过有计划的杂交和系统的选育，所以其生产性能较低，体形外貌不大一致，但具有生活力强、耐粗饲的优点。因其适应各自的地域故称为地方品种。我国幅员辽阔，地方鸡种资源极为丰富，如仙居鸡、北京油鸡、浦东鸡、寿光鸡、固始鸡、桃源鸡、惠阳鸡、清远麻鸡、霞烟鸡、河田鸡、茶花鸡、中国斗鸡、白耳黄鸡、林甸鸡、大骨鸡、萧山鸡、鹿苑鸡、边鸡、彭县黄鸡、峨眉山黑鸡、静原鸡、溧阳鸡、武定鸡、杏花鸡、藏鸡等。

(二)标准品种分类法

19 世纪 80 年代到 20 世纪到 50 年代初，按照国际上公认的标准品种分类将家禽分为类、型、品种和品变种。

类：按家禽的原产地划分，主要有亚洲类、中国类、美洲类、地中海类等。

型：按家禽的经济用途划分，有蛋用型、肉用型、兼用型、观赏型和药用型。

蛋用型：以产蛋数量多为主要特征。

肉用型：以生长快、体重大、肉质好为主要特征。

兼用型：此类型鸡的体形外貌和生产性能介于蛋用型和肉用型之间。

观赏型：属专供人们观赏和娱乐的鸡种。

药用型：药用价值较高的鸡种。

品种：是家禽种内经过选育而形成的来源相同、形状一致、经济性能相似、遗传性稳定、有一定适应性和足够数量的纯种类群。

品变种：是品种内根据羽色和冠型等不同划分的，亦称变种和内种。

根据 1998 年版《美国家禽标准品种志》，标准品种中，鸡有 104 个品种，384 个品变种；鸭有 14 个品种，31 个品变种；鹅有 11 个品种，15 个品变种；火鸡有 1 个品种，8 个品变种。

(三)现代品种分类法

现代鸡种根据其经济用途，分为蛋鸡系和肉鸡系两大类。

1. 蛋鸡系

蛋鸡系鸡种的主要产品是鸡蛋，根据蛋壳颜色又可分为三个系。

(1)白壳蛋系。特点是体形较小，羽毛全白。大多由单冠白来航鸡选育杂交而成，有两系、三系或四系配套几种制种模式，一般利用伴性快慢羽基因在商品代实现雏鸡自别雌雄。

(2)褐壳蛋系。体形中等(比轻型白壳鸡大，比肉鸡小)，蛋壳褐色，多由原兼用型标准品种如新汉夏、洛岛红、澳洲黑、芦花洛克等选育杂交而成，杂交制种模式与白壳蛋系基本相同。一般利用伴性金银羽基因在商品代实现雏鸡自别雌雄。

(3)粉壳蛋系。一般由白壳蛋系与褐壳蛋系杂交而成。所产蛋壳颜色介于白、褐之间而呈粉色。目前主要采用的是以洛岛红作父系，与白来航型母系杂交，并利用伴性快慢羽基因自别雌雄。

2. 肉鸡系

肉鸡系鸡种的主要用途是生产商品肉用仔鸡，国内又将早期生长快、饲料利用率高的称为“快大型”肉鸡，多为白羽；而将生长较慢、肉味浓香的称为“优质型”肉鸡，多为具有“三黄”(黄羽、黄爪、黄喙)特征的地方良种及其杂交种。

快大型肉鸡亦为杂交配套系，父系大多采用科尼什，也结合了少量其他品种的血缘；母系最主要为白洛克。

二、水禽的品种分类

(一)鸭的分类

鸭主要是按照所提供的产品类型进行分类，分为肉用型、蛋用型和兼用型。

(二)鹅的品种分类

鹅通常按照成年鹅的体重进行分类，分为大型鹅(成年公鹅体重在 9kg 以上，母鹅在 8kg 以上)、中型鹅(成年公鹅体重为 5～9kg，母鹅为 4.5～8kg)和小型鹅(成年公鹅体重在 5kg 以下，母鹅在 4.5kg 以下)。

任务 2.2　家禽品种的识别

一、鸡的主要品种

(一)鸡的地方品种

地方品种生产性能较低，体形外貌不大一致，但具有生活力强、耐粗饲的优点；是育种技术水平较低，无明确的育种目标，没有经过有计划的杂交和系统的选育，而在某一地区长期饲养而形成的品种。目前，我国现存产蛋性能较好或蛋肉兼用较好的地方品种介绍如下。

1. 仙居鸡

仙居鸡是浙江优良的小型蛋用地方鸡种，主产于浙江台州仙居及其近邻县(见图 2-2-1、图 2-2-2)。目前，仙居县畜禽良种站、仙居鸡原种场可对外提供种苗。

图 2-2-1　仙居鸡(公)

图 2-2-2　仙居鸡(母)

仙居鸡有黄、黑、白三种羽色，其中黄羽鸡最多，其羽毛紧凑，尾羽高翘，体形结实，单冠直立，喙短而棕黄，胫黄无毛，部分鸡颈部有黑花羽。

年产蛋量为 180～200 枚，平均蛋重为 42g，蛋褐色，繁殖力强，公母配比 1：(16～20)的情况下，受精率为 94.12%，入孵蛋孵化率为 2.7%。仙居鸡体形小，早期增重慢；180 日龄半净膛率公鸡为 85.3%，母鸡为 85.7%；全净膛率公鸡为 75.2%，母鸡为 75.7%。

2. 白耳黄鸡

白耳黄鸡产于浙江江山、江西上饶一带，又称白银耳鸡(见图 2-2-3、图 2-2-4)，以其全身羽毛黄色、耳叶银白色而得名，是我国稀有鸡种。

白耳黄鸡以黄羽、黄喙、黄脚和白耳为特征；纯鸡种耳叶大，呈银白色，虹膜金黄色，喙略弯，呈黄色或灰白色，无胫羽。

白耳黄鸡平均开产日龄为130天,开产体重为850g,年产蛋量为190枚,平均蛋重为42g,蛋壳褐色。白耳黄鸡为蛋用型鸡种,9周龄公鸡体重为450g,母鸡为425g;成年鸡半净膛率公鸡为83.33%,母鸡为85.25%;成年鸡全净膛率公鸡为76.67%,母鸡为69.67%。

白耳黄鸡性成熟早,有较好的肉质,可以作为配套杂交亲本,生产特优质黄鸡。

图2-2-3 白耳黄鸡(公)

图2-2-4 白耳黄鸡(母)

3. 惠阳胡须鸡

惠阳胡须鸡又称三黄胡须鸡、龙岗鸡,原产地为广东省惠阳地区。胸深背宽,后躯丰满,体形呈船形,头稍大,喙黄,单冠直立鲜红,肉垂小或无,颚下有发达而张开的羽毛,型似胡须,全身羽毛黄色(见图2-2-5)。

图2-2-5 惠阳胡须鸡(母)

惠阳胡须鸡平均开产日龄约为180天,年产蛋量约为110枚,平均蛋重为46g。成年公鸡体重为2～2.5kg,母鸡为1.5～2kg;12周龄公鸡体重为1.14kg,母鸡为845g;150日龄半净膛率为87.5%;全净膛率为78.7%。肉质优异,是广东省优良肉用型地方鸡种,驰名中外。缺点是产蛋少,生长慢,长羽迟。

4. 黑羽绿壳蛋鸡

东乡黑羽绿壳蛋鸡由江西省东乡县农科所和江西省农业科学院畜牧研究所培育而成。体形小,产蛋性能较高,适应性强,羽毛全黑、乌皮、乌骨、乌内脏,喙、趾均为黑色(见图2-2-6、图2-2-7)。母鸡羽毛紧凑,单冠直立,冠齿5～6个,眼大有神,大部分耳叶呈浅绿色,肉垂深而薄,羽毛片状,胫细而短,成年体重1.1～1.4kg。公鸡雄健,鸣叫有力,单冠直立,暗紫色,冠齿7～8个,耳叶紫红色,颈羽、尾羽泛绿光,体重1.4～1.6kg,体形呈V形。大群饲养的商品代,绿壳蛋比率为80%左右。

图2-2-6 黑羽绿壳蛋鸡(公)

图2-2-7 黑羽绿壳蛋鸡(母)

5. 杏花鸡

杏花鸡原产于广东省封开县杏花乡，主要分布在封开县及其近邻的怀集、德庆等县市。杏花鸡早熟、易肥，皮下肌肉和脂肪分布均匀，骨细皮薄，肌肉纤维细嫩，是小型肉用优质鸡种。外观体质结实，结构匀称，羽毛紧凑，前躯窄，后躯宽。体形特征可概括为"两细"（头细、脚细）、"三黄"（喙黄、脚黄、毛黄）、"三短"（颈短、体躯短、脚短）。单冠直立，冠、耳叶及肉垂红色。公鸡头大，羽毛黄色略带金红色，主翼羽和尾羽黑色（见图 2-2-8）。母鸡头小，羽毛黄色，颈羽带黑花，主翼羽和尾羽带黑色（见图 2-2-9）。成年公鸡体重为 1.5～2.9kg，母鸡为 1.0～2.7kg；年产蛋量约为 95 枚，平均蛋重为 45g，蛋壳为褐色。

图 2-2-8 杏花鸡（公）

图 2-2-9 杏花鸡（母）

6. 固始鸡

固始鸡是我国有名的地方品种鸡，以河南固始县为中心，在当地生态环境和饲养条件下，经过长期闭锁繁育而形成（见图 2-2-10、图 2-2-11）。

图 2-2-10 固始鸡（公）

图 2-2-11 固始鸡（母）

固始鸡有以下突出的优良性状：一是耐粗饲、抗病力强，适宜野外放牧散养；二是肉质细嫩，肉味鲜美，汤质醇厚，营养丰富，具有较强的滋补功效；三是母鸡产蛋多，蛋大，蛋清较稠，蛋黄色深，蛋壳厚，耐贮运。

固始鸡体形中等，体躯呈三角形，外观秀丽，体态匀称，羽毛丰满。母鸡毛色有黄、麻、黑等不同颜色。公鸡毛色多为金黄色或黄红色，尾羽多为黑色，尾形有佛手尾、直尾两种，以佛手尾为主，尾羽卷曲飘摇、别致、美观，喙呈青色或表黄色，腿、脚均为青色，无胫羽。固始鸡有青脚和乌骨两个品种群。

180日龄公鸡体重为1270g，母鸡为966.7g，年产蛋量约为150.5枚，平均蛋重为50.5g，平均开产日龄为170.5天。

7. 清远麻鸡

清远麻鸡产于广东清远县。母鸡侧背羽毛有细小黑色斑点，故称麻鸡。因体形短小，皮下和肌间脂肪沉着良好，皮薄骨软，肉质优异而著称。

清远麻鸡体形特征可概括为“一楔”“二细”“三麻身”。其中，“一楔”是指母鸡体形呈楔形，前躯紧凑，后躯圆大；“二细”是指头细、脚细；“三麻身”是指母鸡背羽呈麻黄、麻棕和麻褐三种颜色。单冠直立且鲜红，肉垂、耳叶鲜红。公鸡体质结实，结构匀称，头型适中，颈和背部羽毛金黄色，胸、腹、尾及主翼羽黑色，脚黄且呈黄色或青色。

成年公鸡体重为1.7～2.8kg，母鸡为1.3～2.5kg；年产蛋量为70～80枚，平均蛋重为46.6g，蛋壳为浅褐色（见图2-2-12、图2-2-13）。

图2-2-12 清远麻鸡（公）

图2-2-13 清远麻鸡（母）

8. 白羽乌骨鸡

白羽乌骨鸡是浙江省优良地方品种，主产于江山，目前江山市畜禽良种站和种鸡场可供种。江山白羽乌骨鸡全身羽毛洁白，其喙、舌、趾、皮皆为黑色。单冠，肉垂发达，皆呈暗紫色，体形中等（见图2-2-14、图2-2-15）。

成年公鸡体重1.8～2.2kg，母鸡1.4～1.8kg。年产蛋量133～135枚，高产群年产蛋量可达166枚，初产蛋重44g，成年鸡蛋重56g，蛋壳为淡黄、赭色。90日龄公、母鸡平均体重726g，母鸡开产体重1450g；成年公鸡半净膛率为87.86%，母鸡为81.01%，全净膛率公鸡为75%，母鸡为65%。

白羽乌骨鸡是药、蛋、肉兼用型良种，只要加强本品种选育，提高并稳定产蛋量，其优质蛋和肉用价值将会发挥更好的经济效益。江山市已成功开发乌鸡白凤丸、乌鸡精等保健品进入市场，效益倍增。

图 2-2-14　白羽乌骨鸡(公)

图 2-2-15　白羽乌骨鸡(母)

(二) 鸡的标准品种

1. 白来航鸡

白来航鸡原产于意大利，是世界著名的蛋用型鸡种。其特点是白羽(显性)，蛋壳纯白，单冠特大，喙、胫、皮肤皆为黄色，耳叶白色，体形小而清秀。成年公鸡重 2.5kg，成年母鸡重 1.75kg，成熟早，平均 140 日龄开产，产蛋多，年产蛋 220 枚以上，高产者可超过 300 枚。蛋重 56g 以上，蛋壳白色。耗料少，适应性强，无就巢性，活泼好动，容易惊群(见图 2-2-16)。

2. 洛岛红鸡

洛岛红鸡育成于美国洛德岛州，属兼用型鸡种。其特点是羽毛呈深红色，尾羽黑色，肉垂、耳叶、脸和眼均为红色。体形中等，背宽平长，适应性强，产蛋量较高，约 180 日龄开产，年产蛋 180～200 枚，平均蛋重为 60g，蛋壳为褐色。成年公鸡重 3.7kg，成年母鸡重 2.75kg (见图 2-2-17)。

图 2-2-16　白来航鸡

图 2-2-17　洛岛红鸡

3. 新汉夏鸡

新汉夏鸡育成于美国新汉夏州，是由洛岛红鸡中选择体质好、产蛋多、成熟早、蛋重大和肉质好的品种经 30 年选育而成的。属兼用型，体形似洛岛红鸡，但背部略短，羽色略浅，约

180 日龄开产，年产蛋 200 枚，平均蛋重为 58g，蛋壳为褐色。成年公鸡体重 3.6kg，成年母鸡体重 2.7kg。

4. 白洛克鸡

白洛克鸡育成于美国，属兼用型鸡种。单冠，白羽，喙、胫、皮肤皆为黄色，冠、肉垂、耳叶、脸、眼皆为红色。体重较大，成年公鸡重 4.15kg，成年母鸡重 3.25kg。210～240 日龄开产，年产蛋 160～170 枚，平均蛋重为 58g，蛋壳为褐色。白洛克鸡经改良后早期生长快，胸、腿的肌肉发达，作肉用仔鸡的母系与白科尼什公鸡杂交，其第一代杂种生长速度快，胸宽体圆，屠体美观，肉质优良，饲料报酬高，是有名的肉用鸡母系（见图 2-2-18）。

图 2-2-18 白洛克鸡

5. 白科尼什鸡

白科尼什鸡育成于英国，属兼用型鸡种。其特点是白羽（显性），豆冠，冠、肉垂、耳叶、脸、眼皆为红色，喙、胫、皮肤为黄色，胸宽，腿壮，胸、腿的肌肉发达。体重大，成年公鸡重 4.5～5.0kg，成年母鸡重 3.5～4.0kg。210～240 日龄开产，年产蛋 120 枚左右，平均蛋重为 56kg，蛋壳为浅褐色。目前主要用作肉鸡的父系。

6. 狼山鸡

狼山鸡原产于我国江苏省南通市如东县一带。1872 年由狼山输往英国而得名，后至欧美其他国家，1883 年被认定为标准品种，属兼用型。狼山鸡有黑羽和白羽两种，外貌特点是颈部挺立，尾羽高耸，呈 U 字形，冠、肉垂、耳叶、脸皆为红色，眼、喙、胫、脚底皆为黑色，胫外侧有羽毛。其优点是适应性强，抗病力强，胸部肌肉发达，肉质好。210～240 日龄开产，年产蛋 170 枚左右，蛋重 59g，成年公鸡重 4.0kg，成年母鸡重 3.25kg，蛋壳褐色。

7. 九斤鸡

九斤鸡是原产于我国的世界著名肉鸡标准品种之一，1843 年输往英国，后至美国，1874 年被认定为标准品种。该鸡头小、喙短，单冠；冠、肉垂、耳叶均为鲜红色，眼为棕色，胫、皮肤为黄色。颈粗短，体躯宽深，背短、向上隆起，胸部饱满，羽毛丰满，外形近似方块形。成年公鸡重 4.9kg，成年母鸡重 3.7kg，肉质优良，性情温驯，就巢性强，有胫羽、趾羽。210～240 日龄开产，年产蛋 80～100 枚，蛋重 55g，蛋壳黄褐色，肉质滑嫩，肉色微黄。此品种对许多国外鸡种的改良贡献巨大，如美国的芦花洛克鸡、洛岛红鸡，英国的奥品顿鸡及日本的名古屋鸡、三河鸡等均含有九斤鸡的血缘（见图 2-2-19）。

图 2-2-19 九斤鸡

（三）现代鸡种

根据经济用途，现代鸡可分为蛋鸡系和肉鸡系两大类。现代蛋鸡主要品种有海兰、海塞克斯、罗曼、罗斯、星杂、迪卡、伊萨等。现代肉鸡主要品种有艾维茵、爱拔益加、罗斯 308 以及一些优质肉鸡等。

1.海兰蛋鸡

海兰蛋鸡是美国海兰国际公司培育的四系配套优良蛋鸡品种,我国从 20 世纪 80 年代引进,目前在全国有多个祖代或父母代种鸡场。根据其所产蛋壳颜色的不同主要分为海兰褐(见图 2-2-20)和海兰白(见图 2-2-21)两个品系。海兰白壳蛋鸡具有饲料报酬高、产蛋多和成活率高等优良特点,该鸡父母代、商品代的生产性能见表 2-2-1、表 2-2-2。海兰褐壳蛋鸡的突出优点是产蛋量高、抗病力强,该鸡父母代、商品代的生产性能见表 2-2-3、表 2-2-4。

图 2-2-20 海兰褐

图 2-2-21 海兰白

表 2-2-1 海兰 W-36 白壳蛋鸡父母代生产性能

1～18 周龄成活率	97%～98%	入舍母鸡产蛋数至 75 周龄 入舍母鸡产合格种蛋	299 个 244 个
18 周龄平均体重	1230g	平均产母雏	106 只
1～18 周龄耗料量	6.0kg/只	平均孵化率	86%
达 50%产蛋率日龄	155 日龄	产蛋期成活率	95%
高峰产蛋率(29 周龄)	91%	产蛋期日平均耗料	102g/只

表 2-2-2 海兰 W-36 白壳蛋鸡商品代生产性能

1～18 周龄成活率	97%～98%	达 50%产蛋率日龄	155 日龄
18 周龄平均体重	1280g	产蛋期成活率	90%～94%
1～18 周龄耗料量	5.66kg/只	产蛋期日平均耗料	114g/只
高峰产蛋率	93%～94%	料蛋比	(1.96～1.99)∶1
入舍母鸡产蛋数至 60 周龄 入舍母鸡产蛋数至 80 周龄	230～237 个 330～339 个	72 周龄体重	1580g
平均蛋重	58～63g		

表 2-2-3　海兰褐壳蛋鸡父母代生产性能

1～18 周龄成活率	93%～94%	饲养日产蛋数 18～70 周龄	279 个
18 周龄平均体重	1150g	合格的入孵蛋数 25～70 周龄	232 个
1～18 周龄耗料量	5.6～6.7kg/只	产蛋期成活率(18～70 周龄)	90%～91%
达 50%产蛋率日龄	150 日龄	生产的母雏数(18～70 周龄)	93 只
每只入舍鸡饲料消耗 1～18 周龄(累计)	6.75kg	平均孵化率	79%
高峰产蛋率(28 周龄)	93%	产蛋期日平均耗料(18～79 周龄)	100g/只
入舍母鸡产蛋数 18～70 周龄	267 个	60 周龄体重	2100g

表 2-2-4　海兰褐壳蛋鸡商品代生产性能

1～18 周龄成活率	96%～98%	平均蛋重	62.3～66.9g
18 周龄平均体重	1550g	饲养日产蛋总重量 17～74 周龄 饲养日产蛋总重量 19～80 周龄	2060g 2250g
1～18 周龄耗料量	35.7～6.7kg/只	产蛋期成活率	95%
达 50%产蛋率周龄	22 周龄	产蛋期日平均耗料	114g/只
高峰产蛋率	94%～96%	料蛋比	2.11∶1
入舍母鸡产蛋数至 60 周龄 入舍母鸡产蛋数至 74 周龄 入舍母鸡产蛋数至 80 周龄	246 个 317 个 344 个	72 周龄体重	2250g

2. 罗曼蛋鸡

罗曼褐壳蛋鸡(见图 2-2-22)是德国罗曼公司培育的四系配套杂交鸡。1989 年,上海市华申曾祖代场引进曾祖代种鸡,在全国各地推广效果较好。罗曼褐壳蛋鸡具有适应性强、耗料少、产蛋多和成活率高的优良特点。其父母代雏鸡可以用羽速自别雌雄,商品代雏鸡可利用羽色自别雌雄。罗曼褐壳蛋鸡父母代、商品代的生产性能见表 2-2-5、表 2-2-6。

图 2-2-22　罗曼褐壳蛋鸡

近年来,罗曼公司推出了罗曼褐新品系,取名为新罗曼褐。新罗曼褐除生产性能提高外,另一个突出特点是双向自别雌雄:父母代雏鸡可利用羽速自别雌雄(快羽为母雏,慢羽为公雏),商品代雏鸡可利用羽色自别雌雄(白羽为公雏,红羽为母雏)。该鸡商品代的生产性能为:158 日龄达 50%产蛋率,其 72 周龄入舍母鸡产蛋数达 302 个,总蛋重 19.418kg 以上,料蛋比为(2.0～2.2)∶1,高峰产蛋率为 91%,平均蛋重 64.2g,育雏成活率 99.94%,育成成活率 97.5%,入舍母鸡存活率 93%。

表 2-2-5　罗曼褐壳蛋鸡父母代生产性能

1～18 周龄成活率	96%～98%	入舍母鸡产蛋数至 72 周龄 合格种蛋 平均产母雏	273～283 个 240～250 个 95～102 只
开产日龄	150 日龄		
1～20 周龄耗料	8.2～8.3kg/只		
20 周龄平均体重	1400g	产蛋末期体重	1800～2000g
高峰产蛋率	90%～92%	平均孵化率	80%～82%
入舍母鸡产蛋数至 68 周龄 合格种蛋 平均产母雏	255～265 个 225～235 个 90～96 只	产蛋期成活率	94%～96%
		产蛋高峰周龄	28～30 周龄

表 2-2-6　罗曼褐壳蛋鸡商品代生产性能

1～20 周龄成活率	97%～98%	平均蛋重	63.5～64.5g
开产日龄	152～158 日龄	入舍总蛋重	18.2～18.8kg
高峰产蛋率	90%～93%	料蛋比	(2.3～2.4)：1
0～20 周龄总耗料	7.4～7.8kg	产蛋期成活率	94%～96%
20 周龄体重	1.5～1.6kg	产蛋期日平均耗料	114g/只
入舍母鸡产蛋数至 72 周龄	285～295 个	72 周龄体重	2.3～2.4kg

罗曼白壳蛋鸡是德国罗曼公司培育的两系配套杂交鸡，即精选罗曼 SLS。由于其产蛋量高、蛋重大，受到人们的青睐。其父母代、商品代生产性能见表 2-2-7、表 2-2-8。

表 2-2-7　罗曼白壳蛋鸡父母代生产性能

达 50%产蛋率周龄	20～22 周龄	入舍母鸡产蛋数至 72 周龄 合格种蛋 平均产母雏	270～280 个 240～250 个 95～102 只
高峰产蛋率	91%～93%		
平均孵化率	80%～82%		
入舍母鸡产蛋数至 68 周龄 合格种蛋 平均产母雏	250～260 个 225～235 个 90～96 只	育成期成活率	95%～98%
		产蛋期成活率	94%～95%

表 2-2-8　罗曼白壳蛋鸡商品代生产性能

0～20 周龄成活率	96%～98%	平均蛋重	62～63g
20 周龄体重	1.3～1.35kg	年总蛋重	18～19kg
达 50%产蛋率日龄	150～155 日龄	产蛋期成活率	94%～96%
高峰产蛋率	92%～94%	料蛋比	(2.3～2.4)：1
入舍母鸡产蛋数至 72 周龄	290～300 个	72 周龄体重	1.75～1.85kg

罗曼粉壳蛋鸡具有品种纯正、杂病少、抗病力强、产蛋率高、维持时间长、蛋壳强度高的

优势，商品代为白色，羽色一致、蛋色一致是该品种所特有的。该鸡父母代、商品代生产性能见表 2-2-9、表 2-2-10。

表 2-2-9　罗曼粉壳蛋鸡父母代生产性能

项目	指标	项目	指标
1～18 周龄成活率	96%～98%	入舍母鸡产蛋数至 72 周龄 合格蛋数 可提供母雏数	266～276 个 238～250 个 91～100 只
开产周龄	21～22 周龄		
高峰产蛋率	89%～92%		
入舍母鸡产蛋数至 68 周龄 合格蛋数 可提供母雏数	250～260 个 225～235 个 85～95 只	平均孵化率	79%～82%
		产蛋期成活率	94%～96%

表 2-2-10　罗曼粉壳蛋鸡商品代生产性能

项目	指标	项目	指标
1～18 周龄成活率	97%～98%	年总蛋重	19～20kg
达 50%产蛋率日龄	140～150 日龄	产蛋期成活率	94%～96%
20 周龄体重	1400～1500g	产蛋期日平均耗料	110～118g/只
高峰产蛋率	92%～95%	料蛋比	(2.1～2.2)∶1
入舍母鸡产蛋数至 70 周龄	300～310 个	72 周龄体重	1800～2000g
平均蛋重	63～64g		

3. 海塞克斯蛋鸡

海塞克斯褐壳蛋鸡(见图 2-2-23)是荷兰尤里布德公司培育的优良蛋鸡品种，1985 年我国首次引入祖代种鸡。该鸡具有耗料少、产蛋多和成活率高的优良特点。商品代可利用羽色自别雌雄。可在全国绝大部分地区饲养，适宜集约化养殖场、规模鸡场、专业户和农户。其父母代、商品代生产性能见表 2-2-11、表 2-2-12。

海塞克斯白壳蛋鸡是荷兰尤里布德公司育成的四系配套杂交鸡。其以产蛋强度高、蛋重大而著称，被认为是当代最高产的白壳蛋鸡之一。该鸡父母代、商品代生产性能见表 2-2-13、表 2-2-14。

图 2-2-23　海塞克斯褐壳蛋鸡

表 2-2-11　海塞克斯褐壳蛋鸡父母代生产性能

项目	指标	项目	指标
1～20 周龄成活率	96%	受精率	87%
开产周龄	20～21 周龄	产蛋期日平均耗料	121g/只
20 周龄平均体重	1690g	平均孵化率	80.1%
1～20 周龄耗料量	5.9kg/只	产蛋期末母鸡体重	2190g
入舍母鸡产蛋数至 68 周龄 合格蛋数	247 个 215 个		

表 2-2-12　海塞克斯褐壳蛋鸡商品代生产性能

1～17 周龄成活率	97%	年总蛋重	20.4kg
达 50%产蛋率日龄	145 日龄	产蛋期成活率	94.2%
17 周龄平均体重	1410g	产蛋期日平均耗料	126g/只
1～17 周龄耗料量	5.7kg/只	料蛋比	2.24∶1
入舍母鸡产蛋数至 78 周龄	324 个	72 周龄体重	2100g
平均蛋重	63.2g		

表 2-2-13　海塞克斯白壳蛋鸡父母代生产性能

1～17 周龄成活率	95%	产蛋期日平均耗料	115g/只
17 周龄平均体重	1360g	平均孵化率	82%
1～17 周龄耗料量	7.6kg/只	产蛋期末母鸡体重	1740g
入舍母鸡产蛋数至 78 周龄 合格蛋数	258 个 219 个	产蛋期成活率	90.4%
受精率	90%		

表 2-2-14　海塞克斯白壳蛋鸡商品代生产性能

1～17 周龄成活率	95.5%	年总蛋重	20.5kg
达 50%产蛋率日龄	145 日龄	产蛋期成活率	91.8%
17 周龄平均体重	1129g	产蛋期日平均耗料	108g/只
1～17 周龄耗料量	5.1kg/只	料蛋比	2.07∶7
入舍母鸡产蛋数至 78 周龄	338 个	72 周龄平均体重	1700g
平均蛋重	60.7g		

4.星杂系列蛋鸡

(1)星杂 288 蛋鸡

星杂 288 蛋鸡(见图 2-2-24)是加拿大雪佛公司用来航鸡杂交育成的白壳蛋鸡四系配套鸡种,所以在外貌与外形上与来航鸡完全相似,羽毛、蛋壳均为白色,体形小而清秀,全身羽毛紧贴,冠大而鲜红,皮肤呈黄色。

该鸡体形小,抗逆性强,产蛋量高,商品代可自别雌雄。72 周龄入舍鸡产蛋 266～285 个,平均蛋重为 60.5～62.5g,年总蛋重 16～17.5kg,料蛋比(2.25～2.4)∶1,蛋壳白色。161～168 日龄开产,26～28 周龄产蛋率即可达到 92%的产蛋高峰,85%产蛋率达 21 周,80%产蛋率达 30 周,雏鸡育成率 98%,成年鸡死亡淘汰率不超过 6%。

星杂 288 蛋鸡自引入我国以来,经过多年的饲养繁育,确实表现出成活率高、体形小、耗料少、早熟、产蛋多等优点,对我国白壳蛋鸡新品种的培育起了一定的作用。例如,北京白鸡 3 系就是以该鸡为种源培育而成的。

图 2-2-24　星杂 288 蛋鸡　　　　图 2-2-25　星杂 444 蛋鸡

(2)星杂 444 蛋鸡

星杂 444 蛋鸡(见图 2-2-25)是加拿大雪佛公司育成的三系配套粉壳杂交鸡。父本为洛岛红型,母本为轻型。商品代可自别雌雄,雏鸡绒毛白色,母雏在头的前端与喙连接处有浅褐色绒毛,公雏则无。优点是产蛋率高,体形小,耗料比低;但对环境敏感,易惊群,抗寒性较差。

据雪佛公司的资料,其至 72 周龄产蛋数为 265～280 个,平均蛋重为 61～63g,料蛋比为(2.45～2.7)∶1。据 1988—1989 年德国随机抽样测定结果显示,其生产性能为:500 日龄入舍鸡产蛋量 276～279 个,平均蛋重 63.2～64.6g,年总蛋重 17.66～17.8kg,料蛋比(2.52～2.53)∶1,产蛋期存活率 91.3%～92.7%。

5.迪卡蛋鸡

迪卡蛋鸡原产于美国,我国于 1986 年从美国迪卡公司引进该鸡种祖代鸡,由上海大江有限公司饲养繁育并制种推广。该鸡种的显著特点是综合指标优异,如开产早、产蛋期长、蛋重大、产蛋量多、适应性强、饲料报酬高等。体形小,蛋壳棕红色。种鸡四系配套,父系褐羽,母系白羽;商品代雏鸡可利用羽色自别雌雄,公雏白羽,母雏褐羽。

生产性能:迪卡蛋鸡引入我国后表现出良好的产蛋性能,开产日龄为 20 周龄,产蛋期长,父母代为 48 周,商品代为 55 周,父母代至 72 周龄产蛋数为 253 个,平均蛋重为 63.0～64.5g。72 周孵化蛋数为 212 个,高峰期产蛋率达 90%以上。平均孵化率为 82%,母鸡 72 周龄可得到 85 只雌雏鸡。母鸡存活率生长期为 96%～98%,产蛋期为 90%～95%。商品代鸡每羽产蛋 285～310 个,年总蛋重为 18～19.9kg。蛋壳呈棕红色,蛋黄呈橘色,且色佳味美,饲料报酬高,料蛋比为 2.58∶1。

6.罗斯褐鸡

罗斯褐鸡是英国罗斯育种公司培育的四系配套杂交的褐壳蛋鸡。我国于 1981 年 11 月从英国引入曾祖代雏鸡,饲养于上海市新杨种鸡场,作为我国南方地区推广褐壳蛋鸡的主要原种基地。

罗斯褐鸡由 A、B、C、D 四个品系组成，A、B 两系为父本，C、D 两系为母本。这四个纯系不仅分别带有金色或银色基因位于性染色体上，还有慢羽或快羽基因。因此，商品代可用羽速自别雌雄。罗斯褐鸡 A、B 系全身羽毛红色，似洛岛红鸡；C 系全身羽毛白色，有红色斑点，是洛岛白合成系；D 系全身羽毛白色，有红色斑点，是白来航合成系。

生产性能：父母代 20 周龄体重 14.4kg，平均 140～154 日龄开产，196～210 日龄达到产蛋高峰。62 周龄入舍母鸡产蛋量 198 个，产合格种蛋数 178 个，产母雏 71 只。商品代 18 周龄体重 13.8kg，平均 126～140 日龄开产，175～189 日龄达到产蛋高峰。76 周龄入舍母鸡产蛋量 292 个，料蛋比 2.43∶1。

7. 艾维茵肉鸡

艾维茵肉鸡（见图 2-2-26）是美国艾维茵国际家禽公司育成的优秀四系配套杂交肉鸡。艾维茵肉鸡为显性白羽肉鸡，体形饱满，胸宽、腿短、黄皮肤，毛根细小，皮肤光滑，具有增重快、成活率高、饲料报酬高、肉质细嫩的优良特点，适宜各种加工和烹调。

图 2-2-26　艾维茵肉鸡

艾维茵肉鸡父母代生产性能：母鸡 20 周龄体重 2.08～2.16kg，25～26 周龄达 5%产蛋率，31～33 周龄达产蛋高峰，育雏育成期成活率 95%以上，产蛋成活率 91%～92%；高峰产蛋率 86.9%，41 周龄时入舍母鸡每只总产蛋 174～180 个，入舍母鸡产健雏数 154 只，入孵种蛋平均孵化率 83%～85%。

艾维茵肉鸡商品代生产性能：商品代公母混养 49 日龄体重 2615g，耗料 4.63kg，料肉比 1.89∶1，成活率 97%以上。

8. 爱拔益加（AA+）肉鸡

爱拔益加（AA+）肉鸡（见图 2-2-27）是美国爱拔益加公司培育的四系配套杂交肉鸡。其父母代种鸡产蛋量高，并可利用快慢羽自别雌雄。该品系育雏育成期成活率高，公鸡选种余地大，有力地保证了种鸡遗传优势的发挥。整个饲养期母鸡成活率高，产蛋期地面蛋少，蛋重较大，种蛋生产数量多，产蛋数较同类竞争品种多 2～5 个，商品代生产成本最低。

图 2-2-27　爱拔益加（AA+）肉鸡

AA+肉鸡父母代种鸡能够生产可羽速自别的商品代肉鸡，即商品代母鸡为快羽，商品代公鸡为慢羽。该品系具有下列优势：育雏育成期成活率高，母鸡 24 周龄时平均为 96.5%；产蛋期长，可达 68 周；母鸡死淘率低，平均为 10%；蛋重大；入舍母鸡总产蛋数量多，高峰期产蛋率为 87%～90%；产蛋高峰（80%以上）可维持 12 周以上；受精蛋高峰孵化率在 95%左右。AA+肉鸡父母代生产性能见表 2-2-15。

表 2-2-15　AA+肉鸡父母代生产性能

生产周期	68 周	产蛋高峰周龄	32～33 周
入舍母鸡产蛋总数	188.4 个	入舍母鸡高峰产蛋率	84%
入舍母鸡产合格蛋总数	179.9 个	175 日龄(25 周龄)体重:顺/逆季	2950/3065g
入舍母鸡产雏数	150.3 个	期末体重:顺/逆季	3730/3890g
平均孵化率	84%	育雏育成期成活率	95%
5%～10%产蛋率	175 天	产蛋期成活率	90%
开产周龄	25 周		

AA+肉鸡商品代的生产性能优势主要体现在羽速自别、生长速度快、成活率高、料肉比低、出肉率高、成品率高和抗应激能力强等方面。AA+肉鸡商品代的高效产肉率能满足不同的市场需求,因其具有腿肉多和双胸的特点,特别适合加工成去骨肉。其生产性能见表 2-2-16。

表 2-2-16　AA+肉鸡商品代生产性能

周龄	公母混养		公鸡		母鸡	
	体重/g	饲料利用率	体重/g	饲料利用率	体重/g	饲料利用率
0	42	—	42	—	42	—
1	163	0.91	161	0.91	165	0.90
2	422	1.12	427	1.12	416	1.13
3	813	1.33	845	1.31	819	1.34
4	1310	1.48	1391	1.46	1228	1.50
5	1874	1.59	2016	1.56	1731	1.63
6	2459	1.73	2664	1.68	2253	1.78
7	4226	1.83	3281	1.80	2763	1.93

(3)罗斯 308 肉鸡

罗斯 308 肉鸡是英国罗斯育种公司培育的四系配套杂交鸡。该鸡生长发育快,饲料报酬高,产肉量高,能充分满足生产多用途肉鸡系列产品(全鸡、分割肉和深加工)的需要。该鸡父母代、商品代生产性能见表 2-2-17、表 2-2-18。

表 2-2-17　罗斯 308 肉鸡父母代生产性能

达 5%～10%产蛋率周龄	23～24 周龄	超过 80%产蛋率持续周龄数	9 周
23 周体重	2640g	0～66 周每产 100 个商品鸡累积耗料量	4.0.6kg
育雏育成期成活率	95%～96%	0～66 周每产 100 个合格种蛋累积耗料量	34.4kg
入舍母鸡产蛋数至 66 周龄	186 个	产蛋期末体重	3600～3900g
入舍母鸡产合格种蛋数	177 个	平均孵化率	85%
入舍母鸡产健雏数	149 只	产蛋期成活率	93%
高峰产蛋率	86.4%		

表 2-2-18 罗斯 308 肉鸡商品代生产性能

周龄	公母混养		公鸡		母鸡	
	体重/g	饲料利用率	体重/g	饲料利用率	体重/g	饲料利用率
0	42	—	42	—	42	—
1	169	0.880	170	0.880	164	0.879
2	429	1.098	443	1.090	414	1.105
3	820	1.304	861	1.292	778	1.315
4	1326	1.460	1401	1.440	1231	1.429
5	1882	1.590	2022	1.558	1741	1.621
6	2472	1.721	2676	1.676	2272	1.765
7	3052	1.850	3312	1.786	2791	1.913
8	3579	1.979	3891	1.891	3267	2.067

二、鸭的主要品种

鸭按生产用途可分为蛋用型、肉用型和兼用型三种类型，其代表性品种介绍如下。

(一)绍兴鸭

绍兴鸭原产于我国浙江省绍兴、萧山、诸暨等地。该鸭以产蛋多、成熟早、体形小和耗料少等优点著称，是我国蛋用型鸭的高产品种之一(见图 2-2-28、图 2-2-29)。

图 2-2-28 绍兴鸭(公)

图 2-2-29 绍兴鸭(母)

绍兴鸭体形匀称，紧凑，结实，喙长颈细，体躯狭长，向前抬起，与地面呈 45°，臀部发达，形似“琵琶”状。按绍兴鸭的外貌特征可分为带圈白翼梢系和红毛绿翼梢系两个品系。

1. 带圈白翼梢系

全身以浅褐色麻雀羽为主，颈中部有 2～3cm 宽的白羽圈。主翼羽白色，腹部白色。喙橘黄色，胫、蹼橘红色，喙豆黑色，爪白色，虹膜蓝灰色。公鸭头和颈上部为墨绿色，具光泽，雄性羽墨绿色。97 日龄见蛋，132 日龄开产，178 日龄达到 90%产蛋率，90%以上产蛋率维持 215 天，500 日龄时产蛋量 219.5 个，总蛋重 21.07kg，蛋重 60.0g，多产玉白壳色的蛋。产蛋期料蛋比 2.6∶1，产蛋期存活率 97%。

2.红毛绿翼梢系

母鸭以红褐色麻雀羽为主，颈部无白羽圈，有镜羽，腹部褐麻，喙灰黄色，爪黑色，虹膜褐色。公鸭全身羽毛以红褐色为主，从头到颈部均为墨绿色，具光泽，有镜羽，喙、胫、蹼橘红色，爪黑色。104 日龄见蛋，134 日龄开产，197 日龄达到 90%产蛋率，90%以上产蛋率维持 180 天，500 日龄产蛋量 305 个，总蛋重 20.36kg，蛋重 72.0g，蛋壳壳色多为青色。产蛋期料蛋比 2.64∶1，产蛋期存活率为 92%。

(二)金定鸭

金定鸭原产于我国福建省龙海市，厦门市郊区、同安、南安、普江、惠安、漳州、漳浦、云霄和诏安等县市为其中心产区，是我国优良蛋鸭品种(见图 2-2-30、图 2-2-31)。

图 2-2-30　金定鸭(公)

图 2-2-31　金定鸭(母)

金定鸭的公鸭胸宽、背阔，体躯较长；喙草绿色，虹膜褐色，胫、蹼橘红色，爪黑色；头、颈上部羽毛翠绿色，无明显的白颈圈；前胸红棕色，背部灰褐色，腹部银灰色，翼羽深褐色，有镜羽，尾羽黑褐色。母鸭身体细长，匀称紧凑，头较小，颈细长，喙古铜色，虹膜褐色，全身为深褐色麻雀羽，翼羽深褐色，有镜羽。

成年公鸭体重 1.76kg，成年母鸭体重 1.78kg。母鸭 110～120 日龄开产，年产蛋 260～280 个，在舍饲条件下产蛋 300 个，蛋重 70～72g。蛋壳以青色为主，约占 95%，公母配比 1∶25，受精率 90%，孵化率 85%～92%。育雏成活率 98%，育成成活率 99%，初生重 45.5g，育雏期 28 日龄体重 0.7kg。雏鸭期耗料比 1.9∶1，产蛋期料蛋比(从产蛋率 5%计)为 3.4∶1。

(三)高邮鸭

高邮鸭原产于我国江苏省高邮、宝应、兴化一带，以及江苏北部京杭大运河两侧的广大地区。该鸭具有觅食性强、瘦肉率高和多产双黄蛋的特点，为典型的蛋肉兼用型品种(见图 2-2-32)。

图 2-2-32　高邮鸭(公)

高邮鸭的公鸭背宽、胸深，体躯长方形；头和颈上部羽毛深绿色，前胸红棕色，臀部蓝色，腹部白色；喙青绿色，胫、蹼橘红色，虹膜深褐色；鸭身长，颈较细，胸宽深，臀部方形；全身羽毛为浅褐底色的麻雀羽。

高邮鸭成年公鸭、母鸭体重约 2.5kg。70 日龄体重约 1.5kg。全净膛率 70％左右。母鸭 140 日龄开产，年产蛋量 160～180 个，蛋重 76g。壳色以白色为多，约占 80％。双黄蛋约占 3％。

(四)建昌鸭

建昌鸭主产于我国四川省凉山州境内，安宁河流域的西昌、德昌、冕宁等县，建昌鸭是肉蛋兼用型鸭种且具有良好的肥肝生产性能。

建昌鸭以体躯宽阔、头大、颈粗短为显著特征，浅麻羽色为主要羽色类型，约占群体的 50％。其全身羽色以泥黄为底色，上缀条形黑斑。公鸭头颈上部羽毛墨黑色，具光泽；颈下部多有一白色颈圈，尾羽黑色，雄性羽黑色，2～4 根，前胸及鞍羽红棕色，腹部羽毛银灰色，喙青绿色，故有“绿头、红胸、银腹、青嘴公”之称。建昌鸭群体中尚有 15％的白胸黑羽鸭，公、母羽色相同，前胸白色，体羽乌黑色，喙青绿色，胫、蹼多为黑色。深麻(褐麻)羽色的建昌鸭占 35％左右，全身羽毛以浅褐色为底色，上缀条形黑斑。除公鸭的体羽为暗灰色外，外貌特征与浅麻鸭相近似。

建昌鸭的出壳体重约 50g，在稻田放牧、适当补饲的条件下，20 日龄平均体重约 390g，60 日龄平均体重约 1.34kg，90 日龄平均体重约 1.80kg。公鸭、母鸭 60 日龄和 90 日龄的全净膛率分别为 67％和 73％。青年鸭填肥 2～3 周，肥肝重 230～400g。实验表明，建昌鸭与北京鸭或狄高鸭组配生产的杂交鸭肥肝性能良好，填饲期死残率明显较低。

建昌母鸭 180 日龄左右开产，年产蛋量 140～150 个，蛋重约 72g。青壳蛋占 60％～70％。公母配种比例 1∶(9～10)。

(五)北京鸭

北京鸭原产于我国北京市近郊，是世界著名的肉用标准品种。由于该鸭生产快、繁殖率高、适应性强和肉质好等突出优点，为国内现代肉鸭生产所广泛采用(见图 2-2-33)。

图 2-2-33　北京鸭

北京鸭羽毛洁白，紧凑。公鸭尾部有雄性羽，体躯长而宽。头大眼圆，虹膜呈蓝灰色，喙中等长，较宽厚，呈橘黄色。颈粗、稍短，胸部丰满，腹部深广，前胸高举，后腹稍向后倾斜，与地面约呈 30°，翅较小，尾短而上翘，腿短而有力，胫、蹼呈橘红色。性情温驯，喜合群，好安静，适宜集约饲养。

北京鸭成熟期早，早熟的母鸭 130～140 日龄即可开产，一般为 150～180 日龄。年产蛋量为 180 个。近几年来，经选育的鸭群年产蛋量为 200～260 个，蛋重 90g 左右。蛋壳多为白色。

北京鸭生长发育快，经选育的大型父系公鸭体重为4.0～4.5kg，母鸭体重为3.5～4.0kg。北京鸭肌肉纤维细致，肌纤维间隙脂肪分布均匀，肉质特优。据近几年的试验，北京鸭与瘤头鸭杂交生产的杂交鸭（俗称“半番鸭”）肥肝性能良好，填饲2～3周，每只可产肥肝300～450g。

（六）瘤头鸭

瘤头鸭俗称番鸭，原产于南美洲及中美洲热带地区。瘤头鸭具有生长快，体形大，胸肌、腿肌丰满，肉质优良等特点，是我国南方主要肉禽品种之一。

其外貌特征为头大而长，眼周围和喙的基部有皮瘤，头颈部有一排纵向长毛，受惊时竖起呈刷状。喙色鲜红或暗红，眼鲜红。胸丰满，体呈橄榄形。胫短，红色、橘色、黑色不一。羽毛有纯黑、纯白、黑白色或白色杂有蓝青色。公鸭在繁殖季节散发麝香气味。体质强健，肉厚，肉质良好，味美油多，属肉用型鸭种。

成年体重：公鸭4.0～5.0kg，母鸭2.5～3.0kg。母鸭180～210日龄开产，年均产蛋60～120个，蛋壳多为白色，也有淡绿色或深绿色。蛋重70～80g，有就巢性。商品鸭3月龄体重：公鸭2.7kg，母鸭1.8kg。料肉比3∶1，瘦肉率75%左右。

瘤头鸭能与家鸭杂交，其杂交后一代生长快，体重大，肉质好，但无生育能力，俗称骡鸭。

用瘤头公鸭与北京母鸭杂交是生产肥肝的一种手段，肝最重可达470g，可供外销。

（七）樱桃谷鸭

樱桃谷鸭原产于英国，我国于20世纪80年代开始引入，建立了祖代场，是世界著名的瘦肉型鸭，具有生长快、瘦肉率高、净肉率高、饲料利用率高以及抗病力强等优点（见图2-2-34）。

樱桃谷鸭体形较大，成年公鸭体重4.0～4.5kg、母鸭3.5～4.0kg。父母代群母鸭性成熟期26周龄，年均产蛋210～220个。白羽L系商品鸭47日龄体重3.0kg，料肉比3∶1，瘦肉率达70%以上，胸肉率23.6%～24.7%。

图2-2-34　樱桃谷鸭

三、鹅的主要品种

（一）狮头鹅

狮头鹅是我国最大的鹅种，原产于我国广东省饶平县。狮头鹅体躯硕大轩昂，头大而深，顶上有肉瘤向前倾，两颊各有显著突出的肉瘤，母鹅的肉瘤较扁平，呈黑色或黑色带有黄斑，从头部的正面观之如雄狮头状，故称狮头鹅。颌下咽袋发达，眼凹陷，眼圈呈金黄色，喙深灰色，胸深而广，胫与蹼均为橘黄色（见图2-2-35）。

狮头鹅最大的特点为体重大，成年公鹅一般体重为10～12kg，最大体重可达17kg；母鹅一般体重为9～10kg，最大体重可达13kg。在大群饲养条件下，狮头鹅在40～70日龄时增重最快，在51～60日龄时平均每天增长116.7g。

母鹅产蛋季节自每年8—9月份至次年3—4月份，全年产蛋25～35个。一般分三窝产蛋，第一窝产7～10个，第二窝产10～14个，第三窝产8～11个，有少数母鹅能产四窝。蛋重 105～255g,蛋壳白色。母鹅盛产期为第 2～4 年。公母配种比例为 1∶(5～6)。

狮头鹅的肥肝性能良好。经 3～4 年填饲,每只鹅可得肥肝 800g 左右。以狮头鹅作父本的杂交鹅,70 日龄以上的填饲鹅每只可得肥肝 400～600g,且质地优良。

(二)皖西白鹅

皖西白鹅的中心产区在我国安徽省西部霍邱、寿县、六安、肥西、舒城、长丰等县。该品种具有生长快、觅食力强、耐粗饲、肉质好和羽绒品质优良等特点(见图 2-2-36)。

图 2-2-35　狮头鹅

图 2-2-36　皖西白鹅

该品种具有典型中国鹅的外貌特征。头中等大小,前额有发达的光滑肉瘤,颈长而呈弓形。母鹅体躯呈卵圆形,公鹅体躯略长,胸部丰满,前躯高抬,腿粗壮。全身羽毛白色,喙、肉瘤橙黄色,胫、蹼橘红色,虹膜黄灰色,少数个体有咽袋。

皖西白鹅成年公鹅体重 5.5～6.5kg。在一般放牧饲养条件下 60 日龄仔鹅体重 1.5～1.75kg。母鹅 180 日龄左右开产。年产蛋约 25 个,无就巢性的鹅可年产 50 个左右,平均蛋重 142g,蛋壳白色。该品种以羽绒产量高、绒朵大而著称,每只鹅可产羽毛(不含大翎)350g,其中羽绒 40～50g。

(三)溆浦鹅

溆浦鹅原产于我国湖南省沅水支流的溆水沿岸的溆浦县,洞口、新化、暗花等县均有分布。该品种体形较大,体躯稍长。公鹅肉瘤明显,颈长呈弓形;母鹅体形稍小,后躯丰满,呈蛋圆形,有腹褶。溆浦鹅中约 20%有头髻(俗称顶心毛)。

溆浦鹅有灰、白两种羽毛。白鹅全身羽毛白色,喙、肉瘤、胫、蹼呈橘黄色,虹膜蓝灰色。灰鹅的颈、背、尾部羽毛灰褐色,腹部白色,喙黑色,肉瘤明显,表面光滑,呈灰黑色,母鹅有腹褶。

成年公鹅体重 6.0～6.5kg,仔鹅 60 日龄体重 3.0～3.5kg,200～210 日龄开产,年产蛋 25～50 个,平均蛋重 200g 左右,蛋壳白色。溆浦鹅具有良好的肥肝性能,每只鹅产肥肝 500～600g,重者可达 1000g。

(四)豁眼鹅(五龙鹅)

豁眼鹅(五龙鹅)原产于我国山东省莱阳地区,分布于辽宁省昌图、吉林省通化及黑龙江省延寿县等地,为中国鹅中的小型白鹅品变种。该鹅种外貌上的特征是上眼睑有一个疤状缺口,故称“豁眼鹅”。少数个体颌下有咽袋和腹褶。喙、肉瘤、胫、蹼呈橘红色,虹膜蓝灰色,全身羽毛白色。成年公鹅体重3.4～4.7kg,成年母鹅体重2.7～4.3kg,60日龄体重2.0kg左右。母鹅产蛋性能良好,210～240日龄开产。在放牧饲养条件下,年产蛋约100个。一般第2～3年为产蛋盛期,产蛋旺季为每年2—6月份,蛋重120～130g,蛋壳白色。公母配种比例为1∶(6～7)。

(五)太湖鹅

太湖鹅原产我国江苏省太湖地区,具有中国鹅外貌的典型特征(见图2-2-37)。肉瘤明显,颈呈弓形而细长,前躯高抬,喙、胫、蹼橘红色,虹膜蓝灰色。成年公鹅体重4.0～4.5kg,成年母鹅体重3.0～3.5kg,70日龄体重2.3～3.0kg。母鹅约160日龄开产,一般鹅群年产蛋60～70个,高产鹅群年产蛋80～90个。平均蛋重135g,蛋壳白色。

(六)伊犁鹅

伊犁鹅为我国唯一起源于灰雁的鹅种,相传已经有200年多年的饲养历史,分布于我国新疆西北部伊犁哈萨克自治州及博尔塔拉蒙古自治州等地(见图2-2-38)。该鹅前额无肉瘤,颈较短,体躯呈扁椭圆形,几乎与地面平行。有灰、白两种基本羽色和部分灰白色花羽的杂色。喙呈黄白色或肉红色,胫、蹼橘红色,虹膜蓝灰色。成年公鹅体重约4.5kg,成年母鹅体重3.2kg。在天然草场饲养条件下,60日龄公鹅重约3.0kg,母鹅重约2.8kg;90日龄公鹅重约3.4kg,母鹅重约3.2kg。母鹅性成熟期迟,270～300日龄开产,每年3—4月份为产蛋期。第一产蛋年可产蛋10个左右,第三产蛋年可产蛋15～16个,蛋重约153g。

图2-2-37　太湖鹅

图2-2-38　伊犁鹅

任务 2.3　家禽主要经济性状

家禽的生产性能主要包括产蛋性能、产肉性能以及与产蛋、产肉有密切关系的繁殖力和生活力等。本节主要说明各种生产性能的评定指标、影响各项生产指标的因素，以及各项生产指标的测定和计算方法。

一、产蛋性能

通常用产蛋量、蛋重、蛋的品质和料蛋比四项指标来测定产蛋性能。

(一)产蛋量(产蛋率)

生产量多质优的蛋品是养禽业的主要目的之一，因此产蛋量是家禽的一项极为重要的经济性状。

1.影响产蛋量的生理因素

家禽产蛋受多方面因素影响，就家禽本身来说，主要有以下五个因素。

(1)性成熟期。性成熟期即开产日龄。个体记录时，以产第一个蛋的日龄计算；群体记录时，鸡、鸭以禽群日产蛋率达 50％的日龄计算，鹅以鹅群日产蛋率达 5％的日龄计算。开产日龄的遗传力通常为 0.15～0.30。

在同样饲养管理条件下，母禽开产早，全年产蛋多。但过早开产的个体，由于机体尚未发育充分就开始产蛋，不仅蛋重小，而且体质弱，产蛋不能持久，容易导致早产早衰。所以，对于现代禽种，应适当控制过早开产。

(2)产蛋强度。产蛋强度即母禽在一定时期内的产蛋数。通常个体用产蛋周期的产蛋频率来表示，群体用产蛋率来表示。一般用 10 月到 1 月这一时期内的产蛋百分率来表示产蛋强度的大小。产蛋强度大的母禽全年产蛋量就高。现在，育种工作者更强调 16～18 个月龄的产蛋强度，蛋用鸡此期间产蛋率应不低于 60％。

(3)产蛋持久性。产蛋持久性即指母鸡从开产至换羽休产这段产蛋期的天数。一般为一年左右，所以，这段时间又常叫生物学产蛋年。高产鸡开产早、换羽晚，产蛋持续时间长，全年产蛋多。

产蛋持久性除与遗传性有关外，还与饲养、环境、应激、疾病等有关。好的商品蛋鸡能持续产蛋 14～15 个月。

(4)就巢性。就巢是家禽繁殖后代的生理现象，具有高度的遗传性。母鸡在就巢期间卵巢萎缩，停止产蛋。因此，就巢性强的母鸡全年产蛋少，应予以淘汰。

(5)休止性。休产在 7 天以上且并不是抱窝时，称为产蛋休止性。有休止性的鸡群，全年产蛋量少。目前实行的工厂化养鸡，鸡舍环境可以人工控制，母鸡的休止性已不存在。

产蛋量受家禽本身生理因素、外界环境、营养条件以及遗传因素的共同影响。鸡饲养日年产蛋量的遗传力为 0.25～0.35，而入舍母鸡年产蛋量的遗传力为 0.05～0.10，说明母鸡产蛋量的多少在同一品种内主要受环境因素的影响。

2. 产蛋量的计算方法

群体产蛋量的计算方法有以下两种。

(1)按饲养只日计算。一只母鸡饲养一天为一个饲养只日，简称饲养日。利用这种方法计算鸡群的产蛋量，需要掌握在统计期内的产蛋总数，统计每天鸡群的死亡只数、淘汰只数和实际存栏只数。计算公式如下：

$$饲养日产蛋量(枚/只)=\frac{统计期内产蛋总数}{统计期内平均饲养只数}=\frac{统计期内产蛋总数}{统计期内每日饲养只数之和/统计期日数}$$

$$饲养日产蛋率(\%)=\frac{统计期内产蛋总数}{统计期内每日饲养只数之和}\times 100\%$$

利用这种方法计算鸡群的产蛋量和产蛋率，要受饲养期中死亡、淘汰鸡数的影响。有时死亡数越多，鸡群的产蛋量和产蛋率反而越高，因此它不能真实地反映整个鸡群的产蛋量、生活力以及鸡场的经济效益。

(2)按入舍母鸡计算。

$$入舍母鸡产蛋量(枚/只)=\frac{统计期内产蛋总数}{统计期初入舍母鸡数}$$

$$入舍母鸡产蛋率(\%)=\frac{统计期内产蛋总数}{统计期初入舍母鸡数\times 统计期日数}\times 100\%$$

利用这种方法计算鸡群的产蛋量和产蛋率，没有把饲养期中死亡、淘汰的鸡数扣除，表面上看比按饲养日计算产蛋少了，但它却能真实地反映整个鸡群的产蛋量、生活力以及鸡场的经济效益。因此，这种计算方法逐渐被鸡场采用。

(二)蛋重

蛋重也是评定家禽产蛋性能的一项重要指标。同样的产蛋量，蛋重大的总重量也大，饲养产蛋多、蛋重大的品种，则经济效益高。在商业上，蛋重是蛋品分级的主要指标，在一定范围内蛋重大的级别高。种蛋大小直接影响初生雏的体重。在正常孵化条件下，初生雏体重为蛋重的62%～65%。因此，要求每个品种都应有较大的蛋重。

1. 平均蛋重

个体记录时，每月连续称3个以上的蛋求平均值；群体记录时，每月连续称3天总产蛋量求平均值。通常以300日龄时平均蛋重代表该品种蛋重。

2. 总蛋重

$$总蛋重(kg)=\frac{平均蛋重(g)\times 平均产蛋量}{1000}$$

蛋重的遗传力较高，一般为0.2～0.7。蛋重除受品种和遗传因素影响外，还与其他许多因素有关：初产时蛋重小，以后逐渐增大，第二个产蛋年达最大蛋重，以后蛋重逐渐减小。蛋重与体重呈正的遗传相关，与产蛋量呈负的遗传相关，选种时片面追求蛋重，产蛋量就会降低。蛋重还与性成熟的早晚有关，性成熟过早的个体往往蛋重小。另外，蛋重也受营养水平和环境条件的影响，饲料营养丰富时蛋重大；春季蛋重较大，夏季蛋重较小，秋季又有所增加。

(三)蛋的品质

蛋的品质是现代养禽业中很重要的性状。测定蛋品质时,数量每次不应少于 50 枚,每次测定的蛋应在其产出后 24h 内进行。

1.蛋形指数

蛋形指数表示蛋的形状,是指蛋的长径与短径之比(或短径与长径之比),正常的蛋为椭圆形,蛋形指数为 1.30～1.35,大于 1.35 的蛋为长形蛋,小于 1.30 的蛋为圆形蛋。如果蛋形指数偏离标准太多,不但不利于工厂化养鸡生产的机械集蛋、分级和包装,而且也会使种蛋的孵化等级降低。鸭蛋的正常蛋形指数为 1.3 左右。蛋形指数的遗传力为 0.25～0.50。

2.蛋壳强度

蛋壳强度指蛋壳耐受压力的大小。蛋壳结构致密,耐受压力大,蛋不易破碎。测定蛋壳强度用蛋壳强度测定仪。标准厚度的蛋壳能耐受 2.5～4kg/cm²。蛋的纵轴耐压力大于横轴,故在装运时以竖放为好。蛋壳强度的遗传力为 0.3～0.4。

3.蛋壳厚度

蛋壳厚度与蛋的破损率和种蛋的孵化率有关。理想的鸡蛋蛋壳厚度是 0.33～0.35mm。测量蛋壳厚度用蛋壳厚度测定仪,分别测量蛋的钝端、锐端和中腰三处蛋壳(除去壳膜)的厚度,计算平均值,即为蛋的蛋壳厚度。蛋壳厚度的遗传力为 0.3～0.4。

4.蛋的比重

蛋的比重不但可以表明蛋的新鲜程度,还可以间接表示蛋壳厚度以及蛋壳强度。同样新鲜的蛋,比重愈大说明蛋壳愈厚,而蛋壳愈厚则蛋壳的强度也就愈大。测定蛋的比重用盐水漂浮法,其比重不应低于 1.07～1.08。蛋的比重的遗传力为 0.3～0.6。

5.蛋壳颜色

蛋壳颜色是品种特征,常见的有白、浅褐、褐、深褐、青色等。

6.蛋的内在品质

(1)蛋白浓度。蛋白浓度大,表明蛋的营养丰富。国际上用哈氏单位表示蛋白浓度。测定方法是将蛋称重后破壳,把内容物置于平板上,用蛋白高度测定仪测量蛋黄边缘与浓蛋白边缘的中点,避开系带,测三个等距离中点的平均值为蛋白高度,然后按下列公式求出哈氏单位:

$$\text{哈氏单位} = 100\lg(H - 1.7W^{0.37} + 7.57)$$

其中,H 为浓蛋白高度(mm);W 为蛋重(g)。

哈氏单位愈高,表示蛋白黏稠度愈大,蛋白品质愈好。一般新鲜蛋的哈氏单位为 80～90。蛋白浓度的遗传力为 0.10～0.70。

(2)蛋黄色泽。国际上按罗氏比色扇的 15 个等级进行比色分级。蛋黄色泽愈浓艳,表明蛋的品质愈好。蛋黄色泽的遗传力约为 0.15。

(3)血斑率和肉斑率。蛋内存在血斑或肉斑的蛋称为血斑蛋或肉斑蛋。血斑蛋和肉斑蛋占总蛋数的百分比,称为血斑率和肉斑率,通常是 1%～2%。蛋内含有血斑和肉斑将会大大降低蛋的等级。它的遗传力为 0.25～0.50。

(四)料蛋比

料蛋比即饲料转化比,即每生产 1kg 蛋所消耗的饲料公斤数。饲料在现代养禽业中占禽场总开支的70%～80%，降低料蛋比，就可以降低生产成本，提高经济效益，这是养禽业追求的主要目标之一。它的遗传力为0.20～0.60。

产蛋期的料蛋比与体重、产蛋量密切相关，体重小、产蛋多，料蛋比就小。因为体重小，需要的维持饲料少，那么每生产1kg蛋所消耗的饲料也就相对减少。因此对于蛋用家禽要求体形轻小，以降低饲料消耗，提高饲养密度。

目前，饲养现代商品蛋鸡在产蛋期内料蛋比一般为(2.0～2.2)∶1。料蛋比的计算公式为：

$$料蛋比=\frac{产蛋期实际消耗饲料总量(kg)}{总蛋重(kg)}$$

二、肉用性能

评定家禽的肉用性能，主要有下列四项指标。

(一)生长速度

早期生长速度是肉用家禽在育种和生产上极为重要的指标。生长快、增重迅速，可以缩短饲养时间，减少饲料消耗，节省人工，提高设备利用率，减少感染疾病的概率，有利于防疫灭病，加速资金周转，提高经济效益。所以饲养肉用家禽，要求生长速度快。生长速度的遗传力较高，通常为0.40～0.80。

家禽的生长速度与品种、类型、初生体重、年龄、性别、羽毛生长速度以及饲养管理条件等有关。肉用型家禽比蛋用型家禽生长快；初生体重大的个体，早期生长速度快；各类家禽均以第1～2个月龄相对增重最快，以后逐渐减慢；公禽比母禽生长快；羽毛生长快的，早期增重也快；饲养管理条件好，增重也快。家禽绝对增重以鹅为最快，其次为鸭和鸡；而相对增重以鸭为最快，其次是鹅和鸡。

(二)体重

在一般情况下，体重越大，产肉越多，对于肉用家禽要求有较大的体重。但体重大则消耗饲料多，饲养不经济。因此必须把体重与饲料报酬两者综合起来考虑。例如饲养肉用仔鸡，体重达到2.0～2.5kg的商品上市最适宜，如果继续饲养，生长速度逐渐减慢，饲料报酬降低。

体重与品种、年龄、性别、饲养管理条件等因素有关。不同品种都有各自要求达到的标准体重，一般10～12个月龄达到标准体重，两岁时达最大体重，成年公鸡体重比母鸡重30%左右；饲养管理条件差的体重较小；夏季体重下降。

日常饲养管理中，需要经常抽测体重，以检查饲养效果，决定喂料量。育种场还要定期称重。蛋用型鸡主要称测开产时、300日龄时和500日龄时的体重，早期体重不作为重点。肉用型鸡主要称测8周龄或10周龄体重，后期体重不作为重点。体重的遗传力为0.20～0.60。

(三)屠宰率

屠宰率反映了肉禽肌肉丰满的程度，屠宰率愈高，产肉愈多，对于肉用型家禽要求有较高的屠宰率。屠宰率的遗传力为0.20～0.60。

$$屠宰率(\%)=\frac{屠体重}{宰前活重}\times 100\%$$

其中，屠体重是指放血致死拔净毛，剥去脚皮、趾壳、喙壳后的重量；宰前活重是指屠宰前停饲 12h 后的重量。

(四)料肉比

料肉比即饲料转化比，用每增重 1kg 体重所消耗的饲料公斤数表示。商品肉禽的耗料比与生长速度密切相关，只有生长快，才能在较短的时间消耗较少的饲料，获得较大的商品肉禽体重。加快生长速度，减少饲料消耗，提早出场上市，是商品肉禽业追求的主要目标。

$$料肉比=\frac{全程耗料量(kg)}{总活重(kg)}$$

三、繁殖力性能

家禽繁殖力的高低，主要通过种蛋合格率、受精率、孵化率、健雏率等指标进行评定。

(一)种蛋合格率

种禽所产的蛋，不能全部适于孵化。种蛋要符合蛋的外部品质要求，有些蛋过大过小、过长过圆、蛋壳过厚过薄或沙皮蛋等都不能入孵，应予剔除。种禽在规定的产蛋期内，所产符合孵化要求的种蛋占产蛋总数的百分比，称为种蛋合格率。一般要求种蛋合格率达到 90%。

$$种蛋合格率(\%)=\frac{合格种蛋数}{产蛋总数}\times 100\%$$

(二)受精率

入孵的种蛋并非全部受精，孵化到第 5～7 天要经过透视照蛋，把未受精蛋剔除。受精种蛋数占入孵蛋数的百分比，称为受精率。一般要求受精率应达 85%。血圈、血线等死胎蛋按受精蛋计算，散黄蛋按未受精蛋计算。

$$受精率(\%)=\frac{受精蛋数}{入孵蛋数}\times 100\%$$

(三)孵化率

孵化率有受精蛋孵化率和入孵蛋孵化率两种表示方法。出雏数占受精蛋数的百分比，称为受精蛋孵化率，一般要求达到 90%。

$$受精蛋孵化率(\%)=\frac{出雏数}{受精蛋数}\times 100\%$$

出雏数占入孵蛋数的百分比，称为入孵蛋孵化率，一般要求达到 75%。

$$入孵蛋孵化率(\%)=\frac{出雏数}{入孵蛋数}\times 100\%$$

(四)健雏率

初生雏并非全部是健壮的，总有少数体重过小、精神不振、蛋黄吸收不全、脐部愈合不良、腹大站不起来、残废畸形者，这些统称为残弱雏。健康雏禽数占出雏数的百分比，称为健雏率，一般要求达到 98%。

$$健雏率(\%)=\frac{健雏数}{出雏数}\times 100\%$$

四、生活力性能

生活力主要受环境条件影响，同时也是可以遗传的。评定家禽生活力通常有三项指标：育雏率、育成率和母禽成活率。

(一)育雏率

育雏期末成活雏禽数占入舍雏禽数的百分比，称为育雏率。一般要求育雏率达到 90%。

$$育雏率(\%)=\frac{育雏期末成活雏禽数}{入舍雏禽数}\times 100\%$$

(二)育成率

育成期末成活育成禽数占育雏期末入舍雏禽数的百分比，称为育成率。一般要求育成率达到 96%。

$$育成率(\%)=\frac{育成期末成活育成禽数}{育雏期末入舍雏禽数}\times 100\%$$

(三)母禽成活率

入舍母禽数减去死亡、淘汰禽只数后占入舍母禽数的百分比，称母禽存活率。一般要求母禽成活率在 88%以上。

$$母禽成活率(\%)=\frac{入舍母禽数-(死亡数+淘汰数)}{入舍母禽数}\times 100\%$$

五、饲料利用率

饲料利用率是养禽业特别是肉禽业的重要经济指标之一。饲料在现代养禽业中占总支出的 70%～80%，饲料利用率高，就可降低成本，提高经济效益。

(一)产蛋期料蛋比

产蛋期料蛋比是指产蛋期消耗的饲料量与总产蛋量的比值，即每产 1kg 蛋所消耗的饲料量。

$$产蛋期料蛋比=\frac{产蛋期耗料量(kg)}{总产蛋量(kg)}$$

(二)肉用仔禽耗料比

肉用仔禽耗料比即料肉比，通常用每增重 1kg 体重所消耗的饲料量来表示。

$$肉用仔禽耗料比=\frac{耗料量总和(kg)}{总活重(kg)}$$

不同品种或品系，其饲料利用率不同。生长速度快，饲料利用率自然就高。但同样生长速度的鸡，其饲料消耗仍有品种和个体差异，在育种上，对其进行直接选择更为有效。现代肉用仔鸡一般 6～7 周龄出售，料肉比已降至 1.8∶1 左右。

◎复习思考题

1. 我国优良的地方鸡种主要有哪些？我国优良的蛋用鸭品种有哪些？

2. 简述标准品种的分类方法。

3. 简述当地饲养的主要商用品系蛋鸡的外貌特征、生产性能和主要的优缺点。

4. 评定家禽的产蛋性能、产肉性能和繁殖力的指标有哪些？各项指标的评定方法如何？

5. 如何评定蛋的品质？有哪些具体指标？

【技能实训 2】 家禽品种的识别

一、目的要求

1. 掌握家禽品种的分类。

2. 认识不同经济类型家禽品种的主要外貌特征。

3. 掌握主要品种(标准品种和地方品种)的主要生产特征。

4. 掌握鉴定家禽品种的基本知识。

二、仪器设备与材料

挂图、标本、投影仪、幻灯片。

三、方法与步骤

参阅《中国家禽品种志》体形外貌特征，对照幻灯片，认识各种家禽品种的体形外貌特征，并根据其外形鉴别属于哪种经济类型。

(一)鸡的品种

(1)蛋用型：以产蛋数量多为主要特征，如来航鸡、伊(依)莎褐鸡、仙居鸡等。

(2)肉用型：以生长快、体重大、肉质好为主要特征，如白考尼什鸡、AA＋鸡、艾维茵鸡等。

(3)兼用型：此类型鸡体形外貌和生产性能介于蛋用型和肉用型之间，如洛岛红鸡、狼山鸡等。

(4)观赏型：以羽毛羽色特异、体态特殊或性凶好斗为特征，属专供人们观赏和娱乐的鸡种，如丝毛鸡、翻毛鸡、斗鸡、长尾鸡等。

(5)药用型：对人类具有一定的药效或保健作用，如丝羽乌骨鸡等。

(二)鸭的品种

(1)蛋用型：以产蛋数量多为主要特征，如绍兴鸭、金定鸭等。

(2)肉用型：以生长快、体重大、肉质好为主要特征，如北京鸭、英国樱桃谷鸭等。

(3)兼用型：此类型鸭体形外貌和生产性能介于蛋用型和肉用型之间，如江苏高邮鸭、四川建昌鸭等。

(三)鹅的品种

(1)蛋用型:以产蛋数量多为主要特征。

(2)肉用型:以生长快、体重大、肉质好为主要特征。

⇨实训报告

1. 描述蛋用型鸡和肉用型鸡的主要外貌特征。
2. 根据羽毛特征区别成年鸭的性别。
3. 举例说明如何描述家禽品种的外貌特征。

【技能实训3】　成年家禽外貌部位的识别与鉴定

一、目的要求

1. 掌握抓鸡和保定鸡的方法。
2. 认识禽体外貌部位和羽毛的名称。
3. 家禽性别的识别。
4. 区别健康鸡、病弱鸡和品种的优缺点。
5. 鸡、鸭、鹅和火鸡的外貌主要区别。

二、仪器设备与材料

每组成年公、母鸡各1只,病鸡1只,鸡、鸭、鹅和火鸡外貌部位名称挂图,鸡冠类型、鸡翼羽图谱或幻灯片。

三、方法与步骤

(一)抓鸡与保定鸡

用右手大拇指将鸡右翼压在鸡右腿上,其他四指抓住鸡右大腿内侧基部,将鸡从鸡笼中取出来(若平养鸡群,则用抓鸡钩抓鸡)。注意不能抓鸡尾羽、单翼或抓提鸡颈!然后将鸡移至左手,用左手大拇指和食指夹住鸡的右腿,无名指和小指夹住鸡的左腿,并将鸡的胸部置于左手掌中,使鸡的头部向着鉴定者。这样把鸡保定在左手上不致乱动,又可随意转动左手,以便观察鸡体各部位。

(二)禽体外貌部位的认识

按鸡体的各部位,从头、颈、肩、翼、背、腰、臀、胸、腹、腿、胫、趾和爪等部位仔细观察,并熟悉各部位名称。

在观察过程中,注意外貌(及羽毛)与家禽的健康(包括遗传上和生长发育上有无缺陷)、性别的联系以及不同家禽的主要区别。

1. 头部

(1)鸡冠。冠有多种形状,是品种的特征之一。不同品种有不同的冠形,同一品种也有不同的冠形。如来航鸡有单冠来航鸡,也有玫瑰冠来航鸡;洛岛红鸡有单冠洛岛红鸡,也有玫瑰冠洛岛红鸡。目前,现代鸡种的冠形多为单冠。

单冠:具有锯齿状的单片肉质结构的皮肤衍生物,可分为冠基、冠尖和冠叶。冠尖一般有5～6个。如来航鸡、洛岛红鸡、洛克鸡、狼山鸡等。

豆冠:由三叶小的单冠组成,中间一叶较高,故又称三叶冠,有明显低矮的冠尖。如考尼什鸡(目前也多培育成单冠考尼什鸡)。

玫瑰冠:冠体低矮而阔,前宽后窄形成冠尾。除冠冕尾外,其表面有小而圆的突起。如洛岛红鸡、洛岛白鸡、来航鸡的变种。

羽毛冠:冠体为S形,周围为类似圆球形羽毛束(有称凤冠)。如北京油鸡、丝羽乌骨鸡。

草莓冠:形似草莓的复冠。与玫瑰冠相似,冠基附着于头的前部,但无冠尾,冠体和乳头状的冠尖也较小,如马来鸡。

此外,头部还应观察喙、眼和眼神以及无毛部位有无病灶。

(2)肉垂。在下颚的下方,左右对称两片。肉垂的发育受雄性激素控制,公鸡比母鸡发达,去势鸡与休产鸡的肉垂萎缩而无血色。

(3)喙。由表皮衍生而来的特殊构造,是啄食与自卫器官,其颜色因品种而异,一般与趾部颜色一致。健壮鸡的喙应短粗,稍微弯曲。

(4)脸。蛋用鸡的脸清秀,无堆积的脂肪,脸毛细小,大部分脸皮赤裸,一般呈鲜红色。强壮鸡的脸润泽而无皱纹,老病鸡苍白而有皱纹。

(5)眼。鸡眼圆大而有神,向外突出,眼睑宜单薄,虹膜的颜色因品种而异。

(6)耳及耳叶。耳位于头部两侧,耳叶在耳的下部,椭圆形或圆形,有皱纹,颜色视品种而异,最常见的为红色和白色。

2. 颈部

颈部是指体躯和头部之间的部分,俗称鸡脖子。颈部羽毛具有第二性症状,母鸡颈羽端部圆钝;公鸡颈羽长而尖,像梳齿一样,故又叫梳羽。

3. 体躯

体躯由背部、胸部、腹部和尾部等组成。

4. 四肢

在这里,四肢主要指腿、跖、趾和爪等部分。

(三) 羽毛名称及结构识别

1. 鸡羽毛种类的识别

用活鸡识别正羽、绒羽和纤维羽(又称毛羽)。

2. 认识禽体各部位羽毛的名称

家禽全身几乎都覆盖着羽毛,羽毛名称与外貌部位名称相对应,如颈部的羽毛称颈羽、尾部的羽毛称尾羽等。有些鸡种有跖羽和趾羽,如北京油鸡。

3. 翼羽各部位的名称

用活鸡识别翼羽各部位的名称,并了解主翼羽、轴羽和副翼羽的脱换情况。一般主翼羽10根、副翼羽11根、轴羽1根。

⇨实训报告

1. 绘制鸡的翼羽图,并标明羽毛名称。

2. 识别家禽的性别。

3. 识别健康鸡与病弱鸡。

4. 识别鸡冠的种类。

【技能实训 4】　成年家禽体内组织器官的观察

一、目的要求

1. 掌握抓鸡和保定鸡的方法。

2. 学习鸡屠宰方法和步骤。

3. 了解鸡体内各器官的相互关系和解剖结构。

二、仪器设备与材料

每组公、母鸡各 1 只，解剖刀、手术剪、镊子、解剖台、瓷盘、骨剪。

三、方法与步骤

(一)放血

1. 颈外放血法

左手握鸡两翅膀，将其颈向背部弯曲，并以左手拇指及食指固定其头，同时左手小指勾住鸡的一脚，右手将鸡耳下颈部宰杀部位的羽毛拔净后用刀切断颈动脉或颈静脉血管，放血致死。

2. 口腔内放血法

将鸡两腿分开倒挂于吊鸡架上，左手握鸡头于手掌中心，并用拇指及食指将鸡嘴顶开，右手将解剖刀的刀背平行于舌面伸入口腔，待刀伸入至左耳部时将刀翻转使刀口向下，用力切断颈静脉和桥形静脉联合处，然后将刀抽出转向硬腭处中央裂缝中部斜刺延脑，破坏脑神经中枢。此法使屠体没有伤口，外表完整美观，放血完全，死亡快。

(二)拔毛

1. 干拔法

应用口腔内放血法宰杀的家禽可用干拔法，在血放尽后，将羽毛拔去。注意勿损伤皮肤。

2. 湿拔法

在血放净后，用 50～80℃的热水浸烫，让热水涌进毛根，因毛囊周围肌肉的放松而便于拔毛。注意水温和浸烫时间要根据鸡体重的大小、季节差异和鸡的日龄而异，不宜温度太高和浸烫太久。一般以能拔下毛而不伤皮肤为准。

拔毛顺序为：尾→翅→颈→胸→背→臀→两腿粗毛→绒毛。

3. 屠体外观检查

检查屠体表面是否有病灶、损伤、瘀血，如鸡痘、肿瘤、胸囊肿、胸骨弯曲、大小胸、脚趾瘤、外伤、断翅或瘀血块等。

(三)鸡体内组织器官的观察

先总体观察胸腔、腹腔各器官位置,并观察气囊。

1. 生殖系统

母鸡生殖器官:①卵巢:识别卵泡、卵泡囊外的血管和卵泡带(破裂缝)以及排卵后的卵泡膜。②输卵管:观察输卵管的漏斗部(包括伞部、腹腔口、颈部)、膨大部(蛋白分泌部)、峡部、子宫部、阴道部和输卵管在泄殖腔的开口等部分的位置、形态及分界处。

公鸡生殖器官:睾丸、附睾和输精管的形态、位置(观察公鸡生殖器官应在观察消化系统之后)。

2. 消化系统

首先摘除母鸡输卵管,然后剪开口腔,露出舌和上颌背侧前部硬腭中央的腭裂(位于相对两眼位置,为斜刺延脑位置)。

从上至下依次观察:

口腔——喙、舌、咽;

食管和嗉囊——鸭为纺锤形的食道膨大部;

腺胃——切开露出腺胃乳头突起;

肌胃——切开露出角质膜;

小肠——十二指肠、空肠、回肠、胰腺、胆囊、肝脏;

大肠——盲肠、直肠、盲肠扁桃体、泄殖腔。

3. 呼吸系统

观察喉气管、支气管、肺。

4. 泌尿系统

摘除消化器官,露出紧贴于鸡腰部内侧的泌尿系统,包括肾脏、输尿管和泄殖腔。

5. 其他脏器

观察心脏、肺、脾脏、法氏囊、胸腺、坐骨神经和卵黄柄(美克耳氏憩室)等。

⇨实训报告

1. 说明鸡体内各组织器官的位置及相互关系。

2. 简述鸡体内各组织器官的形态特点。

项目三　家禽的繁育与人工孵化

☞ **项目目标**

1. 了解家禽繁育的特点和育种基本方法。
2. 理解家禽的良种繁育体系的结构及作用。
3. 了解蛋的构造、蛋的形成过程和胚胎的发育过程。
4. 掌握机械孵化技术、操作和管理。
5. 掌握孵化效果的检查与分析。
6. 掌握孵化厅的卫生管理和影响孵化效果的原因。
7. 掌握初生雏的质量管理技术。

♠ **技能目标**

1. 能够选择优秀种公禽进行配种。
2. 能正确进行家禽的人工授精操作。
3. 能独立操作家禽孵化器，并正确进行胚胎发育检查。
4. 利用机器孵化原理，正确进行家禽孵化的操作和管理工作。

♣ **案例导入**

某种鸡场于某年8月7—9日生产种蛋10000枚，于9月3日入孵，按常规孵化条件进行孵化，结果到7胚龄进行照蛋时，发现无精蛋达17%，死胚蛋占受精蛋的7%，且出现胚胎发育偏快的现象。最后到出雏时死胚蛋占受精蛋比例上升到12%，受精蛋孵化率82.4%，健雏率只有85.7%。

如果你是种鸡管理人员或是孵化岗位的技术人员，你将如何分析原因？

现代家禽之所以有优良的高产性能，主要是在繁育过程中应用了动物遗传育种的基本理论和方法，建立和健全了良种繁育体系，采用先进的育种方法，严格按照科学的程序进行繁育制种，从而获得理想的禽种。

在自然条件下，家禽通常在合适的季节产一定数量的蛋后进行自然孵化，繁衍后代。自然孵化通常称抱窝，孵化需要的温度主要来自家禽的体温。绝大多数禽类是母禽完成孵化工作，但有些禽类，如鸵鸟，是由公鸵鸟或公母共同交替完成孵化工作。在抱窝时，母禽一般停止产蛋。人工孵化就是人为创造适宜的孵化环境，对家禽的种蛋进行孵化，从而大大提高家禽的繁殖效率和生产效率。人工孵化已成为现代家禽生产的一项基本技术。

任务3.1　家禽的繁育

一、家禽的繁育特点

(一)现代家禽的育种规模大,专门化程度高

过去的育种场数量多且规模都较小,各育种场之间缺乏协作,培育出的品种生产水平不高。而现代家禽育种场虽然很少,但各育种场的规模越来越大,各专业生产场分工越来越细,研究方向也很明确。这样形成的庞大体系,由于相互依赖、互相协作与配合,所以规模大,素材多,选择优秀群体的概率大,效率高,培育出的禽种生产水平高,在市场上很具竞争实力。

(二)现代家禽育种采用的理论更科学,技术装备日趋先进,相关专业紧密配合

在家禽育种过程中,遗传学、生理学、营养学及兽医学等各门类学科紧密协作,把现代科学理论直接运用到家禽的育种实践中。近年来,随着计算机的广泛普及,计算机在家禽繁育中的应用也显得越来越重要。高效能的电子计算机信息网络,可以收集有关情报,掌握动态,统计分析育种资料,使育种工作不走弯路。同时,微型计算机对禽舍环境、生产条件和孵化过程的控制,都能使禽群高产、稳产,育种得到更好的效果。

(三)现代家禽育种是在标准品种基础上选育成专门化的主产品系

现代家禽育种已不像过去那样采用所谓的标准育种法,而是在过去育成的标准品种基础上选育或合成专门化主产品系,然后进行品系杂交生产商品配套品种,称为现代家禽育种法。在种禽的选择上,更注重群体的平均生产性能,而不再重视对个体性能的选择。对性状的选择上,更重视与经济价值有关的性状,如产蛋量、饲料利用率等,而对体形、外貌则考虑得较少。育种方法的进一步改进,大大推动了现代家禽业的发展。

(四)种鸡由原来的平养改为笼养,人工授精的优越性和迫切性已被人们所认识

人工授精技术的应用,使受精率显著提高。目前,国内人工授精使鸡的受精率达到96%以上。人工授精可以明显降低饲养公禽的费用,使雏禽成本大幅度下降。以色列研制的授精器,每小时可给750～900只母鸡受精,一些国家正在研究鸡在2周内只输一次精的技术等。这些新技术的应用,必将在家禽的育种和繁殖上起更大的作用。

(五)随着家禽业的进一步发展,家禽育种面临更高的挑战

由于现存的家禽遗传变异性越来越少,基因库出现贫乏,从而越来越多技术人员开始着手研究如何使现有家禽基因库丰富,并继续对产蛋等经济性状进行研究。同时,由于笼养技术日趋成熟,集约化程度越来越高,使家禽的生活环境发生了很大变化,从而影响到家禽的生物学特性。所以,培育能适应相对较差的饲养条件和环境条件的家禽品种,以改善目前家禽品种适应性差的状况,是育种的又一方向。

(六)分子遗传技术在家禽繁育上的研究进展喜人

转基因研究的重点是对抗病基因的研究,转基因鸡的出现也将为期不远。家禽受精卵单细胞体外培养技术,正日趋完善。

二、现代鸡种的繁育体系

现代鸡的繁育程序包括育种过程和制种过程。繁育程序在结构上由多个不同层次的鸡场(站、厂)组成,整个繁育程序中各环节间的衔接具有特定的工艺性流程。其结构包括:①育种部分,品种资源场、育种场、配合力测定站和繁育场等;②制种部分,祖代场、父母代场和孵化场等。它们各自的功能和相互关系如下。

(一)品种资源场

任务是收集、保存、繁殖和观察育种场所用素材群,素材鸡群可以选择不同的品种、品系,也可以选用地方土种或杂种,素材群应具备的条件是必须带有育种目标所需的理想性状。所以,品种资源场就是育种的基因库。

(二)原种鸡育种场

任务是采用现代化的育种方法,培育出专门化品系或配套系。在育种场内,还可以根据育种进程的需要,开展系间配合力测定工作。

(三)配合力测定站

任务是一方面了解育种场培育的纯系是否可以用来生产高产的商品代杂交鸡,另一方面是要确定各系在配套生产中的制种位置。为减少盲目性,要对一杂交组可能的成绩进行对比测定,测定站所采用的饲养管理条件应一致,测定的结果可定期予以公布。

(四)原种繁育场

任务是根据育种场和测定站的测定结果,将最优组合的亲代(由育种场培育而来)进行扩群繁殖,给一般种鸡场提供祖代种鸡。此时的原种繁育场本身即为曾祖代。

(五)一级种鸡场

任务是由原种鸡繁育场引入单性别纯系种鸡(祖代鸡),在此进行第一次系间杂交,培育出二元杂交鸡(又称单交系鸡),单交系鸡的生产性能已在测定站获知。二元杂交鸡或四元配套,可用二元配套的单性组系作父本或母本供种,称为父母代种鸡(即祖代鸡场)。

(六)二级种鸡场

二元或四元配套中又被称为父母代鸡场,其任务是组配三元或四元杂交鸡,供商品场使用。

(七)商品生产场

专门饲养商品代杂交鸡,生产商品代蛋鸡或肉用仔鸡。

现代鸡的繁育体系如图 3-1-1 所示。

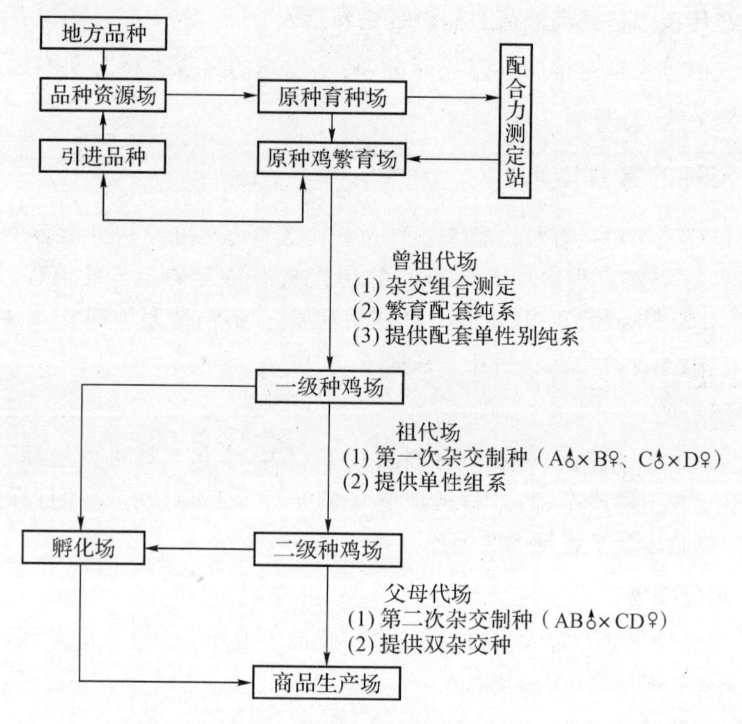

图 3-1-1　现代鸡的繁育体系

三、现代鸡种的自别雌雄

初生雏雌雄鉴别技术，在当今品系配套养鸡、商品蛋鸡专门化饲养、肉用品种鸡公母生产速度不一而要求分群饲养的生产实践中显得尤为重要。因此，鸡的雌雄鉴别技术除了快速、准确地掌握肛门鉴别外，还可利用鸡的伴性遗传基因理论，培育出快慢羽，或公母不同羽色、腿色的自别雌雄配套品种。该技术的推广应用加速了养鸡业的发展和经济效益的提高。

（一）鸡伴性遗传鉴别原理

家禽某些性状的基因存在于性染色体上，鸡的体细胞有一对性染色体：母鸡为 ZW，公鸡为 ZZ，而染色体“Z”带有伴性基因，“W”不含有伴性基因。当公、母鸡交配组合后，如果母鸡的某性状基因对公鸡的同类性状呈显性，则后代的所有雄雏都具有母鸡的性状，而雌雏则全部表现公鸡的性状特征。后代对父母某性状出现交叉遗传，这种现象称伴性遗传。

这样就可以快速根据某性状自别雏鸡的雌雄，如芦花羽毛对非芦花羽毛、羽毛生长缓慢母鸡对羽毛生长快速公鸡、银色羽毛母鸡对金红色羽毛公鸡、浅色胫母鸡对黑色胫公鸡等伴性遗传配对。

（二）鸡伴性遗传在生产中应用

1. 银色羽毛母鸡对金红色羽毛公鸡

银色基因对金色基因为显性。生产中具有伴性遗传羽色的品种、品系有白洛克鸡（母）与红考尼什鸡（公）。罗曼父母代银色羽母系与金色羽父系等现代四系配套鸡，产生的商品代鸡可利用羽色自别雌雄，雄雏为银白色绒羽（Z^SZ^s），而雌雏全身或头顶和背部为金红色绒羽(Z^sW)。其基因杂交反应如图 3-1-2 所示。

2. 羽毛生长缓慢母鸡对羽毛生长快速公鸡

翼羽上的主翼羽具有生长快基因(k)、生长慢基因(K),而慢羽对快羽呈显性遗传。如来航鸡品种选育出快慢羽两个纯品系配对,其基因反应如图 3-1-3 所示。

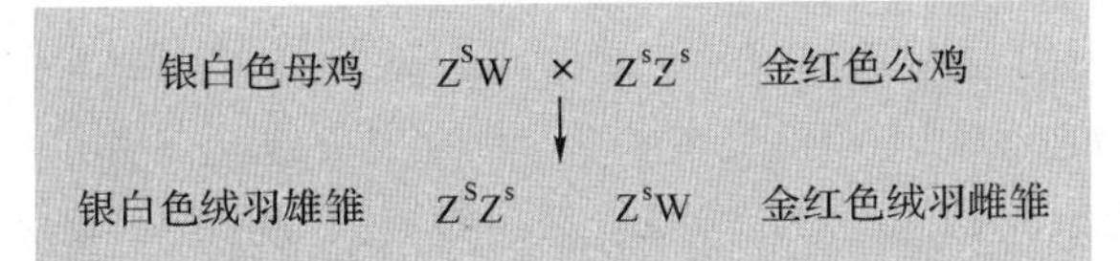

图 3-1-2 不同羽色配对基因杂交反应

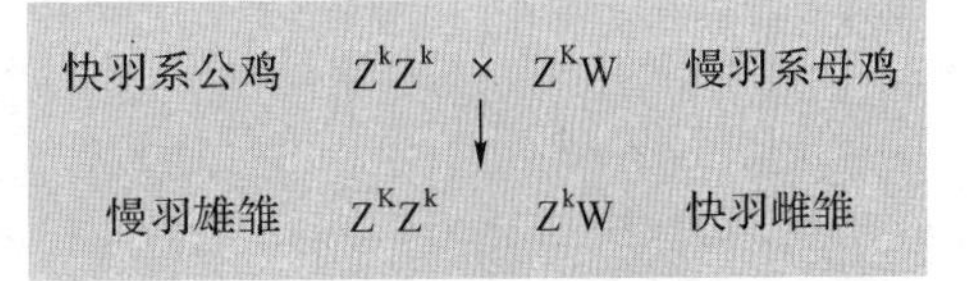

图 3-1-3 不同羽速配对基因杂交反应

商品代初生雏的翅羽上的主翼羽和副翼羽出现明显差异:主翼羽比副翼羽明显长的为雌雏;两翼羽平齐或副翼羽稍长点的为雄雏。

任务 3.2 不同羽速配对家禽杂交的配种

一、种公禽的选择

种公禽的质量对种蛋的受精率有很大的影响,无论是在自然交配还是人工授精中都是非常重要的。因此,必须加强对种公禽的选择。在实际生产中,种公禽的选择一般分三次进行。

(一)第一次选择

1. 鸡

6~8 周龄时进行。具体要求:在符合品种外貌特征的前提下,挑选出健康、活泼、发育良好、鸡冠发育快且鲜红的小公鸡作为后备鸡;淘汰外貌有缺陷者,如喙、胸部和腿部弯曲,嗉囊大而下垂,关节畸形,胸部有囊肿者,对体重过轻和雌雄鉴别有误的应予以淘汰。选留以公母比例 1∶(7~8)为宜。

2. 鸭

8~10 周龄时进行。选留生长发育良好者。

3. 鹅

育雏结束后进行。重点选留体形适中、符合品种特征、羽毛生长快、健康无病、无生理缺陷的个体。选留的公母比例为小型鹅 1∶(4~5)、中型鹅 1∶(3~4)、大型鹅 1∶2。

(二)第二次选择

1. 鸡

在 18~20 周龄结合转群工作进行。具体要求:选留身体健壮、发育和体重均符合标准、雄性特征突出、外貌符合本品特征要求者。用于人工授精的公鸡,还应考虑公鸡性欲是否旺盛、性反射是否良好。淘汰第二性征不明显、体弱、体重过大过小和有生理缺陷以及性反射不强烈的个体。选留比例,平养自然交配以公母比 1∶(9~10)、人工授精以公母比 1∶

(15～20)为宜。应注意的是，被选留的公鸡，若用于人工授精，应采取单笼饲养；若用于平养自然交配，应于母鸡转群后、开始收集种蛋前1周放入母鸡群中。

2. 鸭

24～28周龄时进行。选留健康结实、体重符合标准、头大颈粗、背平直而宽、两翼紧贴体躯、第二特征明显、配种能力强者。公鸭经过第二次选择后，即可留作种用。

3. 鹅

10～12周龄时进行。选留体重符合标准、发育良好而无残疾者，淘汰生长缓慢、体形较小和腿部有伤残的个体。

(三)第三次选择

1. 鸡

20～22周龄时进行。对于平养方式，应在公母混群交配后10～20天进行。此时淘汰性欲差、交配能力低以及常常呆立一旁的公鸡。对于人工授精的公鸡，主要根据精液的品质和体重进行选留，初步按摩性反射良好，乳状突充分外翻、大而鲜红，有一定精液量的公鸡。若经过几次按摩训练，精液量少、稀薄如水或无精液、无性反射的公鸡应予以淘汰。留种比例：自然交配蛋用型鸡为1∶(10～15)、肉用型鸡为1∶(6～8)；人工授精为1∶(20～30)。

2. 鹅

开产前进行。要求将具有本品种特征、发育良好、体重较大、体形结构均匀、无残疾、雄性特征明显的留作种用。公母比例为小型鹅1∶(5～6)、中型鹅1∶(4～5)、大型鹅1∶(3～4)。

二、家禽配偶比例与种禽利用年限

(一)配偶比例

家禽的配偶比例适合，既能保证高的受精率，又不会因为多饲养公禽而浪费饲料。公禽过多，引起相互斗争会干扰交配，降低受精率；公禽过少，公禽的配种负担过重，导致精液品质下降，也会降低受精率，并可能造成部分母禽漏配。在自然交配时，公母禽适宜配比见表3-2-1。

表3-2-1　公母禽适宜配比

品种	公母配比	品种	公母配比
轻型鸡	1∶(12～15)	中型鸭	1∶(10～15)
中型鸡	1∶(10～12)	肉用型鸭	1∶(8～10)
肉用型鸡	1∶(8～10)	鹅	1∶(4～6)
轻型鸭	1∶(15～20)	火鸡	1∶(10～12)

应注意的是，在自然交配中公鸡混入母鸡群48h后即可采集种蛋，但要获得高受精率的种蛋需5～7天，所以，应提前5～7天将公鸡放入母鸡群。

(二)种禽利用年限

种禽的利用年限随家禽的种类与性质不同而有所区别。鸡和鸭性成熟后第一个产蛋年的产蛋量和受精率最高，以后逐年下降，每年以15%～20%的水平下降。因此，除育种场的优秀禽群可利用2～4年外，一般商品场和繁殖场种禽利用年限为1年。鹅的生长期长，性成熟晚，产蛋量少，在开产后2～3年内产蛋量逐渐上升，第4年开始逐渐下降。所以，产蛋母鹅一般可利用3～4年。

三、家禽的交配方式

(一)家禽的自然交配

自然交配亦称本交，即利用家禽本身正常的性行为来繁衍后代。

自然交配是平养种禽进行繁衍的方式。公禽交配次数的多少与母禽数量、公禽间竞争状况及环境温度的高低等有关。公禽交配的次数越多，每次交配时射出的精液量和精子数就越少。例如，鸡通常每天第一次交配时射精量最高，可达1mL，以后则随交配次数的增加而逐渐降低至0.5mL或更低。在自然交配过程中，交配时间对受精率的影响不大。受精率的高低与精液量、精子密度、精子活动及精液中蛋白质含量有密切关系，同时亦受遗传因素、环境因素的影响。环境因素包括交配季节、种禽的营养水平、健康状况、管理方式等。

自然交配的繁育方法有以下两种。

1. 大群配种

在母禽群中放入一定比例的公禽进行自由交配。禽群的大小根据禽舍、繁育规模等具体情况而定。如鸡一般群体大小范围为100～1000只，可按公母1∶(10～15)的比例放入公鸡，公、母鸡随机交配。

这种配种方法受精率高、管理方便，但不能知道雏禽的亲代，在卫生、防疫上也存在问题。

在整个配种期间要对禽群进行认真观察，对合格种禽进行及时调整。还应注意的是，在大群配种时，群居序位占优势的公禽增多，它们不仅攻击性强，专门破坏其他公禽的交配，而且其配种能力及所配母禽的种蛋的受精率也不是最好的，此种公禽若不及时调整则会影响整个禽群的受精率。

2. 小群配种(单间配种)

一个配种小间放入一小群母禽及一只公禽，公母禽均带脚号或肩号，配置自闭产蛋箱。这种配种方法可清楚知道雏禽的亲代，谱系清晰，但管理麻烦，种蛋的受精率往往低于大群配种，一般只用于育种场。

(二)人工授精

利用人工授精可以少养公鸡，增大公、母鸡配种比例，一般情况下比例为1∶(30～50)。这样既减少了公鸡的饲养量，又提高了受精率；克服了公、母鸡体重相差悬殊，以及不同品种间杂交造成的困难，提高了受精率。

任务3.3 种蛋的质量管理

种蛋收集后需要进行筛选，经消毒后才能进行孵化，有时还要进行运输和短期的贮存。

种蛋的质量受种禽营养与健康状况、种蛋保存等因素的影响，种蛋质量的好坏会影响种蛋的受精率、孵化率以及雏禽的质量。

一、蛋的构造与形成

(一)蛋的构造

1. 蛋黄

蛋黄位于蛋的中央，在形成过程中，由于昼夜新陈代谢的节律使蛋黄色素呈现深浅相间的分层结构。蛋黄外面包围着蛋黄膜，新鲜蛋的蛋黄膜弹性好，使得蛋黄保持一定形状；陈旧蛋的蛋黄膜弹性变差，蛋黄变形呈扁球形，甚至破裂造成散黄。

蛋黄表面有一白色小圆点，未受精的叫胚珠，受精的叫胚盘。胚盘中央呈透明状，称为明区，周边区颜色较暗、不透明，称为暗区。胚珠没有明暗区之分，都呈不透明的白色。胚珠比胚盘小，鸡蛋的胚珠直径为 3mm，而胚盘可达 5mm。胚盘是胚胎发育的原基。

2. 蛋白

蛋白分为内浓蛋白、内稀蛋白、浓蛋白和外稀蛋白四层。其中，内浓蛋白紧紧包围着蛋黄，并与蛋黄两端形成两条呈旋转状的带状物(称为系带)；其他各层蛋白围绕蛋黄积累，具有保护胚盘的作用，并且供给胚胎发育所需的大部分营养物质。

3. 蛋壳

蛋壳是蛋的最外一层硬壳，厚度一般为 0.26～0.38mm，锐端比钝端略厚。蛋壳上有许多小孔供胚胎呼吸。蛋壳外面有一层极薄的胶护膜，新产出的蛋上的胶护膜能封闭壳上的气孔，有阻止蛋内水分蒸发和外界微生物侵入的作用。随着蛋的孵化或存放，胶护膜逐渐脱落，保证胚胎的正常气体交换。

蛋壳里面还有两层蛋壳膜，紧贴蛋壳的一层叫外壳膜，贴蛋白的一层叫内壳膜，两层膜紧贴在一起，当蛋产出时，由于遇冷在蛋壳钝端分离形成气室。蛋存放时间愈久，由于蛋内水分蒸发，气室逐渐变大，孵化过程中随着胚龄增加，气室也逐渐增大，所以根据气室大小，可判定蛋的新鲜程度和孵化期中的胚龄以及孵化温度、湿度是否合适(见图 3-3-1)。

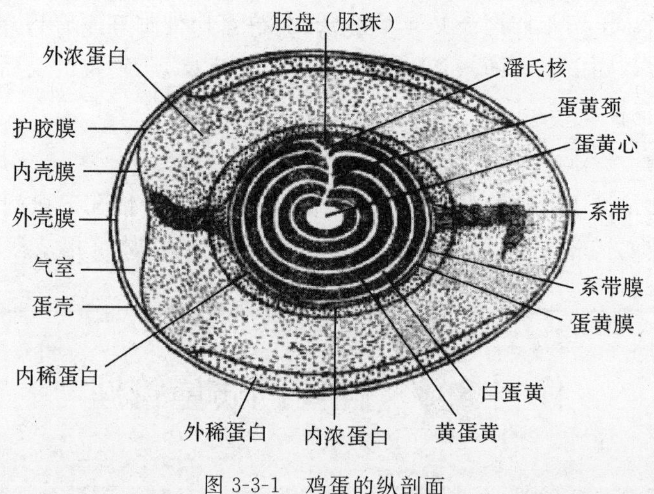

图 3-3-1　鸡蛋的纵剖面

(二)母禽的生殖器官和功能

母禽的生殖器官包括卵巢和输卵管两部分。一般右侧卵巢和输卵管在孵化的第7～9天停止发育,出壳后仅保留痕迹,只有左侧卵巢和输卵管正常发育,具有繁殖功能。

1. 卵巢

卵巢位于腹腔左肺后方、左肾前叶头端,以卵巢系膜韧带悬于背侧体壁。母禽临近性成熟时,卵巢呈葡萄串状,上面有很多大小不等的卵泡,一个卵巢上用肉眼可以观察到1000～3000枚卵泡,用显微镜观察大约有1.2万枚,但其中仅有少数能达到成熟进而排卵。

2. 输卵管

输卵管为一弯曲长管,前端开口于卵巢的下方,后端开口于泄殖腔。根据形态和功能不同,分为喇叭部、膨大部、峡口、子宫和阴道五个部分。

(1)喇叭部。喇叭部又称漏斗部或伞部,为输卵管的入口,周围薄而不整齐,产蛋期内其长度为3～9cm。成熟的卵泡(即卵黄)由卵巢排出后,很快为喇叭部接纳,并在此与精子结合而受精(见图3-3-2)。

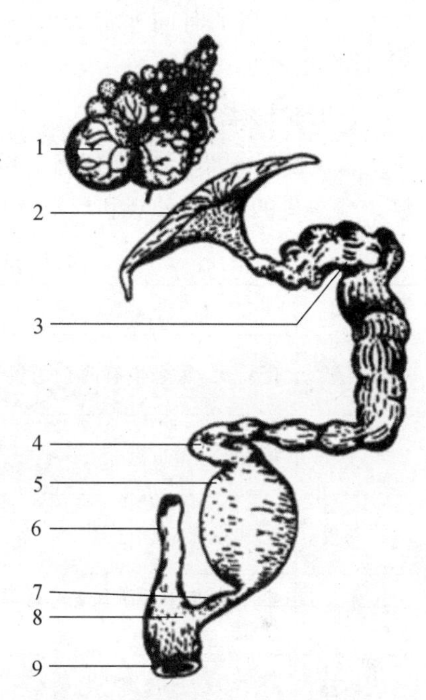

1. 成熟的卵；　2. 喇叭部；　3. 膨大部；
4. 峡部；　5. 子宫；　6. 直肠；
7. 阴道；　8. 泄殖腔；　9. 肛门
图3-3-2　母鸡的生殖器官

(2)膨大部。膨大部又称蛋白分泌部,为输卵管最长的部分,长度为30～50cm,壁较厚,黏膜形成纵褶,前端与喇叭部界限不明显,后端与峡部区分明显。膨大部密生腺管,包括管状腺和单细胞腺两种,前者分泌稀蛋白,后者分泌浓蛋白。

(3)峡部。峡部为输卵管较窄和较短的一段,长度为8～10cm,内部纵褶不明显。前端与膨大部界限分明,后端为纵褶的尽头,与子宫连接。蛋的内外壳膜在此形成。

(4)子宫。子宫呈袋形,管壁厚,肌肉发达,长度为10～12cm。内壁黏膜形成纵横的皱襞,且皱襞较多较深,后端止于阴道。子宫内腺组织发达,分泌子宫液,形成蛋壳和胶护膜。有色蛋壳的色素也在子宫部分泌。

(5)阴道。阴道为输卵管的最后一部分,长度为10～12cm,开口于泄殖腔背壁左上侧。阴道处肌肉发达,但它不参与蛋的形成,已经形成的蛋只在此短暂停留,以待产出。当蛋产出时,阴道自泄殖腔翻出,因此,蛋并未经过泄殖腔;交配时,阴道也同样翻出,接受公禽射出的精液。

(三)蛋的形成

成熟的卵泡破裂排出卵子,排出的卵子在未形成蛋前叫卵黄,形成后叫蛋黄。当卵黄排出后,立即被喇叭部吸纳,并进行受精,约经过30min进入膨大部后,首先分泌浓蛋白包围卵黄,因机械旋转,引起浓蛋白扭转而形成系带。然后,分泌稀蛋白,形成内稀蛋白层,再分泌浓蛋白形成浓蛋白层,最后再分泌稀蛋白形成外稀蛋白层。形成中的蛋在膨大部存留3h,靠膨大部蠕动,促使其进入峡部,形成内外壳膜,同时吸入极少量的水分,经过峡部的时间约74min。

尚在形成中的蛋经过峡部到达子宫，通过蛋壳膜渗入子宫分泌的子宫液（水分和盐分），使蛋白重量几乎增加一倍，同时使蛋壳膜鼓胀成蛋形。随着蛋在子宫内的逐渐形成，子宫分泌钙质的量也逐渐增多，并沉积在蛋膜上形成蛋壳。有色蛋壳上的色素，由子宫上皮分泌的卵嘌呤均匀地分布在蛋壳和胶护膜上，在蛋离开子宫前形成胶护膜。蛋在子宫部停留的时间最长，一般为18～20h。

蛋在子宫部已完成形成过程，到达阴道，只待产出，时间为30min。

一般母禽在产蛋后15～75min，下一个成熟的卵泡即可破裂排卵。如果是连续产蛋的母禽，产一枚蛋的时间通常为24～26h。产蛋过程受神经和激素的控制，主要激素是黄体酮、催产素和加压素等。

（四）畸形蛋形成的原因

常见的畸形蛋大多数是因为饲料中营养不全、饲养管理不当、母禽患寄生虫等疾病所致。畸形蛋的种类、外观和形成原因详见表3-3-1。

表3-3-1　畸形蛋的种类、外观和形成原因

种　类	外　观	形成原因
双黄蛋	蛋特大，每个蛋有两个蛋黄	两个卵黄同时成熟排出，或由于母禽受惊，或物理压迫，使卵泡破裂，提前与成熟的卵黄一起排出，多见于初产期
无黄蛋	蛋特小，无蛋黄	膨大部功能旺盛，出现浓蛋白凝块；卵巢出血的血块、脱落组织，多见于盛产期
软壳蛋	无硬蛋壳，只有壳膜	缺乏维生素D、钙、磷；子宫功能失常；母禽受惊；疫苗使用或用药不当；母禽体质虚弱等
异物蛋	蛋中有血块、血斑，或有寄生虫	卵巢、输卵管炎症，导致出血或组织脱落；有寄生虫等
异状蛋	蛋形呈长形、扁形、葫芦形等，或为皱纹蛋、沙皮蛋等	母禽受惊，输卵管功能失常，子宫反常收缩，蛋壳分泌不正常
蛋包蛋	蛋特大，破后内有正常蛋	蛋形成后产出前，母禽受惊或某些生理反常，导致输卵管逆蠕动，恢复正常后又包围蛋白、蛋壳

二、种蛋的选择、消毒与保存

（一）种蛋的选择

1. 清洁与新鲜度

合格种蛋的外壳表面不许沾有粪便或其他污物（见图3-3-3）。春秋季节可利用15天内的种蛋，而冬夏季节只可利用8天内的种蛋。种蛋被污染或存放时间过长都会影响受精卵的胚胎发育，细菌的大量繁殖，导致种蛋变质、腐败，死胎蛋增加，孵化率和健雏率明显降低。所以，若发现种蛋沾有污物，应及时用湿软布轻轻擦净，切勿用水长时间的泡洗，破坏蛋表面的保护膜。经擦洗过的种蛋应提前入孵。

2. 蛋重

蛋重大小按不同品种标准来选择。一般来说，种蛋的重量为55～65g，地方选育良种鸡的蛋重为 45～50g，肉用种鸡的蛋重为 52～68g。同一品种蛋重过大或过小都会影响孵化率和雏鸡质量（见图 3-3-4）。

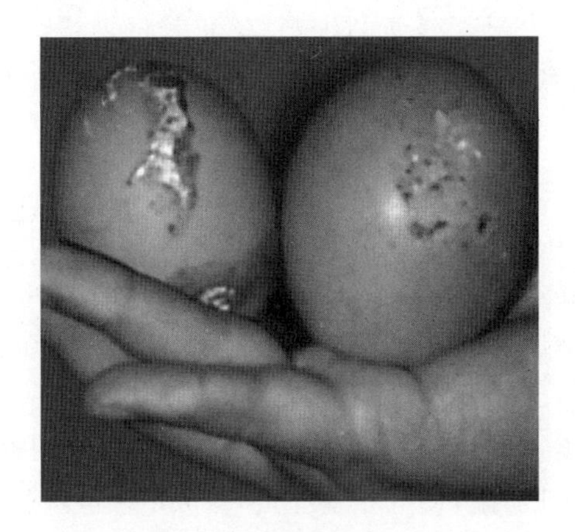

图 3-3-3　沾有粪便的种蛋

图 3-3-4　种蛋的大小

3. 蛋形

合格蛋形要求为椭圆形，蛋形指数为 1.3～1.35。过于细长、短圆、橄榄形、腰鼓和其他畸形的种蛋（见图 3-3-5），都不宜入孵。

图 3-3-5　畸形蛋

4. 壳厚

蛋壳过厚，厚度达 0.34mm 以上，称为钢皮蛋，不能入孵；蛋壳厚度低于 0.22mm 以下的沙质蛋、沙顶蛋、蛋壳厚薄不均的皱纹蛋等，也不宜用来孵化。

5. 蛋壳颜色

蛋壳色泽分深褐色、浅褐色、斑驳色、粉褐色和白色，不同方法培育的品种鸡，有不同壳色种蛋标准。因此，对某品种蛋，应根据品种要求选择相对一致的蛋壳色泽。

6. 听声

种蛋有裂纹可听到沙哑的破裂声。完整无损的蛋为清脆声；而破裂蛋入孵后会造成蛋内水分蒸发过快，细菌容易侵入繁殖，胚胎死亡率高，因此不宜孵化。

7. 种蛋内部质量

气室位于蛋的大头端，新鲜种蛋气室直径小于 12mm，像成人的食指指甲面大小。蛋黄要求清晰，保持在蛋的正中，呈暗红或暗黄色；若出现浮动漂移，色泽呈灰白色，或蛋黄扩散等现象，属于系带断裂、存放时间过长，应剔除不再入孵。蛋白要求浓蛋白占总蛋白的 2/3，内无血斑和肉斑。严格挑选合格的种蛋，能明显提高孵化率。

（二）种蛋的消毒

种蛋离开母鸡泄殖腔后，细菌很快在蛋壳表面滋生增多。据测试，刚产出的种蛋，蛋壳表面有 300～500 个细菌；15min 后，细菌增至 1500～3000 个；1h 后，细菌增加到20000～30000 个。若能及时消毒，然后再存放，就会大大减少蛋壳表面的细菌侵入蛋内的现象，这对种蛋的保存、提高孵化率、减少致病菌对鸡胚胎发育的影响等方面具有重要的意义。

1. 种蛋的消毒时间与方式

根据理论要求，蛋产出后应该立即消毒，消灭蛋壳表面的细菌，防止其侵入蛋内。但在生产实践中难以做到随产随消毒，比较好的方式是执行每天捡4～5次蛋，每次捡完蛋后放入1个塑料棚架内，就地进行熏蒸消毒，当天下午将种蛋集中送交蛋库保存。

2. 种蛋的消毒方法

(1)甲醛（福尔马林）熏蒸消毒法。以每立方米空间用甲醛14mL、高锰酸钾7g作为最低倍熏蒸浓度，根据污染严重程度可用2～3倍浓度，种蛋入孵化机或入蛋库采用2倍或3倍浓度。将药物置于温度20～24℃、相对湿度75%～80%的条件下，密闭熏蒸20～30min，可杀死蛋壳上95%～98.5%的病原体。

(2)过氧乙酸熏蒸消毒法。按每立方米空间用1g过氧乙酸在20～25℃、相对湿度70%～80%的密闭环境条件下，将药液置于器皿加温，使其烟雾消毒20min后再进行通风，排除余气。

(3)高锰酸钾浸泡消毒法。配制0.03%～0.05%高锰酸钾溶液并加热至40℃，将整盘蛋放入大盆内浸泡1～3min，随即在盆内洗去蛋壳表面的脏物，取出滤干余液等待入孵。药液要保持一定浓度，或者重新更换药液，以维持有效的消毒效果。

(4)碘液浸泡消毒法。配制0.1%碘溶液（用碘片10g、碘化钾15g加水1000mL溶解，最后倒入9000mL水中待用），将种蛋放入其中浸泡0.5min，可杀死壳面的杂菌和鸡白痢沙门氏菌。

(5)新洁尔灭浸泡消毒法。用5%的新洁尔灭原液加50倍的水，配制1∶1000的新洁尔灭药液喷洒或浸泡种蛋，保持药液40～45℃，浸泡3min。

(6)过氧乙酸浸泡消毒法。配制0.1%过氧乙酸药液，加热至40℃，浸泡种蛋3～5min，取出晾干入孵。该法可杀死蛋壳表面99.78%的细菌，但它具有较强的腐蚀性，要注意防止与衣服、皮肤接触，消毒时用陶瓷类耐腐蚀的容器。

(7)种蛋加热处理消毒法。将种蛋放入孵化机内，然后缓慢升温，温度从24℃升到46.2℃，经13～14h加温处理，然后降温，可有效控制鸡败血性支原体。但该法会使孵化率下降1.9%～15%。

(三)种蛋的保存

种蛋的保存管理是提高孵化率的重要措施。受精蛋随着环境条件（如温度、湿度、存放时间等）的变化，胚盘会出现萌动发育，不能静态休眠；时动时眠，消耗胚能；低温冻伤等情况。因此，种蛋必须采取科学的保存手段，保证孵化前种蛋处于最佳的状态，这可大大提高种蛋孵化效果。

1. 种蛋库的要求

种蛋库应根据孵化场的规模大小设计存放空间，一般为孵化总装蛋数的70%，容纳3个轮回入孵蛋。库房要求隔热性能好，能调控温度、湿度，卫生清洁，易消毒，空气流通，并具有防尘、防蚊蝇、防鼠害、防太阳光直射室内等条件。种蛋库入口处设有专用消毒熏蒸室，库内采用蛋架车存放。

2. 种蛋保存的适宜温度

种蛋从母鸡产出后，随温度的降低，受精后的胚盘渐渐停止发育，进入休眠状态。当环境温度长期低于 0℃以下时，胚盘会被冻死。鸡胚盘处于既静止休眠不发育，又不被冻伤致死的临界温度，称为鸡胚胎发育的生理零度。据研究，鸡胚胎发育的临界温度是 23.9℃。当胚盘每经受一次临界温度的较大波动，其活力就会变得衰弱一些，孵化率也相应降低。因此，种蛋保存应低于这个临界温度。

种蛋保存的适宜温度，生产上常采用的蛋库温度为 10～15℃。但也有研究资料报道，采用 3.8～4.5℃温度范围保存种蛋能获得最佳的孵化效果。一般贮存 2 天以 18℃为佳，8 天左右采用 15℃，存 14 天种蛋应低于 12℃。过高温度会引起蛋内酶的活动和细菌繁殖，不利于种蛋保存。

刚产出的种蛋经熏蒸消毒后，应该经 12～24h 逐渐降温保存，防止骤然降温造成胚盘活力损伤。

3. 种蛋保存的适宜湿度

种蛋保存期间，蛋内水分通过蛋壳气孔不断蒸发，其速度与蛋库里的湿度成反比。为了减少蛋内水分的蒸发，贮蛋室的相对湿度宜控制在 75%～80%。有资料报道，蛋库的湿度控制要根据温度和种鸡群的产蛋周龄来确定。若室温保持 18.3℃，存放 40 周龄前产的种蛋，以相对湿度 70%为最佳，有利蛋白浓度的转化和胚盘的气体代谢，能减少早期死精蛋；在同样室温，贮存 40 周龄以后产的种蛋，以相对湿度 80%为最佳，因后期种蛋的浓蛋白较稀，较大湿度可减缓蛋白浓度的变化，减少早期死精率。若在高湿度环境贮存种蛋，会引起霉菌滋生，不利种蛋质量的保持。

4. 种蛋的保存时间

种蛋保存期的长短，一方面要考虑最佳新鲜度，另一方面要考虑种蛋保存多长时间还能获得最好的孵化率。最新研究表明，入孵刚产的新鲜种蛋(短于 2 天内)会导致孵化率降低，出壳时间延迟，雏鸡质量下降。种蛋保存时间对孵化率的影响如表 3-3-2 所示。

表 3-3-2 种蛋保存时间对孵化率的影响

保存天数	1	4	7	10	13	16	19
孵化率/%	88	87	79	68	56	44	30

种蛋存放时间：在自然状态的贮蛋室，春季或初秋，气温在 15℃左右，保存时间可延长至 2 周，受精蛋的孵化率仍可保持在 85%左右；若严冬酷暑，气温低于 10℃或高于 25℃，种蛋存放以 7 天为宜。有空调设备的贮蛋库，种蛋可保存 2 周以内；如存放 2 周以上，孵化率将随存放期延长而明显下降。

5. 种蛋的存放方式

种蛋存放期间采用转蛋方式，可防止胚胎与壳膜粘连，提高种蛋孵化率。当种蛋保存超过 1 周后，每天将蛋箱或蛋盘改变 40°～45°。种蛋存放架如图 3-3-6 所示。

图 3-3-6 种蛋存放架

种蛋贮存过程中，将小头摆放在蛋托上方，大头朝下，可以减少蛋内水分蒸发，防止蛋黄与壳膜粘连，提高孵化率。

任务3.4 机械孵化与管理

一、种蛋的孵化条件

(一)温度

温度是有机体生存发育的重要条件，活的家禽胚胎必须有一个适宜的环境温度，才能完成正常的胚胎发育，获得高孵化率和健康的雏鸡。

1. 生理零度

低于某一温度胚胎发育就被抑制，要高于这一温度胚胎才开始发育，这一温度即被称为"生理零度"，也称临界温度。因为干扰因素太多，生理温度的精确值很难确定。此外，这一温度还随家禽的品种、品系不同而异，一般认为鸡胚的生理零度约为23.9℃。

2. 恒温与变温孵化的温度要求

由于孵化设备和孵化方式的不同，胚胎发育本身在不同时期对温度的要求也不同。所以，孵化温度有恒温和变温两种控制方式。

(1)变温孵化：主要适用于民间传统孵化及机器一次性满载孵化。孵化温度采用"前高、中平、后低"三阶段递减变温孵化方式：1～7日胚龄为38.9～39.4℃，8～18日胚龄为37.5～38.3℃，19～21日龄降为37.2～37.5℃。现代先进孵化器采用电脑程控变温孵化。

变温孵化要结合孵化场所的环境温度高低来调控孵化温度。室温通常要求保持22～28℃，一种情况是当室温±(2～5)℃时，各阶段的变温孵化也应相对提高或降低0.3～0.6℃；另一种情况是要根据胚胎阶段发育快慢来调控，这一过程称为"看胎施温"，使鸡胚按其自身21天的发育规律进行孵化，严防胚胎发育过快或落后，影响孵化率。

(2)恒温孵化：主要适用于机器孵化、分批入蛋及安装控温设备的其他孵化法。入孵1～18天机内温度定为37.8℃，19～22天调降为37.5～36.9℃。同一孵化器分三批交叉入蛋孵化，利用新老胚胎蛋来调节温度。经测试，不同的孵化胚龄其蛋表温度也不同，分别高于机器温度：10天高0.4℃，15天高1.3℃，20天高1.9℃，21天高3.3℃。新入孵的蛋可吸收老胚蛋散发的热量而快速升温。采用恒温孵化法时的温度还要随季节的气温高低进行适度调温，夏季炎热时可降低0.2℃，冬季孵化则可调高0.2℃。

3. 高温、低温对胚胎发育的影响

鸡胚发育时的生理温度约为23.9℃，而正常连续发育时的温度为37～40℃。超过或低于这一温度范围，鸡胚胎发育就会受影响。入孵1～7天的鸡胚能耐受偏高的温度40.5℃，此时发育偏快，影响不大。当孵温上升达47℃时，胚胎在2h内全部死亡。孵化16天的鸡胚，温度达40.5℃，持续24h，孵化率降低不大；温度高达43.3℃，经6h就会导致孵化率明显降低，若经9h，则孵化率严重下降；当温度高达46.1℃，胚胎经3h就全部烧死。

孵化期出现低温(20℃左右)，胚胎后期能耐受较长时间。孵化19天，温度降至18.3℃，在数小时之内，鸡胚孵化率下降不太严重，这是由于胚胎后期能量代谢增强，具有一定抗低温的能力。但孵化至最后啄壳出雏时，最怕低温影响，温度低于36℃数小时，就会造成鸡胚丧失挣扎出壳的生理时机，蜷窝成毛蛋，孵化率明显降低。

孵化温度偏高，雏鸡早出壳，被毛短，绒毛粘连体躯，体小软弱，脚干瘦，步态不稳，富于神经质，成活率低。孵化温度偏低，雏鸡表现为大肚，剩余卵黄吸收不好，软弱无神，不易养活。

（二）相对湿度

湿度也是孵化的重要条件之一，它对胚胎发育和破壳出雏有较大影响。适当的湿度使孵化初期胚胎受热良好，孵化后期有利于破壳出雏。在孵化过程中，特别要防止高温高湿。

1. 孵化期湿度要求

孵化过程中应控制胚蛋内水分的蒸发速度，调整空气中的相对湿度和气流，补充水分，保持孵化箱内的胚蛋湿度要求。整批入蛋，采用“两头高、中间低”增湿法：孵化1～7天，当胚胎形成羊水、尿囊液时，相对湿度为60%～65%；孵化8～18天，相对湿度降为50%～55%，有利于胚胎的羊水和尿囊液蒸发；孵化19～22天，相对湿度调为65%～70%，有利于鸡胚啄壳出雏，减少绒毛和蛋壳粘连。

分批入蛋，即同一孵化机内存在不同胚龄蛋，可采用两段增湿法：1～18天机内保持相对湿度为50%～55%；19～22天出雏期间，相对湿度调为60%～70%。

2. 湿度对胚胎发育的作用

（1）湿度能调节胚蛋水分蒸发。根据鸡胚胎不同发育期的特征，早期增大湿度，延缓蛋内水分蒸发，有利于尿囊绒毛膜复合体发育；中期降低湿度，加快尿囊液的排泄，促进胚胎的物质代谢；后期提高湿度，有利出雏。

（2）湿度有导热作用。孵化初期增大湿度，促进胚蛋受热均匀；后期加大湿度和流速，通过水分蒸发扩散余热，防止升温烧死胚胎。

（3）湿度增大有利于破壳。破壳出雏期间需要较大湿度，蛋壳在大湿度的环境里，通过机器内二氧化碳的作用，使蛋壳中的碳酸钙变成碳酸氢钙，蛋壳变脆，有利于啄壳出雏。

（三）通风换气

1. 通风换气对胚胎发育的作用

鸡胚胎发育期间的物质代谢由弱变强，胚胎通过蛋壳壁和气室进行氧气和二氧化碳交换。随着胚胎的生长发育，气体代谢成倍甚至成几十倍地增加。因此，孵化全程都要重视通风换气，尤其孵化进入12天后应逐渐加大通风量，加快气体交换，防止胚胎因二氧化碳中毒和缺氧窒息而死亡。试验测定，平均每只鸡胚耗氧量为8100cm^3，同时排出二氧化碳4100cm^3。特别是出雏期间鸡胚开始转为肺呼吸，氧气需要量为初期的90多倍，此时更应该加强孵化的通风换气环节。当二氧化碳过多时，会导致孵化机内胚胎发育迟缓、死亡率增高、胎位不正和畸形胎增多等现象。

2. 通风换气的要求

（1）孵化室要求。孵化室内的孵化机与天花板棚之间应有1～1.5m距离。屋檐下方（高于孵化机顶部）安装排风设备，及时调整室内新鲜空气。

(2)孵化机要求。孵化机的进出气孔大小、位置分布要合理,以较小的孔径面积,流入较多的风量。机内的气流线路能使每个位点分布均匀,采用圆周螺旋气流。据研究,机内保持37.8℃,氧气含量为20%,二氧化碳含量低于0.5%,空气运动速度为12cm/min,相对湿度达61%,即可获得最佳的孵化效果。

(3)孵化通风量要求。胚胎对通风量的要求应根据入孵时间、季节气温高低、孵化机装蛋数量、蛋盘间距等因素进行调整。孵化前期、气温较低、蛋盘间距较大,孵化器通风孔由小到大逐渐打开。孵化后期、啄壳出雏时应掌握的通风原则为:在保持出雏需要的温度、湿度的前提下,尽可能加大出雏期间的通风量。此举能有效地提高孵化率和健雏率。

(四)翻蛋

1.翻蛋的作用

由于胚盘微弱而细小,漂浮在蛋黄表面,蛋黄内含脂肪较多,相对密度轻,易贴近蛋壳内膜,如果长时间不改变位置,胚胎易因粘连致死。所以,孵化前期要求定时改变胚胎位置,即将胚胎转换一定角度,可防止胚胎的粘连,帮助胚胎运动,促进胎膜早期发育,改善胚外血液循环,增加与蛋黄、蛋白的接触面积,加速营养物质代谢,更有利于胚胎的生长发育。另外,通过翻蛋能促使胚蛋各表面部位受温均匀,使胚胎发育整齐一致,同期出雏。

2.翻蛋的技术措施

(1)翻蛋时间。在鸡胚的21天发育期间,只需要前期1～14天进行翻蛋;第15天后停止翻蛋,对胚胎发育没有影响,此时胚胎已全身覆盖绒毛,蛋白质被大量吸收,自身调控能力较强,不翻蛋也不会发生胚胎与壳内膜粘连现象。

(2)翻蛋次数。孵化早期应该勤翻几次。每天翻蛋12～14次就可以满足胚胎发育需要。翻蛋次数过多,或24h不停地来回变动胚位,胚胎失去相对静态的休息过程,反而会降低孵化率。对于民间孵化来说,可手工翻蛋,每天翻4～6次也可以获得好的孵化效果,从而减轻劳动量,减少蛋的碰撞破损;机械自动翻蛋,孵化7～14天,每天翻蛋6～8次。

(3)翻蛋角度。每次翻蛋使蛋体倾斜45°～90°,不能小于40°或大于100°。翻蛋角度过小或过大都会使胎位保持原位,达不到翻蛋效果。翻蛋时动作要轻、稳、慢,尤其民间手推翻蛋或旧式机械板闸式翻蛋更应做到这一点,以防止尿囊和血管的破裂。

(五)晾蛋

1.晾蛋的作用

家禽仿生孵化的有关研究显示,抱窝鸡每天离窝觅食、饮水、排粪等行为,虽使抱蛋受凉但不影响孵化率,且母鸡于抱孵后期常出现腹部离开蛋面的站立姿态。这种晾蛋过程,有降低蛋温的作用,可散发胚胎发育过程中自身的多余热量,防止聚热烧死胚胎。晾蛋能及时驱散余热,同时开机晾蛋还可以大幅度地更换孵化机内的空气,排出代谢后的二氧化碳气体。晾蛋的深层作用是因孵化温度一高一低的变化,既能促使胚胎心脏活动出现一个间歇性的调节作用,对胚胎发育有利,又能增强胚胎对外界气温的适应能力。

2.晾蛋的技术措施

(1)晾蛋的选择条件。晾蛋适用于变温孵化法,孵化温度调控性能较差,孵化机内上下温差较大,孵化装置容量较多,胚胎发育后期余热难以及时排除,尤其是孵化鸭、鹅胚蛋等情况，晾蛋能明显地提高孵化率。对于现代控温、控湿、通风换气性能良好的全自动孵化机，不进行晾蛋同样能使胚胎发育整齐，孵化出优良雏鸡。

(2)晾蛋时间。普通孵化时，晾蛋时间要根据孵化季节、入孵时间、孵化环境而定。夏天气温较高，入孵 12 天后，每天可选择上午 10 点、下午 3 点左右进行两次晾蛋，每次晾 15～25min；其他季节每天晾蛋 1～2 次，选择环境气温较高时进行晾蛋 10min 左右。如见胚蛋啄壳，则不能晾蛋，防止胚蛋受凉，影响出雏。

(3)晾蛋方法。晾蛋时将孵化中的热胚胎暴露在较低温度的环境里，逐渐将蛋表温度降低 5～6℃，即蛋表温度为 32℃左右，以人眼睑测试感觉微温舒适为宜。如机械孵化，将室温升至 25～30℃，机门全开，停止加温，启动风扇，并将孵化厅门和天窗适当打开，增加室内新鲜空气。晾够时间后将机门关好，恢复加热，继续孵化。若出雏时遇到高温，采用停止加温，增加通风量或适度打开机门的方式进行降温。

二、胚胎发育

家禽的胚胎发育与哺乳动物不同，它是依赖种蛋中贮存的营养物质，而不从母体血液中获取营养物质。另外，家禽的胚胎发育分为母体内发育和母体外发育两个阶段，正因为有母体外发育阶段，才使人工孵化能够产业化。

(一)母体内胚胎发育

成熟的卵细胞从卵巢排出，进入输卵管并在输卵管喇叭部受精，受精卵进入峡部发生第一次卵裂，分裂成 8～16 个细胞，在 20min 内又发生第二次卵裂。在进入子宫后的 4h 内，受精卵每次分裂的细胞数都呈倍数增加，经 9 次分裂后，卵细胞裂变为 512 个。

胚盘随细胞增多形成上下两个胚层，称为外胚层和内胚层(见图 3-4-1)。胚盘的中央较明亮称为明区，周边区较暗称为暗区，直径约 4mm(见图 3-4-2)。胚胎本身就在明区内发育，胚盘其他部分形成胎膜，作为吸收营养与保护之用。受精蛋产出后因外界温度的降低，胚胎发育到囊胚期即停止。当受精蛋重新孵化时，胚盘又继续发育。从受精卵到囊胚期是鸡胚胎发育的一个时期。因此，受精蛋在体内形成鸡蛋的过程中已经开始发育。实际上，鸡的种蛋整个孵化过程需要 22 天，其中 1 天是在母体内，21 天在母体外进行的。

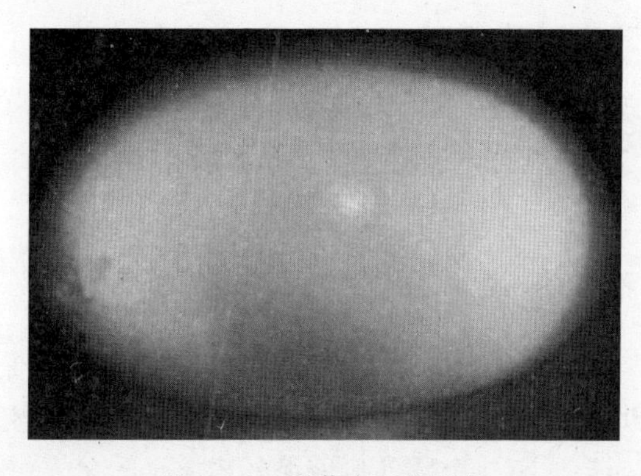

图 3-4-1　蛋黄表面的胚盘

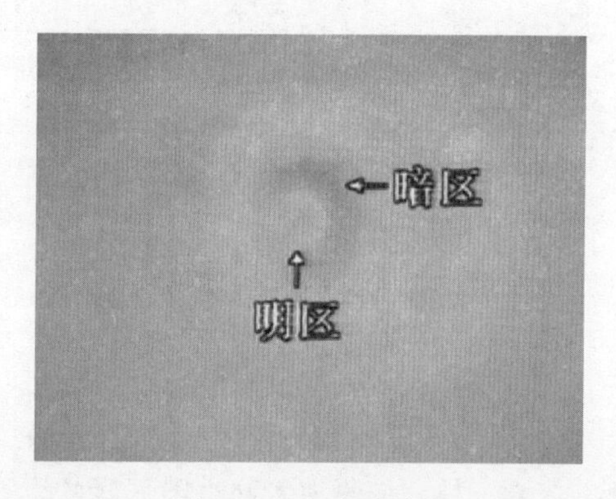

图 3-4-2　胚盘明暗区

(二)孵化过程中的胚胎发育

孵化是指重新给受精卵提供适宜的发育条件,促使其发育成雏鸡的过程。胚胎在母体外的发育称为第二发育时期。鸡胚胎在孵化期间逐日发育并很快形成中胚层。机体的所有组织和各个器官都由三个胚层发育而来,中胚层形成肌肉、骨骼、生殖泌尿系统、血液循环系统、消化系统的外层和结缔组织;外胚层形成羽毛、皮肤、喙、趾、感觉器官和神经系统;内胚层形成呼吸系统上皮、消化系统的黏膜部分和内分泌器官。

1.胎膜的发育和生理作用

(1)羊膜的形成和生理作用。入孵第2天,在鸡胚头端形成羊膜头褶,40h覆盖胚头部,第3天尾褶出现,第4~5天,头、侧、尾隆起的透明膜在胚胎背上方愈合为“羊膜脊”,形成羊膜腔。羊膜腔包围了胚胎,腔内充满了液体(称为羊水),羊水对胚胎起着缓冲震动、平衡压力、保护胚胎免受震伤和粘连的作用。羊膜壁的平滑肌纤维细胞收缩,帮助胚胎不断地伸缩运动,有利于胚胎的健康发育。

羊膜的外体壁层形成浆膜;内体壁层则为羊膜,靠近胚体。浆膜和羊膜之间形成尿囊腔,同时还有一条浆羊膜道,该膜道起到输送蛋白质的功能。

(2)卵黄囊的形成和生理作用。卵黄囊是指孵化第2天由胚胎脏壁伸向卵黄表面,最后将整个卵黄包起来的囊状结构。孵化第4天,消化道成为卵黄柄的出口,卵黄囊血液循环系统覆盖约1/3的卵黄;第8天包围整个卵黄。

卵黄囊的内壁形成了原始血球和血管,是早期胚胎的造血器官。卵黄的营养物质和形成的消化酶由毛细血管吸收,经胚外循环输入心脏,然后再经胚内循环将营养物质输往胚体各部分。卵黄囊血管还能通过蛋内壳膜进行气体交换(见图3-4-3)。

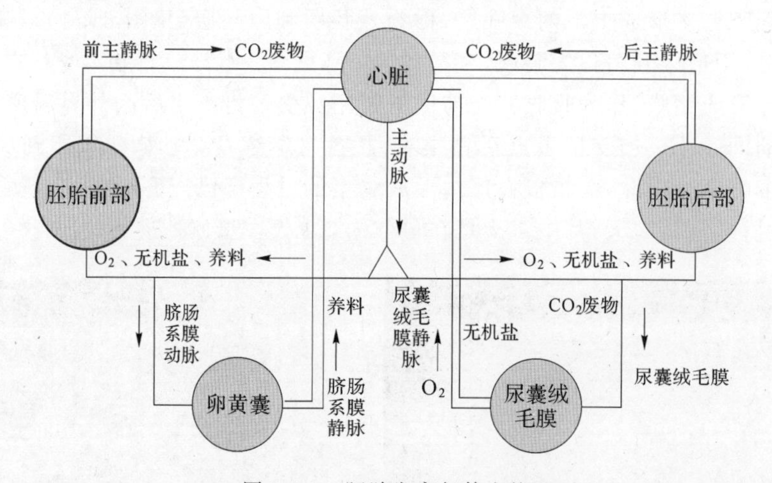

图3-4-3　胚胎发育气体交换

(3)尿囊绒毛膜的形成和生理作用。尿囊是由消化道壁的一个突起演变来的,孵化第3天才出现,第6天发育到蛋内壳膜表面,第10.5天在胚蛋的小头端合拢。尿囊内充满淡黄色的尿囊液体。尿囊血管网也随尿囊的发育而形成第二个胚外血液循环系统。

尿囊具有呼吸、吸收蛋白质与贮存代谢产物的作用。胚胎的呼吸过程:孵化第4~8天时由尿囊与卵黄囊交替进行,第8~19天转为尿囊承担气体交换,到第19天后尿囊逐渐萎缩。胚胎的呼吸由尿囊与肺部交替进行。出雏时，尿囊柄即自行断裂。

2.胚胎的物质代谢

(1)胚胎形成前的物质代谢。孵化第1～2天，胚外膜尚未形成时，胚胎营养依赖卵黄中酶作用产生的葡萄糖；而碳水化合物分解产生氧气，通过渗透方式供胚胎需要。

(2)胚胎对卵黄物质的代谢。卵黄约含0.13g糖、6.07g脂肪、3.5g蛋白质等营养物质，主要供给孵化前6天和17天后的胚胎发育需要。孵化第19天时将6～7g重的剩余卵黄囊吸入腹腔，供出雏后7天的营养补充和抗体作用。

(3)胚胎对蛋白质的代谢。蛋白中含有糖0.37g、蛋白质3.1g等营养物质。胚胎通过尿囊血液循环和浆羊膜道输送，孵化第12～17天不断将蛋白质送入羊膜腔供胎儿吞食吸收。

(4)胚胎中水的代谢。胚胎中的水分随孵化天数的递增而逐渐减少，大部分被蒸发，其余水分转入蛋黄，形成羊水、尿囊液及胚体内水分。初生雏含水约80%。

(5)胚胎中无机盐的代谢。蛋壳含碳酸钙约6g、磷酸钙约0.4g，蛋黄、蛋白中含有磷、镁、铁、硫、钠、钾、氮等无机盐0.4g左右。胚胎前7天主要利用蛋黄、蛋白中的无机盐，第10天后主要吸取蛋壳中的钙和磷，用以形成骨骼。

(6)胚胎中氧气和二氧化碳气体的代谢。鸡胚随孵化天数的增加，对氧气和二氧化碳气体的代谢需求是成倍、成几十倍的增加。鸡胚第1～9天时的气体交换比较缓慢，第10天后每天平均增加0.5%，第12～19天间气体交换量每天以50%速度增加，最后三天气体交换达到高峰。第19天开始，雏鸡进行肺呼吸，直接与外界进行气体交换。鸡胚在整个孵化期需氧气4～4.5L，排出二氧化碳3～5L。这说明孵化后期应特别重视气体代谢。

(三)胚胎的发育过程

胚胎的发育过程相当复杂，以鸡的胚胎发育为例，其主要特征详见表3-4-1。鸡胚发育不同日龄的主要形态特征见图3-4-4至图3-4-24。

表3-4-1　家禽胚胎发育不同时期主要外貌特征

胚龄/天			照蛋特征(俗称)	胚胎发育主要特征
鸡	鸭	鹅		
1	1～1.5	1～2	鱼眼珠	胚盘明区形成原基，器官原基出现
2	2.5～3	3～3.5	樱桃珠	出现血管，心脏开始跳动
3	4	4.5～5	蚊虫珠	眼睛色素沉着，出现四肢原基
4	5	5.5～6	小蜘蛛	胚胎头部与卵黄分离，尿囊明显
5	6～6.5	7～7.5	单珠	眼球黑色素沉着，四肢开始发育
6	7～7.5	8～8.5	双珠	胚胎增大，胚体弯曲，活动力增强
7	8～8.5	9～9.5	沉	出现鸟类特征，胚胎已有体温，分雌雄性腺
8	9～9.5	10～10.5	浮	四肢成形，出现羽毛乳头突起
9	10.5～11.5	11.5～12.5	发边	羽毛突起明显，软骨开始骨化
10	13～14	15～16	合拢	尿囊合拢，龙骨突形成，胚在羊水中浮游

续表

胚龄/天			照蛋特征（俗称）	胚胎发育主要特征
鸡	鸭	鹅		
11	15	17		尿囊合拢结束
12	16	18		蛋白部分被吸收，血管加粗，颜色变深
13	17～17.5	19～19.5		躯体被覆绒羽，胚胎迅速增长
14	18～18.5	20～21		胚胎转动与蛋的长轴平行，头向气室
15	19～19.5	22～22.5		体内外器官基本形成，喙接近气室
16	20	23		绝大部分蛋白进入羊膜腔，冠和肉髯明显
17	20.5～21	23.5～24	封口	蛋白全部输入羊膜腔，蛋小头暗、不透明
18	22～23	25～26	斜口	尿囊萎缩，气室倾斜，头弯曲，喙朝气室
19	24.5～25	27.5～28	闪毛	喙进入气室，肺呼吸开始
20	25.5～27	28.5～30	起嘴	大批啄壳，少量出雏
21	27.5～28	30.5～32	出壳	出雏结束

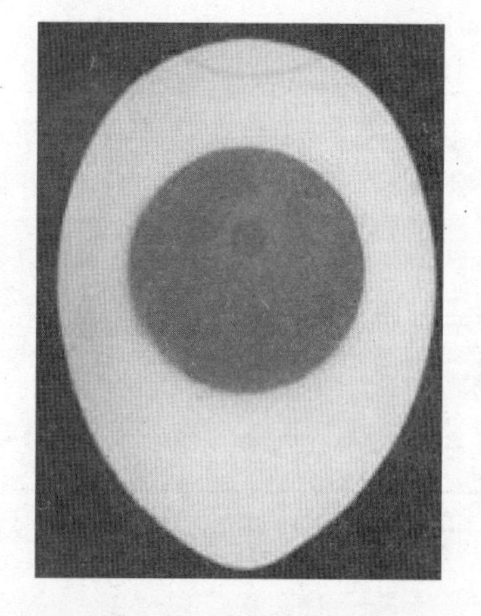
图 3-4-4　孵化第 1 天

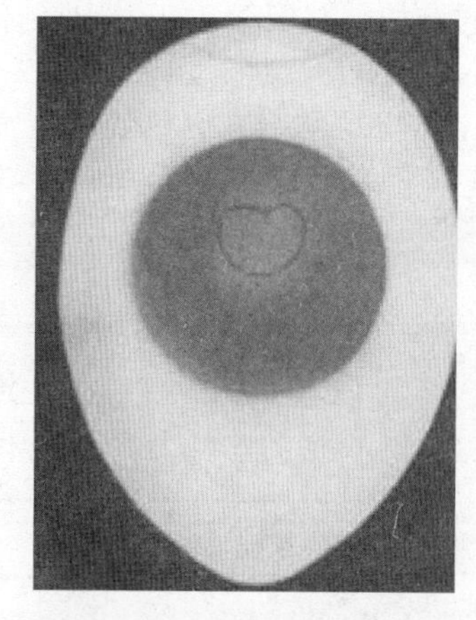
图 3-4-5　孵化第 2 天

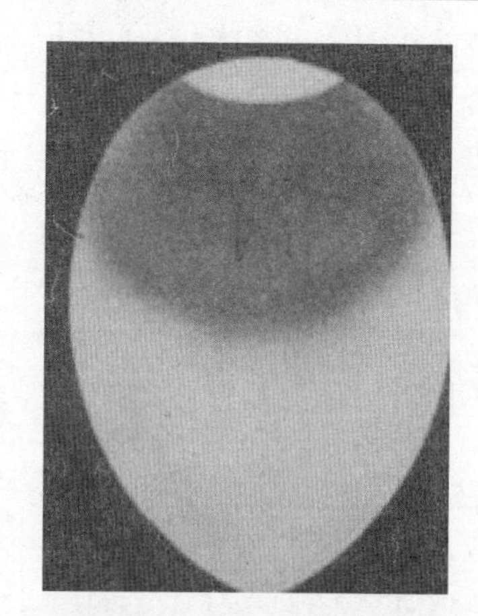
图 3-4-6　孵化第 3 天

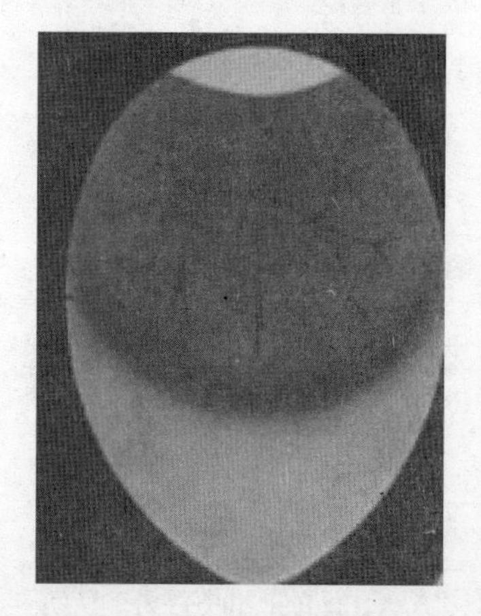
图 3-4-7　孵化第 4 天

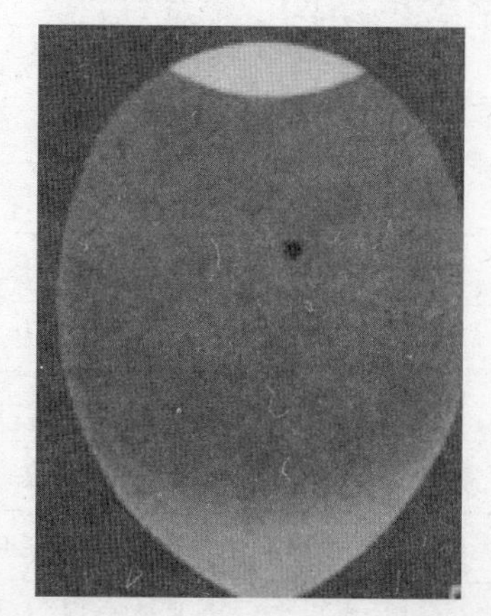
图 3-4-8　孵化第 5 天

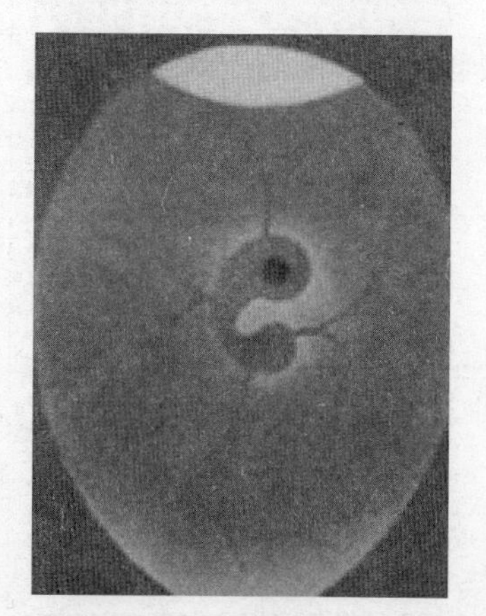
图 3-4-9　孵化第 6 天

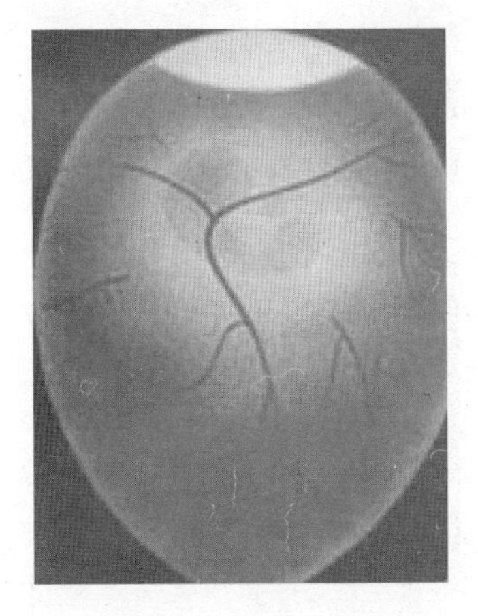
图 3-4-10 孵化第 7 天

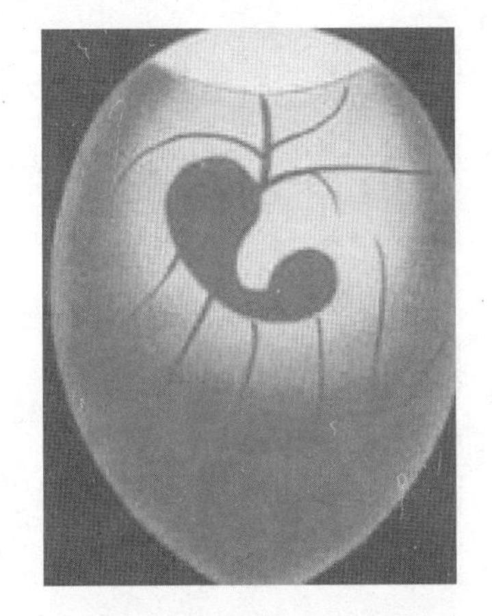
图 3-4-11 孵化第 8 天

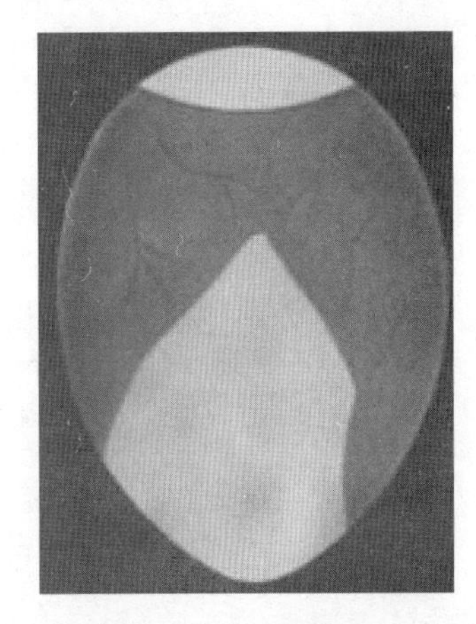
图 3-4-12 孵化第 9 天

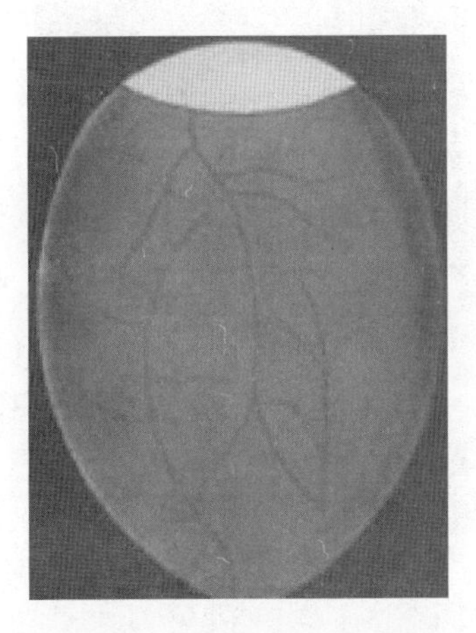
图 3-4-13 孵化第 10 天

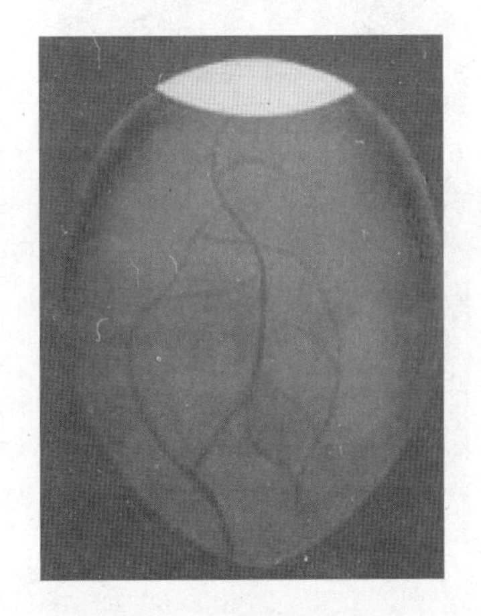
图 3-4-14 孵化第 11 天

图 3-4-15 孵化第 12 天

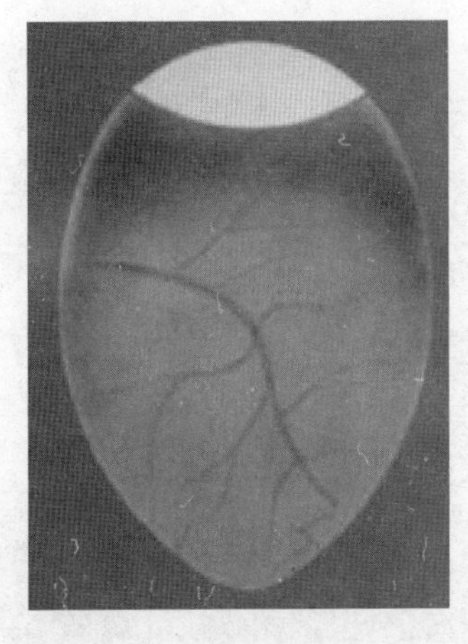
图 3-4-16 孵化第 13 天

图 3-4-17 孵化第 14 天

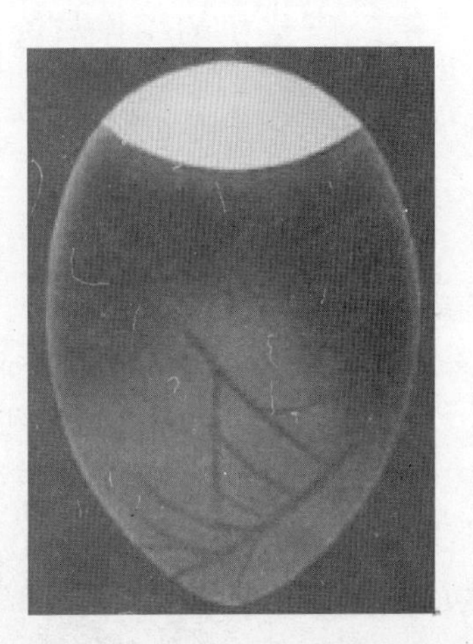
图 3-4-18 孵化第 15 天

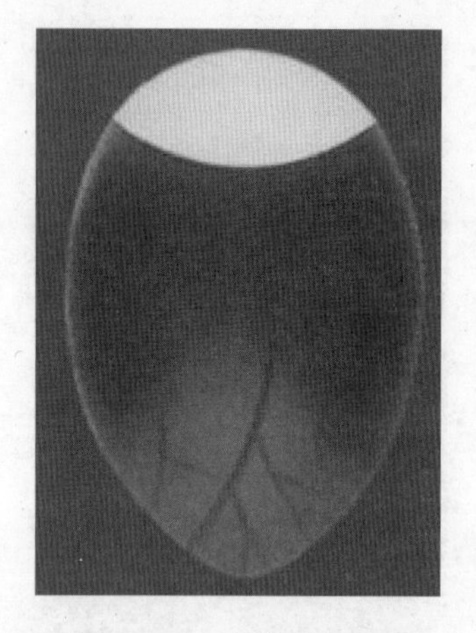
图 3-4-19　孵化第 16 天

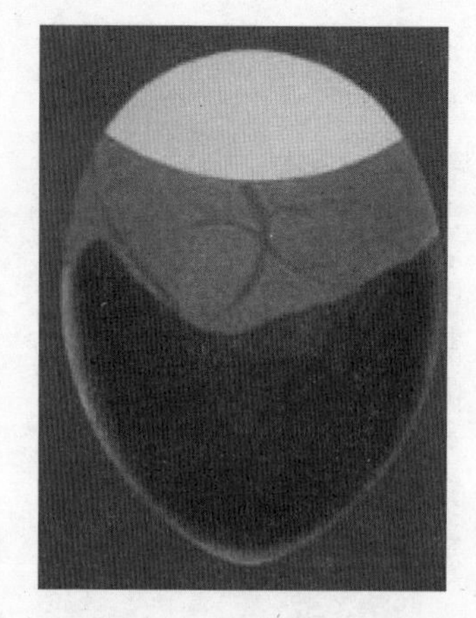
图 3-4-20　孵化第 17 天

图 3-4-21　孵化第 18 天

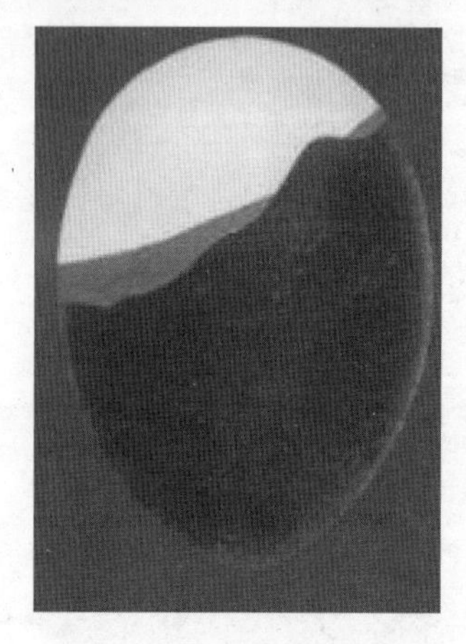
图 3-4-22　孵化第 19 天

图 3-4-23　孵化第 20 天

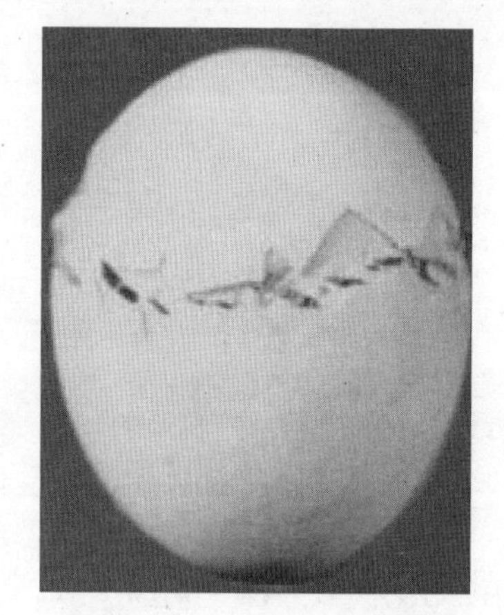
图 3-4-24　孵化第 21 天

三、孵化机的操作与管理

(一)孵化前的准备

1. 孵化厅的检修准备

停用后的孵化厅要全面维修，门、窗、顶棚、下水道、墙壁和地面经清扫冲洗后，进行一次熏蒸消毒。

2. 孵化机、出雏机的检修消毒

消毒前全方位检查孵化机、出雏机各零部件是否完整无损，然后试开机运转，察看控温、控湿、翻蛋、通气和报警系统是否灵敏准确、启闭自如、有无杂音。一切运作正常后进行 2 倍剂量的甲醛和高锰酸钾熏蒸消毒 30 分钟，然后等待孵化(见图 3-4-25)。

图 3-4-25　孵化机消毒

3. 校正干、湿温度计

选用1支标准的温度计来校正其他干、湿温度计。校正方法：①用标准温度计与待用温度计同时放入40℃左右的水中，当3～4min后温度计内水银停止移动时，用眼睛比较确定有无误差。②把多支温度计摆在同一水平面的相同温度环境里观察，温度稳定一致的留用。

4. 制订入孵计划

根据预订雏鸡苗的时间、数量，安排好种蛋来源和孵化计划。一般正常种蛋质量和正常孵化水平时，每计划出100只雏鸡，需入孵130～135个种蛋。

5. 孵化人员培训

采用集中技术培训和老师傅带新手的岗位培训方式。孵化人员必须具备初中及以上文化水平，具有较强的责任心。

6. 制定孵化记录表格

常用孵化记录表格有：

(1)孵化成绩记录表。记载入孵蛋数量、品种或品系、无精蛋数、死精蛋数、死胚蛋数、出雏数、弱雏数等。

(2)孵化值班记录表。记载温度、湿度、翻蛋、晾蛋、添水、停电时间、交接班留言等。

(3)孵化进程表。记载入蛋批数、头照、二照、出雏日期、周转进程等。

7. 开机调温

准备工作就绪后，在正式入蛋前2天开机运转，调整机温。孵化器内温度为37.8℃，出雏器为37.0～37.5℃。观察孵化器的前后温度是否一致，风扇转速能否达到180～200r/min。孵化室温度保持在21℃左右，一切正常方可入蛋孵化。

(二)孵化操作程序

1. 种蛋预热

种蛋在入孵前，进行预热处理能提高孵化率。先将种蛋放在室温22～25℃的预热室或孵化室内预热8h左右，冬季可适当延长时间。

种蛋预热能使静止态的受精卵有一个缓慢“苏醒适温”的过程，可减少因突然高温造成的死精偏多等问题，减少种蛋表面的凝水(出汗)，能提高熏蒸效果。

2. 上蛋

上蛋也叫装盘。将经挑选合格的种蛋按不同品种或品系分别以蛋的大头朝上摆在蛋盘里，每装满一盘就摆放在蛋架车上，等待消毒入孵。分批入孵时一般将一台总容量分三批装满，每周入两批，每次按照三间隔的顺序抽取蛋盘，切勿集中摆放。这样能起到“新蛋”、“老蛋”温度互调均匀的作用，节省能源，有利于胚胎发育和蛋架整体负载平衡。

3. 种蛋消毒

入孵前种蛋的消毒有两种方式：第一种为入孵前消毒，第二种为入孵升温后消毒。按每立方米空间用福尔马林10mL、水10mL、高锰酸钾5g的剂量进行消毒，20～30min后取出药物(见图3-4-26)。特别要注意的是，入蛋2～4天后要停止这种消毒，否则鸡胚会中毒，因为这个阶段是鸡胚比较脆弱的时期。

4. 入孵

将摆好的蛋盘上机孵化，通常选择在16:00—17:00入蛋，这样可以争取在白天大量出

图 3-4-26　种蛋熏蒸消毒

雏,便于工作。入孵后将总入蛋数按要求登记在孵化成绩记录表上。

5. 观察温度

孵化器内温度保持 37.8℃,出雏器为 37.0～37.5℃,孵化室为 21～23℃。每隔 0.5h 观察 1 次,每 2h 记录 1 次。记录要求实事求是,切勿马虎。当温度稳定在±0.2℃内,指示灯启动正常时,严禁随意调整控制盘中的按钮。

6. 湿度调节

孵化器内相对湿度保持为 40%～55%,出雏器为 65%～70%,孵化室内为 55%～70%,每 2h 记录 1 次,每天在晾蛋期间添一次洁净水。出雏器每次拾雏的同时刮掉水盘表面覆盖的绒毛,保证水分正常蒸发。室内要经常洒水,增加室内湿度。

7. 翻蛋

每 2h 由前、中、后或左、中、右依次循环翻蛋 1 次。如听到有异常声响时,要立即停止,进行检查。

8. 通风

入蛋 1～2 批后,出入气孔渐渐打开,机器满载后,出入气孔全部打开。尤其出雏盛期,要提供充足的新鲜空气,防止胚胎后期自热超温,可启动排气降温冷却系统。

9. 晾蛋

入蛋 2 批后,早春季节每天上午 12 点打开孵化机门,关闭电热器晾蛋 15～20min,并适当打开孵化室门和排气窗 10min,调节室内新鲜空气。夏季天气炎热,每天上午 10 点、下午 2 点各晾蛋 20～30min,然后恢复正常孵化。

10. 照蛋

入孵第 5～18 天进行照蛋。照蛋时,室内温度应保持在 25℃以上(见图 3-4-27)。照蛋时要求稳、准、快,尽量缩短时间,防止胚蛋受凉。每照完一盘,用好蛋填满空位,推回蛋架车,并有意识地进行上下对角互换盘位,这样更有利于胚胎蛋受热均匀。最后统计无精蛋、死精蛋及破蛋数,并登记入表。

图 3-4-27　照蛋

11. 落盘

孵化19天验蛋后立即转入出雏盘，将受胎蛋依品种分别平放在出雏网盘内，轻拿轻放，快速移蛋，防止受凉，不要重叠而造成出雏挤压。如果孵化器上下温差较大，落盘时应该将下方落到出雏器上方，上方落到出雏器下方。落盘后最好加网罩覆盖，停止翻蛋和照明，防止出雏后跳出淹死。

移盘方法：国内多采用手工捡蛋转入出雏盘；也可将出雏空盘扣在蛋盘上，两人紧握两个扣盘，轻轻翻转，使整盘胚蛋落入出雏盘内。

12. 出雏

出雏是胚胎发育结束的标志。鸡胚生理代谢功能发生显著变化，由于肺呼吸的加剧，雏鸡急欲蹬去外壳出雏，获得自由呼吸。此时需要提供一个闷热而氧气充足的环境才有利于加快出雏。出雏高峰期既要防止高温、氧气供应不足而窒息，又要防止长时间受凉，吸入冷空气，失去出壳时机而蜷窝死于壳内。这两个极端都可能成为后期死胎增加、孵化率降低的重要因素。

13. 雏鸡消毒与拾雏

出雏高峰前不必拾雏。拾雏动作会破坏出雏的生态环境，减慢出壳速度，增加死胎或弱雏。当出雏达70%～80%时可快速地进行一次拾雏和拾蛋壳，防止挤压和套壳，同时把胚蛋少的盘合并。出雏趋于尾声时，再快速拾一次并进行助产。最后清仓结束工作。若遇到出雏不齐，时间拉得很长，应该增加拾雏次数，防止雏鸡在箱内的干热风下失水。拾雏时需增加室内温度，使之达25℃以上。雏鸡拾到干净而保暖的雏鸡框或盒里，然后放在暖和的地方。

在出雏后常会发生雏鸡脐炎的情况，或者在通风保温条件较好的孵化场，可采用出雏器内熏蒸消毒法，这样能减少脐炎，并且雏鸡毛色变黄，美观好看。方法：从落盘至啄壳前进行第一次消毒，按每立方米体积用福尔马林24mL、水48mL、碘酊20mL，熏蒸3min；第二次在拾雏前用福尔马林14mL、水28mL，随意熏蒸挥发消毒。

14. 助产

每次出雏总有一些出壳无力的鸡胚需要助产，一般在出雏后期，发生于胎位不正、蛋壳太厚、啄壳后无力顶壳等情况下。

方法：用食指轻轻将啄口弹开，慢慢揭开外壳观察尿囊血管是否枯萎。如无血流出可将鸡头拉出放回盘内，任它随意蹬掉蛋壳。如果见鲜红血管或出血，要停止助产。强拉出壳，脐部收口不好易造成钉脐。有些鸡胚破壳后周身粘满壳内膜和蛋壳，可用热水湿润后揭掉壳皮放回盘中风干。

15. 清扫与消毒

出雏完毕抓紧清扫出雏器内的胎毛、污物，若能采用吸尘器可减少孵化室的灰尘。箱底用拖布擦净废弃物，出雏盘用高压水枪冲去胎粪和壳皮。水盘内污水倒入阴井，用水冲洗。最后用5%来苏尔或1∶1000新洁尔灭药液喷洒消毒。干湿温度计用水洗去绒毛。

(三)停电时的措施

停电后立即关好进出气孔，减少机内热量扩散，拉开电闸，查问停电多长时间。停电4h内则不必采用特殊措施，保持室温25℃以上即可。如果停电半天以上，需要有发电设备，自已发电;或者将室温升到34～36℃,敞开机门每隔半小时翻蛋一次。如果停电一天以内,将室温升到27～30℃。胚蛋孵化前10天不必打开机门,只需每小时翻蛋一次,每半小时手摇风扇轮15～20min,或者在箱内底部摆放几个大塑料热水壶(50℃左右)。胚蛋在中后期或出雏期间,要防止自体升温扩散不了而烧死,因此,可提高室温,打开机门,还需进行上、下蛋盘对调的均温措施。

来电后先用眼皮测试上层蛋温,如果烫眼皮,则先鼓风,均匀上下温差后再通电加热。根据停电时间和降温幅度,可暂时提高箱温到(37.5±0.5)℃,补充停电造成的影响,使胚胎发育赶齐,然后恢复正常温度。

(四)孵化记录和成绩计算

每批孵化必须记录入蛋日期、品种、蛋数、种蛋来源、头照和二照的无精蛋数、死胚蛋数、出雏数、弱残雏和死雏数等内容(见图3-4-28至图3-4-31),分别统计在成绩表内,然后按下面公式计算每批的孵化成绩。

$$受精率(\%)=\frac{入蛋总数-无精蛋数}{入蛋总数}\times 100\%$$

$$孵化率(\%)=\frac{受精蛋数-(死精蛋+死胚蛋数)}{受精蛋数}\times 100\%$$

$$健雏率(\%)=\frac{出雏总数-(死雏+残雏+弱雏)}{出雏总数}\times 100\%$$

图3-4-28 健雏

图3-4-29 畸形鸡(四条腿)

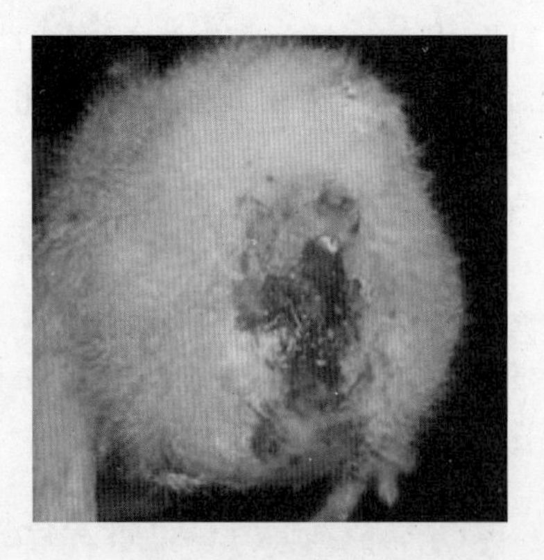

图3-4-30 残次鸡

图3-4-31 上下喙畸形

四、孵化效果的检查与分析

(一)影响孵化率的因素

1.品种遗传对孵化率的影响

纯品系或近交系的鸡种孵化，由于致死隐性基因的遗传影响，胚胎生活力弱，死胎蛋多。

2.种鸡营养不良对孵化率的影响

鸡胚胎发育健壮与否，完全依靠种蛋自身的营养贮备，它包含氨基酸的全价性，维生素、矿物质和微量元素的含量，蛋黄中能量的贮存量等。若种蛋内的养分偏低或不足，鸡胚胎在孵化期间生长发育就可能受到影响，导致组织器官形成异常、胚胎出现浆液性大囊泡水肿、肝脏变性、胚体瘦弱、死亡率高等。

3.传染病原污染种蛋对孵化率的影响

病原体如传染性支气管炎、鸡白痢、鸡新城疫、鸡马立克氏病、鸡白血病等以内源性途径潜入种蛋内，有些病原则以蛋壳外源性的途径侵入蛋内，如葡萄球菌、大肠杆菌、绿脓杆菌、副伤寒杆菌和曲霉菌等。这些致病菌能很快降低非全价蛋的蛋白质溶菌酶指标，使鸡胚容易受感染而出现死亡。

4.种蛋大小、蛋壳厚薄对孵化率的影响

鸡种蛋蛋重大于65g或低于48g，蛋壳厚度低于0.22mm或高于0.34mm都会影响孵化率。

5.不同年龄种鸡的种蛋对孵化率的影响

1岁龄母鸡种蛋孵化率高于老年母鸡，而当年母鸡种蛋又以28～50周龄产的孵化率最高。1岁龄母鸡种蛋孵化率比3岁龄高16%左右，大龄母鸡种蛋在孵化时，表现为胚胎早期死亡率高。

6.种蛋的贮存条件对孵化率的影响

若贮存温度超过15℃、低于5℃，存放时间超过2周，则孵化率逐渐降低。湿度、通风、光照、异味等不符合贮存要求的，孵化率随存放时间延长而降低。

7.蛋白中溶菌酶含量对孵化率的影响

新鲜种蛋含有8～10.7mg/mL的蛋白溶菌酶，其含量高低与胚胎死亡率呈负相关。若种蛋蛋白中溶菌酶低于7mg/mL，则孵化率明显降低。

8.孵化条件不良对孵化率的影响

当孵化时的温度在短期内急剧升高，高温超过42℃会造成胚胎血管破裂，导致胚胎被烧死，肝、脑出现点状出血。而长时间的气温过高状况，会促使胚胎发育加快，代谢过旺，提早啄壳，弱雏率增加。

(二)对孵化不良的原因分析

引起孵化不良的原因固然很多，但不外是种蛋质量不佳，或孵化条件不合适两方面的原因所致。种蛋质量不佳，可能是由于种禽的饲养管理或种蛋的保存不当；孵化条件不合适，则可能是由于孵化机具性能差或孵化操作管理上的失误。因此，通过对孵化期中胚蛋的照检、出雏情况的观察和对死胚的解剖等方法，可以比较准确地了解胚胎的发育情况和胚胎的死亡原因，从而及时采取措施提高孵化率。引起孵化成绩不良的原因见表3-4-2。

表 3-4-2　引起孵化成绩不良的原因分析

原因	新鲜蛋特征	第1次照蛋（5～6天）	中间检查（10～11天）	第2次照蛋（19天）	死胎特征	初生雏鸡特征
维生素A缺乏	蛋黄淡白	无精蛋多，死亡率高	发育略有迟缓	生长迟缓，肾有盐类结晶物	肾及其他器官有盐类沉淀物，眼肿胀	带眼病的弱雏多
维生素D缺乏	蛋壳薄而脆，蛋白稀薄	死亡率略有增高	尿囊发育迟缓	死亡率显著增高	胚胎有营养不良的特征	出壳拖延，初生雏软弱
核黄素缺乏	蛋白稀薄	—	发育略有迟缓	死亡率增高，蛋重失重少	死胚出现营养不良，绒毛卷缩，脑膜浮肿	雏鸡颈和脚麻痹，绒毛卷起
陈蛋	气室大，系带和蛋壳膜松弛	胚胎在1～2天死亡，剖检时胚盘表面有泡沫出现	发育迟缓	发育迟缓	—	出壳时间拖长
冻蛋	蛋的外壳破裂	1胚龄死亡率高，蛋黄膜破裂	—	—	—	—
运输不良	打碎的多，气室流动	—	—	—	—	—
前期过热	—	多数发育不好，不少充血和溢血	尿囊早期包围蛋白	异位，心胃和肝变形	异位，心胃和肝变形	出壳早
后半期长期过热	—	—	—	—	很多胚胎破壳后死亡，蛋黄未吸入，残有浓蛋白，肠和心脏充血，心脏缩小	出壳较早，但拖延时间长，雏鸡小，绒毛黏着，脐带愈合不良
温度不足	—	生长发育非常迟缓	生长发育非常迟缓	生长发育非常迟缓，气室边界平齐	尿囊充血，心脏肥大，蛋黄吸入，但呈绿色，肠内充满蛋黄和粪	出壳晚而拖延，幼雏不活泼，腹大下痢
湿度过大	—	—	尿囊合拢延期	气室边界整齐，蛋重损失少，气室小	在啄壳时喙粘在蛋壳上，嗉囊、胃和肠充满液体	出壳晚而拖延，绒毛粘连腹大
湿度不足	—	死亡率高，充血并粘在蛋壳上	蛋重损失大，气室大	—	外壳膜干而结实，绒毛干燥	出壳早，绒毛干燥，发黄
通风换气不良	—	死亡率增高	在羊水中有血液	在羊水中有血液，内脏器官充血和溢血	在蛋的锐端啄壳	—
翻蛋不正常	—	蛋黄粘于壳膜上	尿囊尚未包围蛋白	在尿囊之外有剩余的蛋白	—	—

(三)出雏检查与效果分析

1. 出雏检查

若正常出雏，白壳蛋鸡胚在20.5～21.5天，可全部出齐，受精蛋孵化率85%以上，健雏率95%以上。每个单胚从啄壳到顶壳出雏，一般在4～10h内完成。残弱雏鸡占3%～4%，死胎蛋占6%左右。发育正常的雏鸡体格健壮，精神活泼，体重适宜，蛋黄吸收良好，脐部收缩平整，绒毛整洁，长短适当，无弯喙和脚趾伸展不开等畸形现象。

当出雏前后拖延3天以上，该批孵化率及健雏率也肯定不理想。出壳后的雏鸡有毛长、大肚、钉脐、胶毛现象。鸡胚啄壳后难以脱壳，或在喙处出现血液、蛋清、蛋黄等渗出现象，分别称为血嘌、吐清、吐黄等不正常现象。死胎蛋比例可达15%。

2. 出雏质量与死胎蛋原因分析

(1)啄壳后长时间不破壳或提前出雏，体质轻瘦，有脱毛现象，绒毛短，死胎蛋超过15%，这些属于二照后温度过高所造成；若是晚出雏，弱雏较多，体软肚大，为温度过低所造成，或入孵前种蛋受过低温影响及存放时间过长所致。

(2)出现畸形雏的原因，多数属于遗传因素，如鹦鹉喙、交叉喙、独眼和四条腿等畸形体。出现钩状爪的残废雏和特别大的畸形眼(龙眼)是由于在孵化中大范围温度高的影响，以及翻蛋角度和次数不足，致使残废率增多。

(3)啄壳后或未啄壳死亡，死亡率可达20%，解剖观察，胚胎发育和吸收均属正常，这种情况多发生在出壳前一天，主要是温度升高、通风不良、氧气不足、对胚胎产生的余热扩散不出去等而使活胚致死。另外可能是出雏胚蛋较长时间受凉(低于30℃)，造成雏无力蹬壳，蜷窝在蛋壳内。

(4)死于壳内的原因，一是尿囊血管未合拢，蛋的小头发白，蛋白胶化或僵硬，这是二照前温度偏高所造成的蛋白胶质化而不能吸收，并与蛋内壳膜粘连在一起，致使尿囊血管无法通过，形成废营养蛋白区。这个废区面的大小影响孵化成绩。如果面积小，还可孵出雏鸡，但体质消瘦，出现胶毛；如果面积大，最后鸡胚死于壳内。二是尿囊血管合拢后，小头发红，不是漆黑的胚蛋。这是由于二照后18天以前蛋白质尚未吸收完出现温度偏高，造成蛋白胶粘化，致使胚胎发育不能吸收，红润的小头一直保持下来。

(5)其他死胎现象。死胎蛋在出雏前3～4天受到偏高的孵化温度影响，可引起以下现象。①血嘌：啄壳部位瘀血，是胚胎受热过高，提前啄壳的结果。尿囊血管尚未枯萎而被破，血液淤积在啄口周围，俗称"血嘌"。②钉脐：温度偏高，出雏前急剧蹬壳，尿囊血管尚未自然枯萎，血淤滞在肚脐上，常见于人工助产的雏鸡。③穿嘌：雏禽啄口后喙露在壳外，呼吸加剧，但又不能扩大啄口，或活力不足停留在原处，最终死于壳内。通常是胎位不正，头压在左翅下，不能摆动，或先天营养不良，或啄口后受凉所造成。④拖黄：当卵黄囊还没有完全吸入腹腔内时，雏禽已破壳，结果在脐部拖着大块蛋黄。⑤吐清：鸡胚受热发闷后将已经吞食在胃和食道内的羊水蛋白反胃外吐，然后粘连在啄壳口的周围，严重时把整个啄口堵塞住。⑥吐黄：雏禽在卵黄尚未吸入腹腔内，提前啄壳，在受热挣扎时踢破卵黄，卵黄顺着啄破的部位往外淌，而发生吐黄。

任务 3.5　初生雏的质量管理

一、初生雏的挑选与运输

(一)初生雏的挑选

1. 一看

“一看”就是看初生雏的精神状态。健雏一般活泼好动,反应敏捷;羽毛长度适中、整齐、清洁、有光泽;肛门干净,察看时频频闪动;腹部大小适中、平坦,脐愈合良好,干燥,有羽毛覆盖,无血迹;喙、腿、趾、翅无残缺。

2. 二摸

“二摸”就是摸初生雏的膘情、体温等。手握健雏感到温暖、有膘,体态匀称,有弹性,挣扎有力的是强雏;弱雏手感身凉、弱小、轻飘,挣扎无力。

3. 三听

“三听”就是听初生雏的叫声。健雏叫声洪亮、清脆、短促;弱雏叫声微弱、嘶哑,或鸣叫不停、有气无力。

(二)初生雏的运输

1. 装雏箱

最好使用专用的运雏纸箱,周围有通气孔,效果好,但不能重复使用。

2. 交通工具

汽车、火车、飞机、船均可用于运输。运雏工具要有遮阳防雨措施,并解决好保温与通气的关系。

二、初生雏禽的雌雄鉴别

(一)伴性性状鉴别法

1. 羽速鉴别法

决定初生雏鸡翼羽生长快慢的慢羽基因(K)和快羽基因(k)都位于性染色体上,而且慢羽基因(K)对快羽基因(k)为显性,具有伴性遗传现象。用慢羽母鸡(K—)与快羽公鸡(kk)交配,所产生的子一代公雏全部是慢羽(Kk),而母雏全部是快羽(k—),根据翼羽生长的快慢就可以鉴别公母。

鉴别方法:右手握雏,用右手或左手的拇指和食指捻开雏鸡翼羽,观察主翼羽、副翼羽的相对生长速度。主翼羽长于副翼羽的为快羽,是母雏。公雏为慢羽,有四种类型:①主翼羽短于副翼羽;②主翼羽与副翼羽等长;③主翼羽未长出,仅有副翼羽;④除翼尖处有 1～2 根主翼羽稍长于副翼羽之外,其他的主翼羽与副翼羽等长。

2. 羽色鉴别法

由于银色羽和金色羽基因都位于性染色体上,且银色羽(S)对金色羽(s)为显性,所以银色羽母鸡与金色羽公鸡交配后其子一代的公雏为银色；母雏为金色。但由于存在其他羽色基因的作用，故其子一代雏鸡绒毛的颜色会出现中间类型。

3.羽斑鉴别法

横斑洛克（芦花）母鸡与非横斑洛克（非芦花）公鸡（除具有显性白的白来航鸡、白考尼什鸡外）交配，其子一代公雏为芦苇花羽色（黑色绒毛，头顶有不规则的白色斑点）；母雏为非芦花羽色，全身黑绒毛或背部有条斑。

（二）初生雏鸡肛门鉴别法

翻开初生雏鸡的肛门，根据有无生殖突起及生殖隆起的形态组织学上的细微差异，肉眼分辨公母。若无生殖突起即为母雏，如有生殖突起，则根据生殖隆起（生殖突起与八字状襞总称）的组织上的差异分辨公母（详见技能实训九）。

◈复习思考题

1. 伴性性状在生产中有何意义？
2. 简述人工授精技术的重点及注意事项。
3. 影响受精率的因素有哪些？
4. 画出四系配套杂交图，并说明在配套杂交过程中应注意的问题。
5. 现代家禽良种繁育体系包括哪些基本环节？说明良种繁育体系中各场的主要任务。
6. 畸形蛋形成的原因有哪些？
7. 种蛋选择应遵循的原则有哪些？
8. 种蛋保存的条件有哪些？
9. 种蛋运输的注意事项有哪些？
10. 家禽的孵化条件有哪些？
11. 照蛋的作用和目的有哪些？
12. 雏鸡的熏蒸消毒方法有哪些？
13. 衡量孵化效果的指标有哪些？
14. 影响孵化效果的因素有哪些？
15. 初生雏的挑选和运输的注意事项有哪些？

【技能实训5】　鸡的人工授精操作技术

一、目的要求

初步掌握鸡的人工授精与输精方法。

二、仪器设备与材料

种公鸡、种母鸡若干只，采精杯、贮精管、输精管、毛剪、显微镜、载玻片、盖玻片、保温桶、温度计、红细胞计数器、棉花、烘干箱、水浴锅、3%氯化钠溶液、蒸馏水、显微镜保温箱、95%

酒精、0.5%龙胆紫溶液、2%伊红溶液、0.9%氯化钠溶液。

三、方法与步骤

(一)鸡的采精

1.鸡的采精

(1)采精前的准备

①将公鸡、母鸡提前分群饲养,加强对种公鸡的管理。

②在正式人工授精前一周对公鸡进行按摩训练,将性反射强、精液品质好的公鸡挑选出来。

③用毛剪将选好的公鸡剪去泄殖腔周围的羽毛。

④将所有的人工授精器材均洗干净、消毒、烘干后备用。

(2)采精步骤(以背腹式按摩法为例)

两人操作采精时,一人用左、右手分别将公鸡的两腿轻轻握住,使其自然分开,公鸡的头部向后,尾部向采精者。另一个人采精时右手中指和食指夹住采精杯,杯口朝外,右手掌分开于鸡的腹部。左手掌自公鸡的背部向尾部方向按摩,到尾综骨处稍加力,此时可看到公鸡尾部翘起,当泄殖腔外翻时,左手顺势将鸡尾部翻向背部,并将左手的拇指和食指跨掐在泄殖腔两上侧做适当的挤压,精液即可顺利排出。精液排出时,右手迅速将杯口朝上承接精液。单人操作时,术者坐在凳子上将公鸡保定于两腿之间,采精步骤同上。公鸡每周采精3~5次为宜。因种火鸡体重大,不便保定,大多采用采精台保定,其他操作与鸡相同,只是按摩时用力要稍大些方能取得良好效果。

2.精液的品质检查

(1)肉眼观测

颜色:正常为乳白色。被粪便污染的为黄褐色;被尿酸盐污染的为白色絮状物;被血液污染的为粉红色;透明液过多的为渍状。

气味:稍带有腥味。

采精量:正常为0.2~1.2mL。

浓稠度:浓稠度很大。

pH:鸡精液的pH为7.1~7.6。

(2)镜检观测

活力:采精后取精液或稀释后的精液,用平板压片法在37℃条件下用200~400倍显微镜检查,评定活力的等级,一般根据在显微镜下呈直线前进运动的精子数(有受精能力)所占比例分为1级、0.9级、0.8级、0.7级、0.6级……

密度:密——精子中间几乎无空隙,鸡每毫升精液含精子40亿以上,火鸡80亿以上;中——有空隙,鸡每毫升精液含精子20~40亿,火鸡60~80亿;稀——稀疏,鸡每毫升精液含精子20亿以下,火鸡50亿以下。

另外,还可以用光电比色计测定精子密度。生产中,多采用精液密度估测法。

畸形率检查:取1滴原精液在载玻片上,抹片自然阴干,干后用95%酒精固定1~2min,水洗,再用0.5%龙胆紫溶液(或红、蓝墨水)染色3min,水洗阴干,用400~600倍镜检查。

畸形精子有以下几种：尾部盘绕、断尾、无尾、盘绕头、钩状头、小头、破裂头、钝头、膨胀头、气球头、丝状中段等。

浓度：用红细胞计数法测定。取红细胞计数吸管，吸取精液至0.5处，再吸入3%氯化钠或2%伊红溶液至101处为200倍稀释，摇匀2～3min，去掉前3滴，在计数板盖玻片上下各滴1/2滴，滴入血红细胞计数板静置2～3min，进行计数。

①1mL精液的精子总数＝5个中方格精子数/80（小方格）×10（计算室格高度）×400（计算小方格数）×200（稀释倍数）×1000（1mL等于1000mm^3）。

②$C=n/100$（C为精子总数，以10亿/mL表示；n为5个中方格的精子数）

3.精液的稀释和保存

精液的稀释应根据精液的品质决定稀释的倍数，一般稀释比例为1∶1。常用稀释液是0.9%氯化钠溶液（即生理盐水）。精液稀释应在采精后尽快进行。

精液的保存采用低温保存和冷冻保存。在生产实际中，常采用的方法是采精后直接就输精，或者将精液稀释后置于25～30℃的保温桶中保存并在20～40min内输完。

（二）鸡的输精

1.输精前的准备

挑健康、无病、开产的母鸡，产蛋率达70%以上开始输精最为理想。

2.输精时间

输精时间以每天下午3点以后，母鸡子宫内无硬壳蛋时最好。

3.输精方法

阴道输精是在生产中广泛应用的方法。一般3人一组，2人翻肛，1人输精。翻肛者用左手在笼中抓住鸡的两腿并紧握腿根部，将鸡腹贴于笼上，鸡呈卧伏状，右手对母鸡腹部的左侧施以一定腹压，输卵管便可翻出，输精者立即将吸有精液的输精管顺鸡的卧式插入输卵管开口中1～2cm。输精时需翻肛者与输精者密切配合，在输入精液时，翻肛者要及时解除鸡腹部的压力，才能有效地将精液全部输入。

4.输精量和输精次数

输精量和输精次数取决于精液品质。蛋用型鸡在产蛋高峰期每5～7天输一次，每次量为原液0.05～0.075mL。肉用型鸡为每4～5天输一次，每次量为原液0.03mL；中后期为0.05～0.06mL，每4天输一次。要保持高的受精率就要保证每只鸡每次输入的有效精子数不少于8000万至1亿个。

⇨实训报告

总结鸡的人工授精实践中的体会和收获。

【技能实训6】　孵化器的分类、构造与使用

一、目的要求

了解孵化器的分类，认识孵化器各部的构造。

二、仪器设备与材料

入孵器、出雏器、孵化盘、出雏盘、真空吸蛋器、移盘器、雏鸡盒、雏禽分级和雌雄鉴别联合工作台等实物或图片、幻灯片；干湿球温度计、体温计、水银导电温度计、风速仪、转速仪；孵化场记录表格。

三、方法与步骤

（一）孵化器的分类

孵化器大致分为平面孵化器和立体孵化器两大类，其中立体孵化器又分为箱式和巷道式。

1.平面孵化器

平面孵化器为小型孵化器，一般为孵化、出雏同机。多用棒式双金属片或乙醚胀缩饼控温，可自动转蛋和均温。平面孵化器多用于科研、教学和珍禽的孵化。

2.箱式孵化器

（1）下出雏：一机兼孵化、出雏。可利用余热，仅用于分批入孵，不利防疫。

（2）旁出雏：一机兼孵化、出雏。分批入孵，因孵化、出雏同屋，不利防疫。

（3）单出雏：入孵器兼出雏器分室放置，并配套使用，可整批孵化、出雏，不利防疫。

3.巷道式孵化器

巷道式孵化器适用于大规模生产。入孵器分批入孵，第18～19天移至另室在出雏器中出雏。

（二）孵化器的构造及要求

1.主体结构

（1）箱体（外壳）。孵化器的外壳要求隔热（保温）性能好，防潮、坚固和美观。外层可选用宝丽板或镀锌铁皮喷漆，里层选用宝丽板或铝合金板材。箱体的夹层厚约5cm，中填玻璃纤维或聚苯乙烯泡沫板，最好采用注塑工艺，因夹层无空隙更有利于保温。

箱体为可拆卸式板墙结构，分门、顶、后、两侧板和底板。由于底板的防腐问题难以处理，现多向无底式方向发展。

（2）种蛋盘。种蛋盘分为1～19胚龄的孵化盘和19～21胚龄的出雏盘。要求通气性好，以利胚蛋充分、均匀受热和获氧，还应不变形、安全可靠，孵化过程中不卡盘、掉盘，不能跑雏。

孵化盘分栅式、孔式，出雏盘多为塑料制品，重量轻且便于冲洗消毒。在设计时，应考虑孵化盘与出雏盘配套使用，以便移盘时可采用扣盘或抽盘操作，这样既提高了移盘速度，又降低了胚蛋的破损率。

（3）活动转蛋架。活动转蛋架包括圆桶式、八脚式和架车跷板式等形式。出雏器因不需转蛋，所以仅设出雏盘架。出雏盘架分固定抽屉式及平底车叠层式两种。

2.控温控湿系统、降温冷却系统及报警系统

（1）控温系统。控温系统由电热管（如远红外加热棒）和调节器等组成。温度调节器有

棒式双金属片、乙醚胀缩饼、水银导电温度计和热敏电阻等。

(2)控湿系统。最原始但行之有效的控湿方法是在孵化器底部放置水盘，让水自然蒸发供湿。这种方法不能自动控湿，只能通过放置水盘的数量、水位的高低和水温的高低来调节湿度。现多采用叶片轮式自动供湿装置，它由叶片轮、水槽、供湿电机和水银导电温度计等组成。当孵化湿度不足时，供湿电路接通，使供湿电机带动叶片轮转动，以增加水分蒸发面积来提高孵化器里的相对湿度。目前较先进的供湿装置为超声雾化装置。

(3)降温冷却系统。当孵化器里的温度超过高温报警所设定的温度时，孵化器自动切断电热电源，停止供热，超温报警，并同时控制“冷排”的电磁阀打开供给冷水，以降低机温。有的孵化器还设有应急排风口，超温时该口自动打开，加大排风量，以加速降温。

(4)报警系统。目前，常见的报警系统有超温、低温、低湿和电机缺相或停转、过载等，这些系统均可通过灯光及声响同时示警。目前多数孵化器还增设干电池超温报警系统，以备停电时原电控的超温报警不能工作之用。

3. 机械传动系统

(1)转蛋系统。转蛋系统由转蛋电机、蜗轮杆、微动开关、定时器和计数器等组成，可保证1～2h转蛋一次，转蛋角度为45°～50°，并能显示转蛋次数。

(2)均匀机温。电机带动风扇转动，以均匀孵化器内的温度。其转速为200～240r/min。

(3)通风换气系统。通风换气系统由进气孔、出气孔和风扇等组成。进气孔多采用顶进气和前进气，出气孔均设在孵化器顶部。

4. 安全保护装置

除上述超温、低温、低湿报警系统以及风机过载、停转、电机缺相报警系统等安全保护外，有些孵化器还设有开孵化器门时电机风扇停转的装置，以保护操作者的安全。

5. 机内照明

孵化器设有照明设备，而且开门亮灯，以利操作者工作。

(三)孵化厅的配套设备

孵化厅除孵化器外，还有一些相应的配套设备，如照蛋灯、雏鸡盒、真空吸蛋器、移盘器、雏禽分级和雌雄鉴别联合工作台以及运输车辆等。

(四)孵化器的选择

孵化器类型繁多，规格各异，自动化程度亦不同。孵化器的质量要求是：温差小，孵化效果好；安全可靠，便于操作管理；故障少，且容易排除；价格便宜，美观实用。为提高孵化器的利用效率和保障其安全可靠地运转，在选择孵化器时还应注意以下两个问题：一是根据孵化器的规模及发展，决定孵化器的类型、数量以及入孵器和出雏器的配套比例；二是根据本单位的技术力量，选择孵化器型号。

以下各项技术精度指标可供选择孵化器时参考，选择时精度不应低于下限指标：温度显示精度，0.1～0.01℃；控温精度，0.2～0.1℃；湿度显示精度，相对湿度(RH)2%～1%；控湿精度，RH为3%～2%；孵化器内温度场标准差，0.2～0.1℃。

⇨实训报告

根据现场观察和操作，写出孵化机和出雏机的各部构造名称及其工作原理，写出孵化操作程序与注意事项。

【技能实训 7】 蛋的构造与品质测定

一、目的要求

1. 了解蛋的构造,并能识别蛋的新鲜度及其形态。

2. 掌握蛋的品质测定方法。

二、仪器设备与材料

新鲜鸡蛋若干枚,保存四周以上的陈旧鸡蛋若干枚,煮熟的新鲜鸡蛋若干枚。

照蛋器、电子秤或粗天平、培养皿、放大镜、剪子、手术刀、镊子、液体比重计、配制好的不同比重的盐溶液。

蛋白高度测定仪、蛋壳强度测定仪、蛋形指数测定仪、蛋白蛋黄分离器、罗氏比色扇、游标卡尺、光电反射式色度仪。

三、方法与步骤

(一)蛋的构造

(1)蛋上膜(胶护膜)。蛋上膜又称胶护膜,是指在蛋壳外面的一层透明的保护膜。

(2)蛋壳。蛋上有无数个气孔,用照蛋器可以清楚地看到气孔的分布。

(3)蛋壳膜。蛋壳膜分为两层,紧贴蛋壳的叫作外壳膜,包围蛋内容物的叫作蛋白膜(也叫内壳膜)。外壳膜和内壳膜在蛋的钝端分离开而形成气室。

(4)蛋白。蛋白由外稀蛋白(约占 23%)、外浓蛋白(约占 57%)、内稀蛋白(约占 17.3%)、内浓蛋白(约占 2.7%)组成。

(5)系带。在蛋黄的纵向两侧有两条相互反向扭转的白带,称为系带。

(6)蛋黄。蛋黄由蛋黄膜、浅蛋黄、深蛋黄、蛋黄心、胚盘(或胚珠)组成。胚盘(或胚珠)位于蛋黄的表层。胚盘中央有一直径为 3~4mm 的里亮外暗的圆点(也称明区),而胚珠没有明暗之分。

(二)蛋的品质测定

测定蛋的品质的方法有很多种,常用外观法、透视法、剖检法、仪器测定法等。下面介绍仪器测定法。

1. 蛋重

用电子秤或粗天平称蛋重。鸡蛋的重量为 40~70g;鸭蛋为 70~100g;鹅蛋为 120~200g。

2. 蛋壳颜色

用光电反射式色度仪测定蛋壳颜色。颜色越深,反射测定值越小,反之则越大。用该仪器在蛋的大头、中间和小头分别测定,求其平均值。一般情况下,白壳蛋蛋壳颜色测定值大于75以上，褐壳蛋为20～40，浅褐壳蛋为40～70，而绿壳蛋为50～60。

3.蛋形指数

蛋形由蛋的长径与短径比例(即蛋形指数)来表示。蛋形指数是蛋的质量的重要指标，它与受精率、孵化率及运输有直接关系。正常鸡蛋的蛋形指数为1.32～1.39，标准为1.35。如用短径比长径则在0.72～0.76，标准为0.74。鸭蛋的蛋形指数为1.20～1.58(或0.63～0.83)。

4.蛋的比重

蛋的比重不仅能反映蛋的新陈程度，也与蛋壳的致密度有关。测定方法是在每3000mL水中加入不同重量的食盐(见实训表1)，配制成不同浓度的溶液，用液体比重计校正后使每份溶液的比重依次相差0.005。测定时先将蛋浸入清水中，然后依次从低比重向高比重溶液中通过，当蛋悬浮于液体中表明其比重与该溶液比重相等。鸡蛋适宜的比重为1.080以上；鸭蛋为1.090以上；火鸡蛋为1.080以上；鹅蛋为1.110。

实训表1　不同比重的食盐溶液配制比例

比重	1.060	1.065	1.070	1.075	1.080	1.085	1.090	1.095	1.100
加入食盐量/g	276	300	324	348	372	396	420	444	468

5.蛋壳强度

蛋壳强度是指蛋对碰撞或挤压的承受力(单位：kg/cm^2)，是蛋壳致密坚固性的重要指标。方法是用蛋壳强度测定仪进行测定。

6.蛋白高度和哈氏单位

将蛋打在蛋白高度测定仪的玻璃板上，用测定仪在浓蛋白的较平坦的地方取两点或三点，求其平均值(单位：mm)。注意避开系带。

根据蛋重和蛋白高度两项数据，用下列公式计算出哈氏单位值。也可用“蛋白品质查寻器”查出哈氏单位及蛋的等级。新鲜蛋的哈氏单位为75～85，蛋的等级为AA级。

计算公式：

$$HU=100\lg(H-1.7W^{0.37}+7.57)$$

式中，H——蛋白高度(mm)；W——蛋重(g)；HU——哈氏单位。

7.蛋壳厚度

蛋壳厚度是指蛋壳的致密度。用游标卡尺在蛋壳的大头、中间、小头分别取样测定，求其平均值(单位：μm)。注意在测量时去掉蛋壳上的内、外壳膜后才是蛋壳的实际厚度，一般为330μm。如果没去掉蛋壳内、外膜，则是表观厚度，一般为370μm。

8.蛋黄颜色

比较蛋黄色泽的深浅度，用罗氏比色扇取相应值，一般为7～9。

9.血斑与肉斑

血斑与肉斑是卵子排卵时由于卵巢小血管破裂的血滴或输卵管上皮脱落物形成。血斑与肉斑与品种有关。

(三)观察蛋的构造

1.气室

用照蛋灯观察气室变化,新鲜蛋的气室相对小,一般直径为0.9cm,高度为2mm。同时,观察气孔的分布。

2.层次

将煮熟的新鲜鸡蛋剥壳后用刀纵向切开,观察蛋白层次、蛋黄深浅层及蛋黄心。

3.剖检

(1)将蛋平放于培养皿上,用刀或手术剪在蛋壳的平面上开一个洞,用镊子扩大洞口,观察胚盘(或胚珠)。

(2)将蛋打入培养皿内,观察鸡蛋的构造及内容物,用剪刀将浓蛋白剪开可发现内稀蛋白流出,并仔细观察两条系带。

(3)用蛋白蛋黄分离器将蛋白与蛋黄分离开,分别称蛋重、蛋壳重、蛋白重、蛋黄重,计算各部分占蛋重的比例。

⇨实训报告

写出各个项目的测定方法,统计测定结果并根据测定结果评定其品质。

【技能实训8】 孵化的生物学检查与胚胎发育的观察

一、目的要求

1.熟悉孵化的生物学检查方法。

2.识别鸡的若干胚龄胚胎发育的主要特征。

二、仪器设备与材料

孵化7、14、17、18和19胚龄发育正常的胚蛋和无精蛋、死胚蛋、弱胚蛋、死胎蛋的实物和幻灯片;照蛋灯、镊子、培养皿、手术剪刀、放大镜、生物显微镜。

三、方法与步骤

(一)孵化的生物学检查

通过照蛋、出雏观察、死胎蛋外观和病理解剖,以及死雏、死胎的微生物学检查,并结合种蛋品质和孵化操作情况,综合分析、判断,查明原因。

1.照蛋

用照蛋灯透视胚胎发育情况。

(1)照蛋时间及胚胎发育特征。一般整个孵化期照蛋1~2次,如果孵化正常、孵化率高,也可仅在胚胎发育中期或移盘前照一次蛋。头照,鸡在5胚龄(鸭、火鸡在6~7胚龄,鹅在7胚龄),胚蛋可明显看到黑眼点,俗称“黑眼”;二照,在移盘前,鸡在19胚龄(鸭、火鸡在25~26胚龄,鹅在28胚龄),胚蛋气室处有黑影闪动,俗称“闪毛”。此外,还可在胚胎发育中期进行“抽检”，鸡在10～10.5胚龄（鸭、火鸡在13～14胚龄，鹅在15～16胚龄），整个胚蛋除气室外布满血管，俗称“合拢”。

（2）发育正常的活胚蛋和各种异常胚蛋的辨别。先通过幻灯或图片识别，然后再用实物观察。

2.出雏期间的观察

主要从出雏持续时间和雏鸡表现两方面观察，如有无明显的出雏高峰、出雏结束时间、未出雏的胚蛋在出雏盘中的分布、雏鸡绒毛长短、腹部大小、脐带部愈合状况、鸣叫声、神态及有无残疾或畸形等。

3.死雏和死胎蛋外观及病理剖解

对历次照蛋剔除的死胚蛋和孵化结束时的死胚蛋，从外表观察、照蛋透视及胚蛋（或胎儿）的剖检等三方面按顺序检查，判断其死亡胚龄和病理变化，以便分析原因。

（1）外表观察。死雏主要观察绒毛长短、脐部愈合状况、卵黄囊吸收情况以及头部和腿部有无残疾或畸形；死胎蛋主要观察是否已啄壳、啄壳部位、洞口的形状和有无黏液或血迹等。

（2）照蛋透视。检查气室位置、大小和形态，以及气室边缘血管情况；胚蛋锐端的尿囊绒毛膜“合拢”情况或蛋白吸收状况（“封门”状况），以及“斜口”和“闪毛”状态。

（3）胚蛋剖检。用镊子轻轻敲破气室的蛋壳并撕去内壳膜，然后按下列步骤观察：

①观察胎儿是否已经死亡。

②观察尿囊绒毛膜和羊膜的状态（包括有无出血现象）。

③将胚蛋内容物倒入培养皿中，观察卵黄囊血管是否充血、出血及吸入腹腔状况；是否有蛋白，以及胎位状态。

④取出胎儿用生理盐水冲洗干净，根据胎儿大小及外表发育特征，初步判断胚胎死亡的胚龄。

⑤继续观察雏鸡脑部、颈部和皮肤，有无水肿、充血或溢血现象；有无眼疾、脚疾、胎位是否正常等，并结合下一步的体腔剖检内部脏器的病理变化，判断死亡原因。

⑥用手术剪刀剖开死雏或死亡胎儿的体腔。观察肠、胃、心脏、肝脏、肾脏、卵黄囊以及尿囊绒毛膜等有何病理变化，如充血、出血、水肿、肥大、萎缩、变性或畸形，判定死亡原因。

（二）胚胎发育的观察

通过观看幻灯片、图谱和观察活胚，了解正常胚胎发育的变化。按下列顺序观察胚胎发育：胚蛋外部观察、照蛋透视和胚蛋剖检（剖开后先进行外部观察，再剖检内部脏器）。

⇨实训报告

根据所观察的各种类型的胚蛋，描述其特征，画图表示无精蛋、死胚蛋及正常胚蛋。

【技能实训9】　初生雏禽的性别鉴定

一、目的要求

熟识或初步掌握初生雏鸡雌雄鉴定技术。

二、仪器设备与材料

羽毛、羽速自别雏鸡（或羽色羽速双自别雏鸡），初生雏鸭、初生雏鹅、台灯（包括40～60W乳白灯泡）1台/组；胶片或幻灯片（抓握雏法、翻肛手法、公母雏泄殖腔模式图、初生雏鸡羽速自别法、初生雏鸭（鹅）翻肛鉴别法、初生雏鸡羽色自别模式图）。

三、方法与步骤

（一）伴性性状鉴别法

1. 羽速鉴别法

决定初生雏鸡翼羽生长快慢的慢羽基因（K）和快羽基因（k）都位于性染色体上，而且慢羽基因（K）对快羽基因（k）为显性，具有伴性遗传现象。用慢羽母鸡（K—）与快羽公鸡（kk）交配，所产生的子一代公雏全部是慢羽（Kk），而母雏全部是快羽（k—），根据翼羽生长的快慢就可以鉴别公母。

鉴别方法：右手握雏，用右手或左手的拇指和食指捻开雏鸡翼羽，观察主翼羽、副翼羽的相对生长速度。主翼羽长于副翼羽的为快羽，是母雏。公雏为慢羽，有四种类型：①主翼羽短于副翼羽；②主翼羽与副翼羽等长；③主翼羽未长出，仅有副翼羽；④除翼尖处有1～2根主翼羽稍长于副翼羽之外，其他的主翼羽与副翼羽等长。

2. 羽色鉴别法

由于银色羽和金色羽基因都位于性染色体上，且银色羽（S）对金色羽（s）为显性，所以银色羽母鸡与金色羽公鸡交配后其子一代的公雏为银色；母雏为金色。但由于存在其他羽色基因的作用，故其子一代雏鸡绒毛的颜色会出现中间类型。

3. 羽斑鉴别法

横斑洛克（芦花）母鸡与非横斑洛克（非芦花）公鸡（除具有显性白的白来航鸡、白考尼什鸡外）交配，其子一代公雏为芦苇花羽色（黑色绒毛，头顶有不规则的白色斑点）；母雏为非芦花羽色，全身黑绒毛或背部有条斑。

（二）初生雏鸡肛门鉴别法

翻开初生雏鸡的肛门，根据有无生殖突起及生殖隆起的形态组织学上的细微差异，肉眼分辨公母。若无生殖突起即为母雏，如有生殖突起，则根据生殖隆起（生殖突起与八字状襞总称）的组织上的差异分辨公母。

1. 翻肛鉴别手法

（1）抓雏、握雏。分夹握法和团握法。夹握法是指右手抓雏后移至左手，雏背贴掌心，泄殖腔向上，将雏颈夹于中指与无名指之间，双翅夹在食指与中指之间，无名指与小指弯曲，将两脚夹在掌面；团握法是指左手抓雏，雏背贴掌心，泄殖腔朝上，将雏团握在手中，雏的颈部和两脚任其自然伸展。

（2）排粪、翻肛。在翻肛前须排胎粪。其手法是左手拇指轻压雏鸡腹部左侧髋骨下缘，雏呼吸将粪便挤入排粪缸中。翻肛手法是左手拇指从前述排粪便的位置移至泄殖腔左侧，左手食指弯曲贴雏鸡背侧，与此同时右手食指放在泄殖腔右侧，右手拇指放在雏鸡脐带处。

右手拇指沿直线往上顶推，右手食指往下拉并向泄殖腔靠拢，左手拇指也往里收拢，三指在泄殖腔处形成小三角区，三指凑拢一挤，泄殖腔即翻开(见实训图1)。

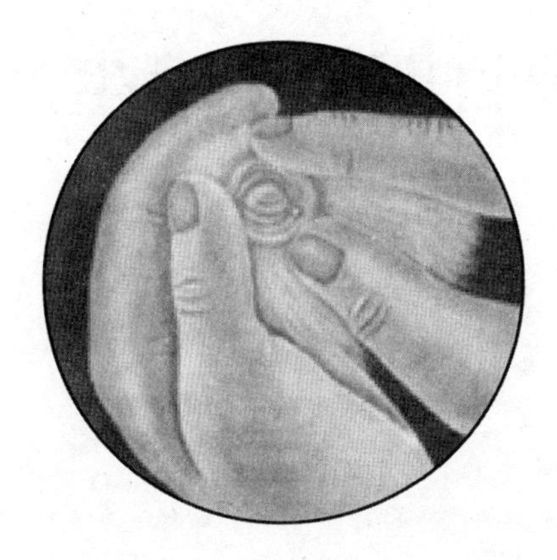

实训图1　雏鸡翻肛雌雄鉴别

(3)鉴别、放雏。根据生殖突起的有无和生殖隆起形态的差别，便可判断雌雄。如果有粪便或渗出物排出，可用左手拇指或右手食指抹去，再行观察。若一时难以分辨，也可用左手食指或右手食指触摸，观察生殖隆起充血和弹性程度分辨雌雄。

2. 注意事项

最适宜鉴别的时间是出雏后2～12h，最迟以不超24h为宜。

鉴别要领：正确掌握翻肛手法，不要人为造成隆起变形。把生殖突起与八字状襞作为一个整体来观察。此外，翻肛鉴别动作要轻捷。

⇨实训报告

同一只雏鸡按肛门鉴别法和伴性遗传鉴别法辨别公母，并将结果填入实训表2，然后将剖检的结果也填入下表。

实训表2　实验记录

鸡　号	肛门鉴别法	伴性遗传鉴别法	剖检法

项目四 蛋鸡生产

☞ **教学目标**

1. 了解雏鸡、育成鸡和产蛋鸡的生理特点。
2. 掌握雏鸡的培育技术。
3. 掌握育成鸡的饲养管理技术。
4. 掌握产蛋鸡的产蛋规律及饲养技术。

♠ **技能目标**

1. 能根据蛋鸡不同生理阶段的饲养要求,合理控制饲养环境。
2. 熟练掌握蛋鸡生产日常管理操作规程。

♣ **案例导入**

某商品蛋鸡养殖场,于3月12日购进8000羽雏鸡,在饲养不到40天的时间内,先后发生球虫病、传染性法氏囊病、鸡新城疫、啄羽、啄肛等疾病,死亡率达23%,考虑到对以后产蛋性能的影响,最终被淘汰。

另有一群产蛋鸡从开产到产蛋率达90%,所需时间达10周之多,高峰期(产蛋率90%以上)的维持时间不到2周产蛋率即开始下降,整个产蛋期的产蛋率比标准产蛋率低15%左右。请分析产生这种现象的原因并提出相应的有效措施。

任务4.1 育雏期的饲养管理

一、培育阶段的划分与培育目标

(一)培育阶段的划分

根据产蛋鸡的生长发育的规律及饲养管理上的特点,对后备母鸡的培育大致可分为育雏期与育成期两个阶段。从出壳后到离温前的幼雏需要人工给温阶段,称为育雏期(一般为0~7周龄)。从离温后养育到性成熟前的中雏(8~14周龄)和大雏(15~20周龄)阶段,称为育成期。

育雏期是蛋鸡生产中相当重要的基础阶段,育雏工作的好坏不仅直接影响雏鸡整个培育期的正常生长发育,也影响到产蛋期生产性能的发挥,对种鸡来说会影响种用价值以及种鸡群的更新和生产计划的完成。

(二)培育目标

育雏期的主要技术目标是确保饲料摄入量正常、雏鸡健康状态良好,使雏鸡尽快达到生长发育及体重标准，并认真执行断喙和免疫计划，做好环境卫生和防疫工作。

1. 后备母鸡健康

雏鸡未发生传染病，特别是烈性传染病，食欲正常，精神活泼，反应灵敏，羽毛紧凑而富有光泽。

2. 成活率高

先进的成活率水平是育雏的第一周死亡率不超过 0.5%，前三周不超过 1%；较高的水平是0～7 周龄死亡率不超过 2%。

3. 生长发育正常

在育雏期间，对照自己拟定的或者各个品种所规定的育雏方案所提供的信息，可以了解到育雏工作是否正确，并随时找出原因，纠正缺点，培养出生长正常的雏鸡，借助这些信息预测这批雏鸡将来的产蛋效果。

发育正常的雏鸡，体重符合标准，骨骼发育良好，胸骨平直而结实，跖骨的发育良好，8 周龄跖长通常为 76～80mm，羽毛丰满，肌肉发育良好，并且不带有多余的脂肪，生长速度能达到标准，而且全群具有良好的均匀度，理想的指标是 95%的雏鸡体重在平均体重正负两个标准差范围内（$X \pm 2S$）。

二、雏鸡的生理特点与习性

（一）体温调节功能差

雏鸡刚出壳时，体温调节功能很弱，不能适应外界环境的变化。雏鸡的正常体温要比成年鸡的体温低 2～3℃，4 日龄开始慢慢地均匀上升，到 10 日龄时才达到成年鸡的体温。到雏鸡 3 周龄左右，体温调节功能逐渐趋于完善，7～8 周龄以后才具有适应外界环境温度变化的能力。因此雏禽出壳后，在育雏开始时必须给予较高的温度。

（二）生长速度快，新陈代谢旺盛

雏禽早期生长速度快，体重的增加特别明显，如蛋用型雏鸡 2 周龄体重约为初生重的 2 倍，6 周龄为 10 倍，8 周龄为 15 倍。雏鸡代谢旺盛，心跳快，脉搏次数多，如雏鸡的脉搏次数为 250～350 次/min。安静时其耗氧量与排出二氧化碳量比一般家畜均高出一倍以上，所以必须满足营养需要，注意不断供给新鲜空气。

（三）羽毛生长快

雏鸡的羽毛生长特别快，在 3 周龄时羽毛为体重的 4%，到 4 周龄时达到 7%，其后基本保持不变。从孵出到 20 周龄羽毛要脱换 4 次，分别在 4～5 周龄、7～8 周龄、12～13 周龄和 18～20 周龄。羽毛中蛋白质含量为 80%～82%，为肉、蛋含量的 4～5 倍。因此，雏鸡对日粮中蛋白质（特别是含硫氨基酸）水平要求高，否则易出现啄羽现象。

（四）消化功能不完善，消化能力差

雏鸡出壳后，消化系统尚未发育健全，胃肠容积小，消化能力差。此时由于雏鸡新陈代谢旺盛且气体交换量增大，但对环境的适应能力差，因此在育雏期的开始就要注意以下几个方面：

（1）喂给易消化的饲料；

(2)供水要充足,不能断缺;

(3)禽舍空气要流通;

(4)地面要保持干燥,防湿、防霉变;

(5)饲养环境要安静,无噪声;

(6)防止蛇、鼠、猫、狗、鸟等动物侵入;

(7)防疫卫生设施要完备,加强消毒,预防疾病的发生。

三、育雏前的准备

育雏前要做好各项准备,如育雏方式的选择、育雏计划的制订、育雏人员的选择和培训、物质生产资料的准备等,同时还要做好消毒、维修和试温等工作。

(一)制订计划,选择季节

1. 育雏计划

育雏前必须有周密的育雏计划。育雏计划应包括饲养品种、育雏数量、进雏日期、饲料准备、免疫及预防投药等内容。育雏数量应按实际需要与饲养密度、设备条件等进行计算。进雏太多、饲养密度过大,都会影响鸡群发育。一般情况下,以种鸡和蛋鸡的需要量加上雏鸡育成期的死亡淘汰数,即为进雏数。

同时,进雏前还应确定育雏人员,育雏人员必须能吃苦耐劳、责任心强,最好有一定的育雏经验。

2. 育雏季节

在密闭式鸡舍内育雏,由于为育雏鸡创造了必要的环境条件,受季节影响小,可实行全年育雏。但开放式鸡舍因不能完全控制环境条件,受季节影响较大,应选择育雏季节。

春季育雏,气候干燥,阳光充足,温度适宜,雏鸡生长发育好。如种鸡和蛋鸡可以当年开产,产蛋量高,产蛋时间长。

秋季育雏,气候适宜,成活率高,但若选择在秋末育雏,则育成后期(冬至以后)因日照时间逐渐延长,会造成母鸡过早开产,影响产蛋量。

冬季育雏,气温低,特别是北方地区育雏需要供暖,成本高,且舍内外温差大,雏鸡成活率受影响。

夏季育雏,高温高湿,雏鸡易患病,成活率低。

可见,育雏最好避开夏冬季节,选择春秋季节育雏效果最好。

(二)供热方式

1. 电热育雏伞供热

这是平面育雏常采用的一种方法(见图 4-1-1)。电热育雏伞由热源和伞罩等组成。热源可为电热板、红外线灯管等,位于伞内罩的上部。伞罩可由金属板等材料制成,其功能是将热量集中向下辐射。它的优点是干净卫生,雏鸡可在伞下进出,寻找适宜的温度区域,但单独使用效果不太理想,且耗电较多。电热育雏伞一般离地面 10cm 左右,伞下所容雏鸡的数量可根据伞罩的直径大小而定(见表 4-1-1)。

表 4-1-1　电热育雏伞容纳雏鸡数

伞罩直径/cm	伞高/cm	15 天内容鸡数/只
100	55	300
130	60	400
150	70	500
180	80	600

使用育雏伞育雏时，要求室温达到 27℃左右。最初几天内，为防止雏鸡乱跑，应在伞外 100cm 处设置 60cm 高的护栏，2 周后可撤离。

2. 红外线灯供热

利用红外线灯作为热源，一般一盏 250W 红外线灯泡，可供 100～250 只雏鸡保温。悬挂在离地面 35～50cm 高处，实际高度可根据雏鸡日龄及气温高低调整，日龄小、气温低，可低一些；日龄大、气温高，可高一些。利用红外线灯育雏，温度稳定、室内干燥，但耗电多、成本高（见图 4-1-2）。

图 4-1-1　电热育雏伞供热

图 4-1-2　红外线灯供热

3. 煤饼炉和锯末炉供热

煤饼炉和锯末炉供热的优点是育雏效果好，操作方便、投资小、成本低、经济实用（见图 4-1-3、图 4-1-4）。但在实际生产中，由于火种在育雏舍内，因此需要防止火灾的发生。

图 4-1-3　煤饼炉供热

图 4-1-4　锯末炉供热

4. 火炕、地下火道

在我国北方寒冷地区，养殖户广泛使用火炕、地下火道，供暖效果理想。南方地区在多雨潮湿季节，用火炕或地下火道供热，其效果也不错(见图 4-1-5)。但由于其由地下供热，造成地面的绝大部分水分蒸发，因此育雏舍内湿度会明显增高而不利于鸡的生长发育，必须做好通风换气工作。

图 4-1-5　地上火龙供温

图 4-1-6　平面育雏

(三)育雏方式

人工育雏按其占用地面和空间的不同，分为平面育雏和立体育雏两种方式。

1. 平面育雏

平面育雏(见图 4-1-6)按舍内地面类型又可分为更换垫料育雏、厚垫料育雏和网上育雏三种形式。

(1)更换垫料育雏。一般把雏鸡养在铺有垫料的地面上，垫料厚 3～5cm，需经常更换垫料。

(2)厚垫料育雏。用厚垫料育雏可省去经常更换垫料的繁重劳动。由于厚垫料发酵产热，可提高室温；垫料内由于微生物活动，可产生维生素 B_{12}；雏鸡经常扒翻垫料，可以增加运动量、增强食欲、加强新陈代谢，促进其生长发育。垫料可用轧碎的秸秆，也可用刨花、木屑等。所用垫料要求质地良好，清洁、干燥，禁止用发霉、腐烂、冰冻或潮湿的垫料。育雏舍打扫清洁后，首先撒一层熟石灰，然后再铺上 5～6cm 厚的垫料，育雏约 2 周龄后，开始增铺新垫料，直至厚度达到 15～20cm 为止。垫料于育雏结束后一次性清除。

(2)网上育雏。网上育雏即将雏鸡养在离地面 50～60cm 高的铁丝网上，网眼为 1.25cm×1.25cm(见图 4-1-7)。此法的优点是可节省大量垫料，雏鸡不与粪便接触，减少了疾病传播的概率。由于雏禽不接触土壤，要求日粮中的微量元素必须完全，通风良好。其常用的加热方式有热水管、热气管或热风等。

2. 立体育雏

立体育雏即应用分层育雏笼来养育雏鸡(见图 4-1-8)。立体育雏比平面育雏能更经济有效地利用禽舍和热能，既有网上育雏的优点，雏鸡发育充分、整齐，还可提高劳动生产率；但需要一定的投资，对营养和管理技术要求高。分层育雏笼一般为 3～5 层，采用叠层式排列。笼内的热源可用电热丝或热水管来供给，室温一般采用水汀或热风供暖，热风则是由电热丝加热器通过通风机供给。

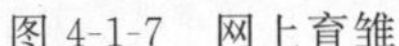
图 4-1-7　网上育雏

图 4-1-8　立体育雏

(四)育雏舍的准备

1. 育雏舍的准备

育雏舍应做到保温良好,不透风、不漏雨、不潮湿、无鼠害。通风设备运转良好,所有通风口设置防兽害的铁网。舍内照明要合理,不能有堵漏现象。供温系统要正常,地面饲养时要备好垫料。

2. 清洁与消毒

消毒前要彻底清扫育雏舍的地面、墙壁和天花板,然后洗刷地面、鸡笼和用具等。等晾干后,用 2%的火碱溶液喷洒。最后用高锰酸钾和福尔马林熏蒸,剂量为每立方米空间福尔马林 30mL、高锰酸钾 15g。熏蒸前关闭门窗,熏蒸 24h 以上,然后进行通风,排出余味。

3. 器具的准备

除育雏设备外,主要的育雏用具包括食具和饮具。要求:数量充足,保证使每只雏鸡都能同时进食和饮水;大小要适当,可根据日龄的大小及时更换,使之与雏鸡的大小相匹配;结构要合理,以减少饲料浪费,避免饲料和饮水被粪便和垫草污染。

(1)喂料器

在育雏的最初几天里,可自制简易喂料盘,也可用蛋托代替料盘,以后逐渐改为饲槽或料桶(见图 4-1-9)。

图 4-1-9　料桶与真空饮水器

①长槽式饲槽。常用的制作材料有镀锌板、硬塑料板或木板。各种材料制作的饲槽各有特点，镀锌板饲槽使用寿命长、易消毒，但造价高；硬塑料板饲槽价廉、消毒容易，但使用寿命短；木制饲槽价廉、制作方便，但不易消毒。饲槽的适宜规格如表 4-1-2 所示。

表 4-1-2　平养饲槽的适宜规格

日龄/天	长度/cm	槽高/cm	上宽/cm	下宽/cm	鸡数/只
1～15	70	2.5	6	3	40
15～30	90	4.5	7	3.5	40
30～45	110	5.5	9	5	40
45～60	120	7	12	6	30
60～90	125	8	14	8	30

②自流式喂料桶。这是一种使用方便的喂料器，它可以减少喂料次数，减少饲料抛撒量，可根据雏鸡的大小进行选购。

(2)饮水器

常用的饮水器有乳头饮水器、杯式饮水器等，一般育雏主要使用槽式饮水器或塔式真空饮水器。

①槽式饮水器。这种饮水器所用材料主要为硬塑料，槽切面成“V”形或“U”形。大小可随鸡日龄不同而变化。每只鸡应占有水槽位置为 2～2.5cm，幼雏用槽高 3～4cm、槽口宽 4～5cm。

②塔式真空饮水器。塔式真空饮水器多采用塑料制成，结构简单，笼养第一周和平养时使用较多。塔式真空饮水器由贮水器和盛水盘两部分组成，贮水器顶端为圆锥形，以防雏鸡飞落。下部有一直径约为 2cm 的出水孔。使用时将贮水器装满水，再将盛水盘翻转对准盖好，倒扣过来，水即从出水孔流入水盘。

4. 饲料、药品的准备

育雏前要按雏鸡日粮配方准备足够的饲料，特别是各种添加剂、矿物质、维生素和动物蛋白质饲料。常用的药品，如消毒药、抗生素等必须适当准备一些。

5. 育雏舍预温

育雏舍在进雏前 1～2 天应进行预温，预温的主要目的是使进雏时的温度相对稳定，同时也检验供温设施是否完好，这在冬季育雏时特别重要。预温也能够使舍内残留的福尔马林逸出。

四、雏鸡的挑选与运输

(一)初生雏鸡的挑选

主要根据雏鸡的出壳时间和“有膘、有毛、有神气”的形态长相进行挑选，通过观察、触摸、听的方法，可大致鉴别雏鸡的强弱和优劣。对于羽色杂乱，瞎、瘫、残、畸形等有残疾及过小过弱的雏鸡，均应剔除淘汰。健雏和弱雏的鉴别特征如表 4-1-3 所示。

表 4-1-3　健雏和弱雏的鉴别特征

鉴别说明	健雏特征	弱雏特征
出壳时间	多在孵化 20.5～21 天按时出壳	过弱雏鸡、人工辅助产出的雏鸡或过早产出的雏鸡
体　重	大小符合品种标准	过大或过轻
羽　色	整齐,符合品种要求	杂乱
绒毛整洁度	整齐清洁,富有光泽	蓬乱污秽,缺乏光泽,有时绒毛极短或缺少
活　力	活泼好动,眼大有神	精神萎靡,缩头闭目,脚干瘪
鸣　声	响亮,清脆	微弱或尖叫不休
反　应	听到动静后会整齐地发生反应并寻找声源	对刺激没有明显反应
感　触	有膘,饱满,温暖,挣扎有力	瘦弱,松软,较凉,挣扎无力
肛　门	干净	有时周围沾有黄白色稀便
腹　部	大小适中,平坦柔软,表明卵黄吸收良好	腹部膨大,突出,表明卵黄吸收不良
脐　部	脐部愈合良好,有绒毛覆盖,无出血痕迹	脐部愈合不良(有出血痕迹或周围潮湿有黏液),明显裸露

(二)雏鸡的运输

雏鸡最好能在 48h 内到达目的地。运输工具应有防暑降温的能力,防止雏鸡闷热;有条件的应用带空调的交通工具。雏盒本身有通风孔,箱内有隔板,装车时叠盒不超过 6 个,盒之间留有适当空隙。路途近的,中途不应休息,直接到达育雏舍;路途远的,中间可停车检查,上下调整雏盒。雏鸡张嘴,叫声嘈杂,是过热的表现,要注意通风散热,但不可让风直接吹到雏鸡身上。视情况,必要时中途停车给一次饮水。路程超过 48h 的,应考虑飞机运输。客户到机场、火车站接雏鸡时,办手续要快,搬运要轻,尤其是夏季天热的时候,不应将雏鸡放在停机坪、站台上暴晒。

五、育雏条件

在育雏期间必须满足雏禽对温度、湿度、通风换气、光照、密度、消毒与防疫、日粮与营养等条件的需要,为雏禽的生长发育创造良好的环境条件。

(一)温度

合适的温度是育雏的首要条件,也是育雏成功的关键。一般地,第 1 周采用 33～35℃高温,以后每周下降 2～3℃,到第 6 周左右环境温度在 20℃以上时,可降到室温或自然温度。在实际生产中,因管理方式、供暖方式、饲养密度及品种不同,所需育雏温度略有差别。

掌握好育雏温度的关键是看鸡施温,即根据鸡群的行为状态来调节育雏温度。当温度偏低时,雏鸡靠近热源,站立不卧、闭目无神、身体发抖、采食减少,不时发出尖锐的叫声,有时拥挤堆垛,以致踩压窒息死亡。若长期低温,则鸡群易发生上呼吸道感染、鸡白痢等疾病,死亡率增加。当温度偏高时,雏鸡远离热源、张翅伸颈、张口喘气、饮水频繁、采食减少。若长期高温，则鸡群生长缓慢，喙、爪及羽毛因失水而干燥，缺乏光泽。当温度适宜时，雏鸡活泼，食欲良好，生长正常，羽毛光亮，栖息时呈均匀分布。

雏鸡对冷暖的感觉比较灵敏，所以要注意防止温度忽高忽低。育雏前期一定要保持全过程的昼夜温度均衡，切忌温差过大。当育雏温度偏高时，不可突然大开门窗，使冷风猛吹，温度下降太快，而应适当打开门窗，让空气对流，逐渐降到所需温度。夜间、阴雨天，温度应高些；白天雏鸡活动量大、天气暖和，温度可低些。

(二)湿度

刚孵出的幼雏，体内含水量约为76%，在一般情况下相对湿度为60%。相对湿度不像温度那样要求严格，当湿度过大时，可能对雏鸡造成极大危害。如果孵化时出雏不齐，出雏时间延长，出雏后又不能尽快地转到育雏室，停留时间超过72h；或者在运输过程中出现温度过高，雏鸡又不能及时饮水，都可使雏鸡发生脱水。其症状表现为：绒毛发脆且大量脱落、脚趾干瘪、雏鸡食欲不振、饮水频繁、消化不良、体瘦弱。脱水雏鸡水分散发过快易患感冒，且不利于雏鸡体内剩余卵黄吸收及恢复正常体温，死亡率增加。湿度过高时，雏鸡羽毛污秽、零乱，食欲差、垫料湿，病原微生物易于繁殖，鸡群易患多种疾病。舍内适宜的相对湿度为50%～60%。笼养雏鸡由于不接触地面，舍内相对湿度为35%～75%，且对生长无明显影响。

(三)通风换气

雏鸡生长快，代谢旺盛，呼吸频繁，且高温、高湿的环境易使鸡粪便发酵产生氨气等废气。育雏期间必须注意通风换气。通风换气的目的，一是满足雏鸡对氧气的需要和调节体温；二是排除二氧化硫、硫化氢、氨气、水分及尘埃。雏鸡抵抗力低，应强调通风换气，处理好温度和通气量的关系，既要防止舍内热量的排出，又要保持舍内空气清新，以做到温度平稳、均匀为佳。

(四)光照

光照能使雏鸡尽早地适应环境，促进其采食、饮水和生长发育。由于在雏鸡阶段时性腺尚未发育，光照时间的长短对生殖系统影响不大。一般要求育雏前3天每天光照23h，夜间关灯1h，让雏鸡得到休息，适应黑暗环境；4日龄至育雏结束期间，可采用恒定10h的光照（密闭式鸡舍）或白天自然光照（开放性鸡舍），夜间增加光照半小时，同时喂料1次。光照强度第一周为4～4.5W/m^2，之后光照强度减为1.5W/m^2。要求光源保持等距离间隔，均匀分布，距地面2.5m。

(五)密度

密度是指每平方米饲养面积所养的鸡只数。适宜的密度有利于鸡只的采食、饮水和生长发育，所以要保持合理的饲养空间。密度过大，鸡群拥挤、采食不均，强者多食、弱者少食，造成前者超重、后者体轻衰弱，鸡群发育不齐，易患疾病和啄癖，死亡率增加；密度小虽有利于成活和雏鸡发育，但不利于保温。密度大小应随品种、日龄、饲养方式而调整，因此要根据禽舍构造、通风条件、饲养条件等具体情况而灵活掌握。

在注意密度的同时，应考虑禽群的大小，每群数量不宜过大。小群饲养效果好，但规模太小也不经济。例如，商品鸡一般采用1000～2500只大群饲养；种用雏鸡以小群饲养为好，通常每栏放置500～700只，实行公母分栏饲养。

(六)初饮与开食

1.雏鸡的初饮

雏鸡出壳后第一次饮水称为初饮。初饮一般越早越好，近距离一般在毛干后3h即可接到育雏舍给予饮水，远距离也应尽量在48h内饮上水。因雏鸡出壳后体内的水分大量消耗，据研究报道，出雏24h后体内的水分消耗8%，48h后消耗15%，所以雏鸡进入鸡舍后应及时先给饮水再开食。这样有利于促进肠道蠕动，吸收残留卵黄，排出粪便，增进食欲和饲料的消化吸收。初饮后无论如何都不能断水，在第一周内应给雏鸡饮用降至室温的开水，一周后可直接饮用自来水。

初饮时要注意的是，仅仅提供充足的饮水还不够，必须要让雏鸡迅速饮到水，所以在初饮后要仔细观察鸡群。若发现有些鸡没有靠上饮水器，就要增加饮水器的数量，并适当增大光照强度。初饮时的饮水，需要添加糖分、抗菌药物和多种维生素。糖分可用浓度为5%的葡萄糖，也可用浓度为8%的蔗糖。加糖能起到迅速补充能源的作用，有利于体力恢复，消除应激反应，并使开饲顺利进行。此外通过同时投给吸收利用良好的水溶性维生素，还能增强其抗病力。饮水时添加糖分、抗菌药物能提高雏鸡成活率，并促进其生长，但要注意不要影响饮水的适口性。

(1)饮水的调教。让雏鸡尽快学会喝水是必需的。调教的方法是：轻握住雏鸡，手心对着雏鸡背部，拇指和中指轻轻扣住颈部，食指轻按头部，将其喙部按入水盘，注意别让水没及鼻孔，然后迅速让鸡头抬起，雏鸡就会吞咽进入嘴内的水。如此做三四次，雏鸡就知道自己喝水了。一个笼内有几只雏鸡喝水后，其余的就会跟着迅速学会喝水。引导早饮水的最好方法是在雏鸡进舍放入笼中时，把每只雏鸡的嘴都放在水中蘸一下，这样雏鸡就能很快学会饮水了。

(2)饮水的温度。供雏鸡饮用的水应是18～20℃的温开水。因为低温凉水会诱发雏鸡拉稀，所以切莫用低温凉水。

(3)水盘的摆放。水盘要放在光线明亮之处，要和料盘交错安放。平面育雏时水盘和料盘的距离不要超过1m。

2.雏鸡的开食

第一次给初生雏鸡投喂料，即雏鸡的第一次吃食称为开食。

(1)开食的时间。在雏鸡初饮之后3h左右，即可第一次投料饲喂。开食不宜过早，因为此时雏鸡体内还有部分卵黄尚未被吸收，饲喂太早不利于卵黄的完全吸收。有人试验，雏鸡毛干后24h开食的死亡率最低，但开食也不能太晚，超过48h开食则明显消耗雏鸡体力，从而影响雏鸡的增重。

(2)开食时的饲料形态。开食用的饲料要新鲜，颗粒大小适中，最好用破碎的颗粒料，易于啄食，且营养丰富易消化。如果用全价粉料，则最好湿拌料。为防止尿酸盐沉积而造成糊肛，可在饲料的上面撒一层碎粒或小米(用温开水浸泡过更好)。

(3)开食的方法。将浅平料盘或报纸放在光线明亮的地方，再将料反复抛撒几次，雏鸡见到抛撒过来的饲料便会好奇地去啄食。只要有少量几只初生雏啄食饲料，其余的雏鸡很快就跟着采食了。头三天喂料次数要多些，一般为6～8次，以后逐渐减少，第6周时喂4次即可。食槽分布应均匀，和水槽间隔放置。平面育雏时，开头几天应将食槽放到离热源近些的地方，这样便于雏鸡取暖、采食和饮水。料盘、水盘的数量应根据鸡只数而定。笼养时，除笼内放料盘和饲料外，笼外的料槽中也放满饲料，便于雏鸡及早到笼外食槽中正规采食。

(七)消毒与防疫

1. 消毒

幼雏抗病力弱，为保证雏鸡健康成长，减少病原微生物的感染，除了给雏鸡提供适宜的生长条件外，还要认真搞好消毒防疫工作，消除病原微生物对雏鸡的危害。消毒包括进雏前与进雏后的鸡舍环境消毒。

(1)进雏前的舍内消毒

进雏前 2 周，对育雏舍及笼具要严格进行清扫，然后用高压水冲洗干净、晾干，再用火焰对地面、墙壁及舍内育雏设施进行灼烧消毒，并用石灰水对舍内墙壁进行刷洗，最后按每立方米空间 42mL 福尔马林溶液与 21g 高锰酸钾的剂量进行密闭熏蒸消毒，消毒后空闲 1 周。进雏前 3 天，打开鸡舍窗排除甲醛余气，待用。进雏前最好再用消毒药液进行一次喷雾消毒。

(2)进雏后的舍内消毒

进雏后每隔 3～5 天，用消毒液对鸡舍环境进行带鸡喷雾消毒。消毒时注意先把舍内的地面、墙角、粪盘等清扫干净，过 2～3h 后再对地面喷洒消毒剂，不留死角。对鸡舍外周每隔 10 天喷雾消毒一次，应选择 2～3 种新型高效且对鸡无刺激性的消毒药物交替使用。

2. 防疫

用生物制剂疫苗接种于鸡体内，激发机体产生各种特异性的抗体。当鸡只受到环境内病原的侵害时，某种特定的抗体就会将这些病原杀死，从而使鸡只不受感染。应按照不同种鸡场的免疫程序，结合本地疫病流行情况，进行细致、认真的防疫工作。

免疫程序是鸡场用于指导并实施免疫接种的一个科学规程。它对于保证鸡群健康，消除传染性疾病的威胁，提高鸡场的效益是很重要的。这是因为一个地区或一个鸡场的鸡群，可能发生多种传染病，而用来预防这些传染病的疫苗种类和性质又不相同，免疫期长短也不一样，而且鸡的品种和用途存在着差别，所以免疫接种也不能千篇一律。因此，需要根据各种疫苗的免疫特征和鸡的用途，合理制定预防接种的疫苗种类、次数和间隔时间，这就是通常所说的免疫程序。

免疫程序没有也不可能全国通用，也不应在一个鸡场内实行多年一贯制。要根据当地疫病流行情况、雏鸡母源抗体和成鸡抗体水平高低、免疫时间、免疫方法、疫苗种类、免疫次数、饲养管理方式、环境因素等实际情况制定，并随时加以调整，使之更符合实际。否则，机械照搬，连年不变，难免有时失误，引发疾病流行。产蛋鸡主要疫病的免疫程序如表 4-1-4 所示。

表 4-1-4　产蛋鸡主要疫病的免疫程序

日龄	疫苗	接种方法
1	马立克氏病疫苗	颈部皮下注射
5	新肾支冻干苗	滴眼鼻或饮水
12	弱毒力法氏囊苗	滴嘴或饮水
22	新城疫克隆 30 或 L 系	饮水
26	中等毒力法氏囊苗	饮水
32	支气管炎 H_{52} 苗	饮水
42	禽流感油苗	颈部皮下注射
	鸡痘弱毒苗	翅膀内侧刺种
60	新城疫 I 系苗	肌肉注射
105	支气管炎 H_{52} 苗	饮水
	新肾减三联苗	肌肉注射
110～120	禽流感油苗	肌肉注射
	鸡痘弱毒苗	翅膀内侧刺种

注:每隔 2 个月饮 1 次新城疫克隆 30 或 L 系;在喉气管炎易发区,分别在 35 日龄和 90 日龄接种喉气管炎疫苗。

六、断喙

(一)断喙目的

断喙是防止各种啄癖的发生和减少饲料浪费的有效措施之一。在育雏过程中,光线过强、密度较大、饲料营养不全或通风不良等都可能造成啄癖。啄癖包括啄羽、啄肛、啄蛋和啄趾等,轻者致伤残,重者可死亡。鸡采食时总是喜欢用喙啄食饲料,喙将不喜欢吃的东西剔除一旁,啄食喜爱的食物。在采食粉状的饲料时更是这样,以致一部分饲料被弄洒到地上,造成饲料的浪费。

放养鸡的断喙,首先应该是防止育雏期间啄癖的发生,减少饲料浪费,同时保证到鸡放养时,喙能完全恢复,鸡能正常啄食,以及销售时不影响其售价,因此,其断喙的方法与笼养鸡不同。

(二)断喙时间

放养鸡的雏鸡断喙一般在 9～12 日龄进行。此时对鸡的应激小,可节省人力,还可预防早期啄癖的发生。断喙时应选用特制的断喙器,而不能用剪刀、钳子等工具代替。

(三)断喙部位

放养鸡在雏鸡期断喙时,一般将上喙断去喙尖到鼻孔距离的 1/2,下喙断去喙尖到鼻孔距离的 1/3。

(四)断喙时的注意事项

(1)应选择适当的温度,刀片呈红色,约832℃。选择好喙洞的大小,在刀片下方有一块挡板,上方有三个小孔供任意选择,如在7~9日龄时断喙的肉用种鸡,应选择中间的小孔,其孔的直径为4.36mm,并要掌握好烧灼时间,一般为2.0~3.0秒钟。若灼烧时间过短,因烧灼太快则会导致切口没有完全止血,进而造成出血死亡;若烧灼时间过长,则会将切口以内的组织、血管烧死,形成疤痕,影响生长。

(2)掌握精确切除长度,应切去整个喙的1/2长度(见图4-1-10)。切时,下喙应稍长于上喙,上下切面差1/16,只要在切时将鸡头向下倾斜即可,但不能切成斜形。台式断喙器如图4-1-11所示。

(3)断喙时操作要正确,每分钟不得超过15只,每断3000只鸡要调换一次刀片,以保持刀刃锋利。

(4)为防止断喙带来的应激反应和出血,可在断喙当天的喂料中加入维生素K或多种维生素添加剂。

精确的断喙法有很多优点,但必须在雏鸡应激反应最小和最有效地利用劳动力的时间内进行,如果这一工作做得好是永远有效的,可以一直保持到放养出栏。

结束断喙后的连续几天内,应适当增加饲料喂用量,以减少应激反应和帮助雏鸡复原。

最后,为防止因鸡喙大量出血而死亡,可对已断喙鸡进行检查,发现喙上、头上、羽毛上有血以及嗉囊呈紫黑色的鸡应立即捉出重灼。

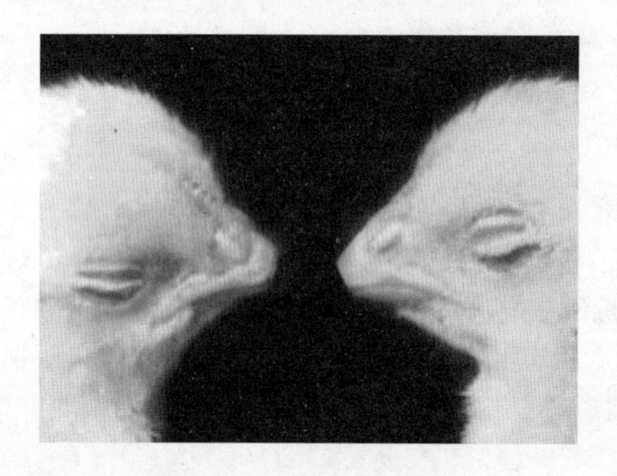

图4-1-10 断喙后的雏鸡

图4-1-11 台式断喙器

任务4.2 育成期的饲养管理

新育成的母鸡质量差,转入产蛋鸡舍时,会有较高的死亡率,产蛋率低、蛋重小、质量差,耗料也多。育成鸡质量好,体质健壮,进入产蛋鸡舍后,即使环境条件稍微差一些也可以耐受,而且能获得较好的产蛋成绩。因此,要想蛋鸡高产,必须重视育成鸡的培育。

一、育成鸡的生理特点

(一)各个器官发育趋于完成,功能日益健全

1. 体温调节功能

雏鸡达4～5周龄时,全身绒毛脱换为羽毛,并在8周龄时长齐以后,几经脱换最终长出成鸡羽,鸡体温调节功能逐步健全,使鸡对外界的温度变化适应能力增强。

2. 消化功能

随着雏龄的增加,消化器官特别是胃肠容积增大,各种消化液的分泌量增多,对饲料的利用能力增强。到育成期末,小母鸡对钙的利用和存留能力显著地增强。

3. 生殖功能

育成鸡在10～12周龄时,性腺开始活动并发育,之后发育很快,到16～17周龄时便接近成熟。但这时身体还未发育成熟,如果不采取适当措施,小母鸡便可能提早开产,而影响身体发育和以后产蛋。

4. 防御功能

育成期除了鸡体逐渐强壮和生理防御功能逐步增强外,最重要的是免疫器官也渐渐发育成熟,从而能够产生足够的免疫球蛋白,以抵抗病原微生物的侵袭。所以,育成期应根据鸡群状态和各种疫病流行情况,定期做好防疫接种工作。

(二)体重增长与骨骼发育处于旺盛时期

据研究,育成期鸡的绝对增重最快,如果将育成期体重的绝对增重定义为100%,那么育雏期则为80%,产蛋期仅为25%左右。尤其是褐壳蛋鸡育成期体重增长更快,13周龄后其脂肪沉积量增多,可引起肥胖,所以一般应在8周龄以后实行适当限饲。骨骼在此阶段发育也很快,到16～18周龄时,跖骨长度即达到成年标准,身体其他部位的骨骼也基本发育完成。

(三)群序等级的建立

养鸡实行群饲,在鸡群中,群序等级的建立是不可避免的,它是鸡群的一种正常行为表现,对鸡只正常生长发育也有一定影响。研究资料表明,鸡群在8～10周龄时开始出现群序等级,到临近性成熟时已基本形成群序等级。如果此期间经常变动鸡群,会打乱原群序等级并重新建立新群序,这会干扰鸡群的正常生长发育。鸡群中,位于群序等级末等的鸡只,会因饲槽、水槽使用不足以及休息和运动不好,从而导致鸡群发育不整齐。所以,育成期保持鸡群和环境相对稳定,供给足够的食槽、水槽以及适宜的空间显得非常重要。

二、育成鸡的培育目标

(一)体质发育良好

18周龄的育成鸡,要求健康无病,体重符合该品种的标准,肌肉发育良好,无多余脂肪,骨骼坚实,体质状况良好。

(二)鸡群生长的整齐度均匀

单纯以体重为指标不能准确反映问题,还要以骨骼发育水平为标准,具体可用跖长(跖

骨上关节到第三趾与第四趾间的垂直距离)来表示。总之,要注意保持体重、肌肉发育程度和肥度之间的适当比例。小体格肥鸡和大体形瘦鸡,是两种典型的体重合格但发育并不合理的类型,前者脂肪过多,体重达标而全身器官发育不良,必然是低产鸡;后者体形过大,肌肉发育不良,也很难成为高产鸡。

测定时要求体重、跖长在标准上下10%范围以内浮动,至少80%符合要求。体重、跖长一致的育成鸡群,成熟期比较一致,达50%产蛋率后迅速进入产蛋高峰,且持续时间长。

三、育成鸡的饲养管理

(一)日粮过渡

1.从育雏期到育成期,饲料更换是一个很大的转折

5周龄或7周龄的第1～2天,用2/3的育雏料和1/3的育成料混合喂给;第3～4天,用1/2的育雏料和1/2的育成料混合喂给;第5～6天,用1/3的育雏料和2/3的育成料混合喂给;之后,全部用育成期饲料喂给。

2.饲料更换以体重和跖长指标为准

也就是说,在6周龄末,分别检查雏鸡的体重及跖长是否达到标准(没有跖长标准的品种,可参考同类型的鸡),若符合标准,7周龄以后开始更换饲料;若达不到标准,可继续饲喂育雏料,直到达标为止。对于一些体重及跖长经常达不到指标的鸡,要查明原因,排除疾病。

(二)限制饲养

鸡在育成期时为避免因采食过多,造成产蛋鸡体重过大或过肥,在此期间对日粮实行必要的数量限制,或在能量或蛋白质质量上给予限制,这一饲喂技术称为限制饲养。

1.限制饲养的目的

(1)防止育成鸡吃过多的饲料。一般地,蛋用型鸡可节约7%～8%饲料,中型育成蛋鸡可节约10%～15%饲料。

(2)控制体重增长,维持标准体重。限制饲养通常在8周龄时开始。

(3)保证正常的体脂肪积蓄。8周龄的雏鸡大约有4%的体脂肪,此后鸡的脂肪也不允许低于总体重的4%,这个含量大概对于保护组织和器官是必需的。白来航育成鸡的腹脂是在8～18周龄时沉积的,此期间通过限饲的新母鸡能控制腹脂的适当厚度,约为自由采食新母鸡的一半,而且可使整个产蛋期始终保持这个水平,有利于维持产蛋持久性。

(4)育成健康结实、发育匀称的育成鸡。在跖长、体重双重指标监控下,随时调整限饲日粮的营养水平和饲喂量,使育成鸡的生长发育朝着预期的方向发展。跖长只要符合规定标准,就说明骨骼发育正常;在匀称的骨骼基础上,体重适宜,可以说明软组织生长的主要内容是肌肉和脏器。这两个指标在很大程度上保证了育成鸡健康结实、发育匀称。

(5)防止早熟,提高生产性能。体重过轻或过重、早熟或延迟成熟的鸡群,产蛋量都不会达到标准水平。一般地,限饲可使性成熟推迟5～10天,迟产的鸡可减少产蛋初期小蛋的数量。

(6)减少产蛋期间的死淘率。限制饲养虽然在生长期死淘率较高,但在产蛋期死淘率则较低。其原因是一些未被发现的病弱鸡在生长期间因不能耐受限制饲养而死亡。

2. 限制饲养的方法

通过不同的饲养方式控制鸡群体重增长，维持标准体重，防止早熟，以提高生产性能。目前，对蛋鸡的限制饲养多采用限量法。

(1)限质法。限质法即限制饲料的营养水平。一般采用降低能量、蛋白质含量以及赖氨酸的含量等方法，达到限制鸡群生长发育的目的。而其他的营养成分，如维生素、常量元素和微量元素则应充分供给，以满足鸡体生长和各种器官发育的需要。

(2)限量法。限量法即规定鸡群每天、每星期或某个阶段的饲料用量。商品蛋用鸡一般按自由采食量的90%计算供给，肉用种鸡一般按自由采食量的60%～80%计算供给。采用这种方法，必须先掌握鸡的正常采食量，因每天的喂料总量随鸡群日龄而变化，故要正确称量饲料。

(3)限时法。限时法主要是通过控制鸡的采食时间来控制采食量，以达到控制体重和性成熟的目的。主要方法有：①每日限饲法，即每日喂给一定量的饲料，或规定饲喂次数和每次采食的时间。这种方法对鸡的应激较小。②隔日限饲法，即喂1天、停1天，把2天限喂的饲料量在1天中喂给。此法是较好的限喂方法，它可以降低竞争料槽的影响，从而得到符合目标体重且一致性较高的群体。1次喂给2天的限喂量，无论是霸道鸡还是胆小鸡都有机会吃到饲料。③"5-2"限饲法，即每星期喂5天、停2天，一般是星期日、星期三停喂。喂料日的喂料量是将1星期中限喂的饲料量均衡地分作5天喂给(即将1天的限喂量乘7再除以5)。

这些限饲方式都将引起应激反应，但其激烈程度不同。一般认为隔日限饲法的应激程度最激烈，以其为100%计，则"5-2"限饲法为70.0%，而每日限饲法的应激程度仅为50.0%。高强度的限饲方式只有在非常必要的阶段才施行。

3. 限制饲养时的注意事项

(1)正确执行限饲方案。根据蛋用品系的发育标准、出雏日期、鸡舍类型及鸡场内饲料条件等，有针对性地制定出限饲计划，同时还必须正确、严格地执行方能收效。每周龄的鸡群数要清点无误，每次给料量要称量准确。料位、水位必须充足，料厚度要均匀，让鸡群在相同时间内采食饲料。采用自动喂料器时，要防止靠近料斗的鸡首先吃料、吃到过多的饲料，而鸡舍尽头的鸡吃料太少。

(2)预防应激反应。在鸡群因防疫注射、转群、运输、断喙、疾病、高温、低温等逆境而发生应激反应时，必须通过改变饲养方案予以补偿，恢复正常后再行限饲。

(3)限制饲养的标准。要求采用限制饲养方式的鸡群比不限制的鸡群平均体重减少10%～20%，如体重减轻至30%及以上，就会使之后的产蛋量减少、死亡率增高。

(4)不可盲目限饲。鸡的饲料条件不好，后备鸡体重减轻，不可进行限制饲喂。我国目前饲养的蛋鸡多为体形较小的早熟高产蛋鸡，在鸡生长及产蛋阶段日粮中很少添加脂肪，因此能量水平低于国外标准，开产体重轻。在这种情况下，不要过于强调限饲，以达到体重标准为目的。

四、体重与均匀度的测定

(一)体重测定

轻型鸡要求从6周龄开始每隔1周称重一次;重型鸡从4周龄后每隔1周称重一次,以便及时调整饲养管理措施。

(1)称测体重数量。称测体重的数量,万只鸡按1%比例抽样;小群鸡按5%比例抽样,但不能少于50只。

(2)抽样方法。采用“五点法”,即在一群鸡中的四个角和中心五个位置用铁丝网围大约需要的鸡数,并将伤残鸡剔除,剩余的鸡逐个称重登记,以保证抽样鸡的代表性。对于笼养鸡,为保证抽样鸡的代表性,要在鸡舍内不同区域进行抽样,但不能仅取相同层次笼的鸡。因为不同层次笼的环境不同,鸡的体重也会有差异,所以每层笼的取样数量也要相等。体重测定要安排在相同的时间内完成。

(二)均匀度测定

鸡群的均匀度是指群体中体重落入平均体重±10%范围内鸡所占的百分比。例如,某鸡群10周龄平均体重为760g,超过或低于平均体重±10%范围是:

760+(760×10%)=836(g)

760-(760×10%)=684(g)

在5000只鸡群中抽样5%的250只鸡中,体重在±10%范围内(836~684g)的有198只,占称重总鸡数的百分比=198/250=79.2%。抽样结果表明,这群鸡的均匀度为79.2%。

均匀度在70%~76%时为“合格”,77%~83%为“较好”,84%~90%为“很好”。

必须强调,在评价育成鸡群体的优劣性时,重要的是全群鸡必须均匀一致。但是,均匀度必须建立在标准体重范围内,脱离了标准体重来谈均匀度是无意义的。一个良好的育成鸡群不仅体重符合标准,且均匀度高。

在鸡群密度大、过于拥挤、喂料不均匀或不按标准饲喂、断喙不正确、每个笼或栏内饲养鸡的数量不一致以及疾病感染时,体重与均匀度均会受到不同程度的影响。

五、育成鸡的日常管理

(一)饲养密度

育成鸡无论是平养还是笼养,只有保持适宜的密度,才能使个体发育均匀。适当的密度不仅增加了鸡的运动机会,还可以促进育成鸡骨骼、肌肉和内部器官的发育,从而增强体质。网上平养时的饲养密度通常为10~12只/m^2,在育成期的前几周为12只/m^2,后几周为10只/m^2。在笼养条件下,按笼底面积计算,比较适宜的密度为15~16只/m^2。

(二)饲喂设备

针对育成鸡不同的饲养方式,需要采取不同的管理措施。鸡舍面积和料槽、水槽都要以性成熟时的需要为准。育成期料槽位置每只鸡为8cm或4.5cm以上的圆形食盘,以防因采食位置不当而造成抢食和出现拥挤、践踏现象。饮水器则每只2cm以上即可。

(三)通风

育成鸡的环境适应能力比雏鸡强,但是育成鸡的采食量增加,呼吸和排粪量相应增多,舍内空气很容易污浊。若通风不良,则鸡羽毛生长不良,生长发育减慢,整齐度差,饲料利用率下降,容易诱发疾病。

(四)预防啄癖

防治啄癖也是育成鸡管理的一个重点。防治的方法不能单纯依靠断喙,应当配合改善室内环境,降低饲养密度,改进日粮。在体重、采食量正常的情况下,如槽中无料,也可考虑适当缩短光照时间等,防止啄癖产生。

(五)添喂沙砾

在饲料中添喂沙砾,是为了提高鸡胃肠的消化功能,改善饲料利用率。若育成期日粮中的能量与蛋白质在肌胃中停留过久,会对肌胃的胃壁产生一定的腐蚀作用,沙砾能加速饲料在肌胃中通过的速度,减少腐蚀性,保护肌胃健康。添喂沙砾还可以防止育成鸡因肌胃中缺乏沙砾而吞食垫料、羽毛,特别是吞入碎玻璃,对肌胃造成创伤。

添喂沙砾时要注意添加量的粒度。每 1000 羽育成鸡,5～8 周龄一次饲喂量 4.5kg,能通过 1mm 筛孔;9～12 周龄一次饲喂量 9.0kg,能通过 3mm 筛孔;13～20 周龄一次饲喂量 1.1kg,能通过 3mm 筛孔。沙砾除可拌入日粮外,也可单独放在砂槽内任鸡自由采食。沙砾要求清洁卫生,添喂之前用清水冲洗干净,再用 0.01%高锰酸钾溶液消毒。

(六)卫生与免疫

疫苗接种方案应在育雏之前制定好。疫苗接种方案由专家制定,因时、因地区、因不同季节、因不同批次的鸡群而异。应严格遵守程序,认真、正确接种。大多数免疫失败不在于免疫方案的失误,而在于管理上的失误,如疫苗陈旧、保存不当、使用不正确等。育成期内免疫任务最重,注射疫苗工作量大,要保质保量。应用药物和疫苗必须认真核对品名和剂量。以饮水方式给药的疫苗,要先断水 2～4h,根据日饮水量,控制加疫苗的适当用水量,既要保证饮水充足,又要防止加水太多,不能在规定时间内饮完而使疫苗失效。

任务 4.3　产蛋期的饲养管理

产蛋期一般是指 21～72 周龄。此阶段的主要任务是最大限度地减少或消除各种不利因素对蛋鸡的有害影响,创造一个有益于蛋鸡健康和产蛋的最佳环境,使鸡群充分发挥生产性能,以最少的投入换取最多的产品,从而获得最佳经济效益。

一、产蛋鸡的生理特点

(一)开产后母鸡身体尚在发育

刚进入产蛋期的母鸡,虽然性已成熟,开始产蛋,但身体还没有发育完全,体重仍在继续增长,开产后 20 周,约达 40 周龄时生长发育基本停止,体重增长极少,40 周龄后体重增加的多为脂肪。

(二)产蛋鸡富于神经质,对于环境变化非常敏感

母鸡产蛋期间,饲料配方变化,饲喂设备改换,环境温度、湿度、通风、光照、密度的改变,饲养人员和日常管理程序等的变换以及其他应激因素等,都会对产蛋产生不良影响,从而影响鸡的生产潜力的充分发挥。

(三)不同周龄产蛋鸡对营养物质利用率不同

母鸡刚达性成熟时(蛋用鸡通常在16～17周龄),成熟的卵巢释放雌性激素,使母鸡的"贮钙"能力显著增强。从开产到产蛋高峰期,鸡对营养物质的消化吸收能力很强,采食量持续增加;到产蛋后期,其消化吸收能力减弱,而脂肪沉积能力增强。

(四)换羽的特征

母鸡经一个产蛋期以后,便自然换羽。从换羽到新羽长齐,一般需要2～4个月的时间。换羽期间因卵巢功能减退,雌激素分泌减少而停止产蛋。换羽后的鸡又开始产蛋,但产蛋率较第一个产蛋年降低10%～15%,蛋重提高6%～7%,饲料利用率降低12%左右,产蛋持续时间缩短,仅为34周左右,但抗病力增强。

二、产蛋前的准备

商品蛋鸡的饲养方式主要有平养和笼养两种,平养是传统饲养方式,目前主要采用笼养方式。饲养密度和饲养方式相关,不同的饲养方式其单位建筑面积的养鸡数不同,平养的饲养密度最小,笼养最大(见表4-3-1)。

表4-3-1 商品蛋鸡不同饲养方式的饲养密度 (单位:只/m^2)

蛋鸡类型	地面平养	网上平养	地网混养	笼养
轻型蛋鸡	6.3	11.0	7.2	26.3
中型蛋鸡	5.4	8.5	6.3	20.8

饲养密度与鸡的生产性能呈负相关,密度越大单产相对越低,死淘率高,饲料利用率低。应根据整体规模、充分利用建筑面积等诸多因素进行综合分析,从而确定合理的饲养密度。

(一)鸡舍的整理与消毒

当产蛋鸡即将达到性成熟而由育成鸡舍转入产蛋鸡舍时,必须对鸡舍及设备进行彻底清洗和消毒。若供水、供电、通风设施,鸡舍的防雨、保暖设施有问题,应及时维修,同时填堵鼠洞,并及时安装好门窗和玻璃。在鸡舍最后一次消毒前应对供水、供料、供电、刮粪系统进行检查并试运行,工作状态正常后才能进行鸡舍的最后一次消毒。产蛋鸡舍的清理和消毒,可按如下程序进行。

1. 喷洒消毒

当上一批产蛋鸡淘汰后,在打扫和清理之前需进行预备消毒。用普通消毒剂(如有机氯消毒剂、百毒杀、碘伏、过氧乙酸等)对舍内进行喷雾消毒,使舍内环境潮湿,以防清扫时尘埃飞扬。

2.清理物资

移出用具，拆掉棚架，并将产蛋箱、饮水用具、供料用具(机械供料除外)、清粪用具等搬出舍外在指定地点进行冲刷、晾晒、消毒。

3.鸡舍清扫

先清理舍内粪便，然后再彻底清扫鸡舍，包括顶棚、死角、鸡笼、鸡架、鸡舍四壁和地面等。

4.冲洗

鸡舍清扫完毕后，用高压水枪对鸡舍顶棚、死角、鸡笼、鸡网架、地面等进行彻底冲刷，使鸡舍内不得存有灰尘、蜘蛛网等。鸡笼、鸡网架的底面不得残存鸡粪，使舍内真正达到清洁。

5.火焰消毒

用火焰喷灯或其他火具将舍内所有表面喷烧一遍(对于塑料用具或木制器具应注意防火和保护)，以达到表面灭菌的目的。

6.设备复位

将移出后经清洗和消毒过的料桶、料槽、饮水器等用具重新搬至舍内，并安装调试正常。地面平养时，需铺好垫料。

7.喷洒消毒

当舍内温度达到25℃以上、相对湿度60%以上时，封闭好门窗和通风孔，用烈性消毒药剂进行喷洒消毒。烈性消毒药品可选用2%～3%的火碱溶液(对金属制品不能使用)、甲醛溶液(用水1∶1稀释后直接喷洒)、10%的石灰水等。喷洒的程序是地面→顶棚→墙壁→鸡笼(或棚架)及设备地面。喷洒消毒必须坚持消毒→干燥鸡舍→再消毒→再干燥鸡舍的步骤，以保证取得较好的效果。

8.熏蒸消毒

当上述工作完成后，将鸡舍门窗、通风孔封闭，使舍内温度达到25℃以上、相对湿度60%以上，用甲醛和高锰酸钾(每立方米空间用30mL甲醛、15g高锰酸钾)熏蒸24h，待进鸡前3天打开所有门窗通风，散发气味。

(二)整顿鸡群

鸡群在转群上笼或转入其他饲养方式的产蛋鸡舍之前要进行整顿，严格淘汰病、残、弱、瘦、小的不良个体。在转群前需对全群鸡进行驱虫，主要驱除肠道线虫。针对育成鸡的发病历史，全群投药1～2次，疗程3～5天，进行鸡体净化。经过整顿后，白壳蛋系的母鸡体重为1.2～1.3kg，褐壳蛋系的母鸡体重为1.4～1.5kg(注:不同品种有各自的体重标准)，使鸡群健康一致，有一个理想的体重和体形。

(三)转群

后备蛋鸡由育成舍转入产蛋鸡舍称为转群。对大型蛋鸡场来说，这是一项任务重、时间紧、用人多的突击性工作，需要周密筹划和全面安排。为了便于管理，同时也为了利于控制全场疾病，提高经济效益，最好实现全进全出制。

1.转群时间的选择

转群时间一般按照生产计划而定。一般在18周龄时转群，晚的也可在20周龄，最迟不要超过21周龄。过早的转群对鸡的生长发育不利，且易出现提前开产的现象，使开产后的蛋重、高峰期的产蛋率受到影响；同时鸡个体太小，能从笼中或网孔钻出，给管理带来不便；提早转笼时，饮水和采食都较困难。晚于21周龄转群，由于部分鸡已经临近开产，转群过晚会影响正常产蛋，不能按时达到应有的产蛋高峰；由于抓鸡和运输而造成的应激反应，会使已开产的母鸡中途停产，有些甚至会造成卵黄落入腹腔而导致卵黄性腹膜炎，增加死亡率，整个产蛋期的产蛋量也会受到影响。

转群的具体时间要安排在气候适宜的天气进行，避开阴雨天气。若在炎热季节转群，最好选择在夜间进行，夜间易抓鸡，可避免惊群，减少应激反应。

2.后备蛋鸡转群前的饲养管理

在转群前两天，为了加强鸡体的抗应激能力、促进因抓鸡及运输所导致的鸡体损伤的恢复，应在饲料或饮水中添加抗生素、双倍的多种维生素及电解质，如维生素C、速补-14等。转群当日连续24h光照并停料供水4～6h，待将剩余的饲料吃净或剩余不多时再转出。

3.转群时的组织工作

转群工作量大，时间紧，应组织好人力，提前做好安排。一般可将人力可分为三组，各组要配合好，轻拿、轻放，防止运输过程中压死、闷死鸡只。

4.转群后的饲养管理

刚转群时要注意观察鸡群的动态，鸡可能会拉白色稀粪，但通常两天后即可转为正常。转群后立即使鸡饮水、采食，并在饲料或水中添加双倍的维生素和适当的抗生素，持续喂给2～3天。当鸡群经过一周左右的适应后，要依次采取断喙(主要是修剪)、预防注射、换料、补充光照等措施。切忌在转群的过程中进行上述工作，以免增加更多的应激反应。

(四)开产前的饲养管理要点

开产前后是指开产的前几周到约有80%的鸡开产这段时间。从开产到产蛋高峰，母鸡的生理变化很大。这种变化除了来源于外界的转群、饲养环境与饲养方式的改变而造成的应激反应外，还来源于自身的生理刺激，主要有生殖系统的发育、性激素的刺激、体内肝脏的增大、髓骨的形成等。为了适应鸡体的生理变化，配合鸡群向产蛋期转换，应采取以下饲养管理措施。

1.适宜的体重标准

育成后期18周龄时要测定鸡群的体重，并与鸡种的标准体重相对照。若达不到标准，原为限制饲养的应转为自由采食，并提高日粮的蛋白质和能量水平。补充光照也应与体重相适应，达到标准体重后再进行补充。到育成后期开产时，鸡群的均匀度在95%以上，开产后能很快达到高峰，产蛋上升期很短，全期的产蛋量也较高。

2.饲喂

高产蛋鸡对营养要求极高。除按鸡种的不同供给不同营养水平的全价日粮外，还要满足其自身的营养需要。所以从鸡群开始产蛋之时起，应让母鸡自由采食，不得限饲，一直到产蛋高峰过后2周为止。

3.补充光照

若在18周龄时抽检体重达到品种标准，则应在18周龄或20周龄开始补充光照；若在20周龄时仍达不到标准体重，则可将补光时间推迟一周。补光的幅度一般为每周增加

0.5～1h,直至增加到16h。

4. 更换日粮

由育成期饲料改换成产蛋期饲料,当鸡群产蛋率达5%时,再换成产蛋日粮,一般在18～19周龄更换。更换方法:一是设计一个开产前的饲料配方,含钙量在2%左右,其他营养水平同产蛋期;二是产蛋鸡饲料按1/3、1/2等比例逐渐替换育成鸡日粮,直到全部改换为产蛋鸡日粮。

三、产蛋鸡的饲养

(一)疾病净化

鸡群开产之前必须投药1～2次,进行疾病净化,使开产鸡群健康无病。若出现新城疫抗体效价不高或不均匀现象,应立即注射一次油剂灭活苗或饮一次弱毒苗。在整个产蛋期,每3～4周进行药物预防一次。

产收高峰期,鸡体代谢旺盛,所摄入的营养物质主要用于产蛋。因此,抵抗力较弱,除了做好药物预防之外,还需定期进行带鸡消毒。

(二)饲喂与饮水

蛋鸡产蛋高,需较多的钙质饲料,一般在下午5点钟补喂大颗粒(颗粒直径3～5mm)的贝壳粉,每1000只鸡喂3～5kg。将微量元素用量增加1倍,对增强蛋壳强度、降低蛋壳破损率效果较好。实践证明,蛋鸡日粮中钙源饲料采用1/3贝壳粉、2/3石粉混合应用的方式,对蛋壳质量有较大的提高作用。

产蛋鸡食物在消化道中的排空速度很快,仅4h就排空一次。因此,产前与熄灯前喂足料非常重要。一般,早晨5:00—7:00必须喂足料,以便使鸡开产有足够体力;晚间熄灯前需补喂1～1.5h料,以便为鸡夜间形成鸡蛋提供充足的营养。整个产蛋期以自由采食为宜,但每次喂料不宜过多,日喂2次,夜间熄灯前无剩余饲料。

由于蛋鸡摄入高能量、高蛋白质日粮,代谢强度大,因此饮水量较大,一般是采食量的2～2.5倍,饮水不足会造成产蛋率急剧下降。在产蛋及熄灯之前各有一次饮水高峰,尤其是熄灯之前的饮水与喂料往往被忽视。夏天饮用凉水,有利于产蛋,应注意加强水塔、水箱中水的循环。

(三)阶段饲养

蛋鸡产蛋期间的阶段饲养是指根据鸡群的产蛋率和周龄将产蛋期分为几个阶段,并根据环境温度喂给不同营养水平的日粮,这种既满足营养需要,又不浪费饲料的方法称为阶段饲养法。阶段饲养在不同的情况下有不同的含义,这里主要指产蛋阶段饲料蛋白质和能量水平的调节,以便更准确地满足蛋鸡不同产蛋期的蛋白质、能量需要量,以降低饲料成本。阶段饲养分为三阶段饲养法和两阶段饲养法两种。

1. 三阶段饲养法

三阶段饲养法即将产蛋阶段分为产蛋前期、中期、后期,或产蛋率80%及以上、70%～80%、70%及以下三个阶段,针对不同阶段采取不同的饲养方法。第一阶段是产蛋率80%及以上时期(多数是自开产至40周龄)。若育成阶段发育良好,均匀度高,光照适时,一般在20

周龄开产，26～28 周龄达产蛋高峰，产蛋率为 95%左右。到 40 周龄时产蛋率也能维持在 80%以上，蛋重由开始的 40g 左右增至 56g 以上。实践证明，产蛋率 50%的日龄以 160～170 天为宜，这样的鸡初产蛋重较大，蛋重上升快，高峰期峰值高，持续时间也长。若在一群鸡中，有些开产早、有些晚，此鸡群不会有很高的产蛋高峰出现。可通过控制光照、限饲等使鸡群开产同步。开产后喂高能量、高蛋白质水平且富含矿物质和维生素的日粮，可以使鸡只在满足自身体重的基础上使产蛋率迅速达到高峰，并维持较长时间。此阶段的日粮可控制在每天每只鸡采食 18～19g 粗蛋白质，能量为 1263.6kJ 左右。

产蛋前期的母鸡除了应注意刚转群时的饲养管理外，还应特别注意因繁殖功能旺盛、代谢强度大、产蛋率和自身体重均增加，而出现抵抗力较差的特点，应加强卫生和防疫工作。

第二、三阶段分别为产蛋率 70%～80%和 70%及以下时期（多在 40～60 周龄和 60 周龄以后）。此时期母鸡的体重几乎不再增加，而且产蛋率开始下降，只是蛋重有所增加，故此时的饲养管理应使产蛋率缓慢和平稳地下降，应降低日粮的营养水平，粗蛋白质的采食量应控制在16～17g 和 15～16g。只要日粮中各种氨基酸平衡，粗蛋白质降低 1%对鸡的产蛋性能不致有影响。

2. 两阶段饲养法

两阶段饲养法将产蛋阶段分为两个阶段来饲养，即从开产至 42 周龄为前期，42 周龄以后为后期（见表 4-3-2）。

表 4-3-2　两阶段饲养日粮能量与蛋白质含量的关系

代谢能/(MJ/kg)	产蛋前期蛋白质含量/%		产蛋后期蛋白质含量/%	
	普通气温	炎热气温	普通气温	炎热气温
11.05	14.2	16.3	13.2	14.6
11.51	15.3	17.0	13.8	15.2
11.97	15.9	17.7	14.2	15.8
12.49	16.6	18.4	14.9	16.5
12.89	17.2	19.1	15.4	17.1
13.35	17.8	19.7	16.0	17.7

（四）产蛋前期短期饲养

性器官功能受神经、体液调节。刚开产的鸡排卵速度与输卵管功能不协调，这是畸形蛋、过大过小蛋、双黄蛋及腹腔蛋较多的生理原因。为了减少不合格蛋，避免脱肛现象，缩短达到高峰产蛋率的时间，可以采取如下两种方法。

1. 短期限饲法

在产蛋率小于 30%时，用小于 $2W/m^2$ 的暗光，按标准喂料 75%投放含钙量 2%的蛋鸡料，持续两周，一旦恢复正常投料和光照强度，鸡群产蛋率上升速度和合格蛋率会明显增加。

2. 短期停饲法

在产蛋率达 10%时，让鸡停饲 5 天，不停水。通常这种方法可使产蛋前期的平均蛋重提高 0.7～1.5g。但这种方法只适用于健康状况良好的鸡群。

(五)产蛋期的限饲

所谓产蛋期间的限饲技术，其具体方法是使每 100 只鸡的日饲喂量减少 227g，连续 3～4 天。若产蛋量的降低属于正常范围，而并没因饲料的减少使产蛋量降得更多，则应持续数天这一给料量，然后再一次尝试类似的减量。若产蛋量下降异常，就应将喂料量恢复到前一个水平。另外，当鸡群有应激状态出现时不应减量。

通常状态下，限饲时减少的饲喂量不应超过同龄自由采食鸡日耗量的 8%～9%，即限饲时喂料量相当于正常鸡采食量的 91%～92%。

(六)产蛋后期防止早衰

产蛋后期控制体重和抗衰老是减少产蛋率下降的有效方法。蛋鸡体重的增长终点在 36 周龄，产蛋率生理下降的起点在 40 周龄，36～42 周龄若继续增重，鸡体脂肪增加，将影响产蛋率，产蛋率下降速度加快。实践证明，40～54 周龄体重增加小于 50g 的群体，55 周龄时产蛋率高达 80%，受精率和孵化率比常规增加 2%。因此，产蛋后期应严格按标准饲喂，同时将日粮蛋白质逐渐降低 0.5%～1.5%，并增加氨基酸、维生素和钙的用量。同时还应注意补充氯化胆碱、乳酶生、腐殖酸钠和益生素等，尽量减少脂肪的沉积。后期每两周抽样称重一次，了解鸡群的体况变化。

四、产蛋鸡的管理

(一)产蛋鸡的环境管理

1.温度管理

温度对鸡的生长、产蛋、蛋重、蛋壳品质以及饲料利用率都有明显影响。鸡因无汗腺，通过蒸发散发热量有限，只有依靠呼吸散热。所以，高温对鸡极为不利，当环境温度高于 37.8℃时，鸡有发生热衰竭的危险，超过 40℃，鸡很难成活。由于成年鸡有厚实的羽毛，皮下脂肪也会形成良好的隔热层，所以它能忍受较低的温度。

产蛋鸡适宜的环境温度为 5～28℃，产蛋最适宜温度为 13～24℃，13～16℃产蛋率较高，15.5～20℃饲料利用率最高。

2.湿度管理

一般情况下，湿度对鸡的影响与温度共同发生作用，表现在高温或低温时，高湿度的影响最大。在高温高湿环境中，鸡采食量减少，饮水量增加，生产水平下降，鸡体难以耐受，且易使病原微生物繁殖，导致鸡群发病。在低温高湿环境中，鸡体热量损失较多，加剧了低温对鸡体的刺激，易使鸡体受凉，用于维持鸡群正常生活所需要的饲料消耗也会增加。

产蛋鸡在适宜的温度范围内，鸡体能适应的相对湿度为 40%～72%，最佳相对湿度应为 55%～65%。如果舍内相对湿度低于 40%，鸡羽毛零乱，皮肤干燥，空气中尘埃飞扬，会诱发呼吸道疾病；如果舍内相对湿度高于 72%，鸡羽毛粘连，关节炎病也会增多。

鸡舍潮湿，尤其是冬季鸡舍潮湿是一个比较困难的问题，需要采取综合措施。

3.通风管理

由于鸡舍内厌氧菌分解粪便、饲料与垫草中的含氮物，产生氨气，鸡体呼吸产生二氧化碳,还有空气中的各种灰尘和微生物,当这些有害气体、灰尘和微生物含量超标时,会影响鸡体健康,使产蛋量下降。所以,鸡舍内通风的目的在于减少空气中有害气体、灰尘和微生物的含量,使舍内保持空气清新,供给鸡群充足的氧气,同时也能够调节鸡舍内的温度,降低湿度。

(1)通风要领。进气口与排气口设置要合理,气流能均匀流进全舍而无贼风。即使在严寒季节也要进行低流量或间隙通风。进气口要能调节方位与大小,天冷时进入舍内的气流应由上而下,不能直接吹到鸡身上。

(2)通风量。鸡的体重愈大,外界气温愈高,通风量也应愈高,反之则低。具体根据鸡舍内外温差来调节通风量与气流的大小。气流速度:夏季不能低于0.5m/s,冬季不能高于0.2m/s。

4.光照管理

(1)光照管理的目的是以适宜的光照,使母鸡适时开产,并充分发挥其生产潜力。光照是蛋鸡高产稳产必不可少的条件,必须严格管理,准确控制。

(2)产蛋鸡的光照原则是产蛋阶段光照时间只能延长,不可缩短,光照强度不可减弱,不管采用何种光照制度,一经实施,不宜随意变动,要保持舍内照度均匀,并保证一定的照度。

(3)产蛋期间的光照制度。一般采用渐增方式,这种方式能使产蛋达到高峰前平稳上升,而产蛋高峰过后缓慢下降。采用光照刺激时,一般应在产蛋高峰过后进行。

开放式鸡舍都需要用人工光照补充日照时间的不足。生产中多采用以下方式:不论哪个季节都可将早晨5点到晚上9点定为光照时间,即每天早晨5点开灯,日出后关灯,日落后开灯,规定时间(晚上9点)关灯。

密闭式鸡舍可充分利用人工光照,不需要随日照的增减来补充光照时间,简单易行,效果也能保证。可在19周龄8h/d光照的基础上,20～24周龄每周增加1h,25～30周龄每周增加0.5h,直至每天光照时间达16h为止,最多不超过17h,以后保持恒定。但必须防止漏光。

鸡舍内光照强度应当控制在一定范围内,不宜过大或过小。光照强度太大会多耗电,增加生产成本,鸡群也易受惊,易疲劳,产蛋持续性会受到影响,还容易产生啄肛、啄羽等恶癖。光照强度太低,不利于鸡群采食,达不到光照的预期目的。一般地,产蛋鸡的适宜光照强度在鸡头部为8.1～10.8W/m^2。

(二)产蛋鸡的阶段管理

根据鸡群的产蛋情况,将蛋鸡分为三个阶段,从产蛋开始到产蛋率达85%,为产蛋前期;产蛋率85%以上,为产蛋高峰期;高峰期过后产蛋率80%以下到淘汰,为产蛋后期。

1.产蛋前期的饲养管理

在产蛋前期,小母鸡一方面要增长体重,另一方面,见蛋后,产蛋率上升很快,在约6周时间里产蛋率就会上升到85%,同时蛋重一天一天增大。如果营养和管理跟不上,不但影响鸡的发育,而且蛋鸡的生产性能得不到充分的发挥,产蛋高峰很难达到,给以后的生产带来很大的困难。

(1)检查体重。检查体重是否符合要求,偏小,则改限饲为自由采食,同时提高饲料中的能量和蛋白质水平。

(2)光照管理。开产后如果体重没达标,那就先想方设法让体重达标,然后再增加光照。

(3)更换饲料。18 周龄开始更换,转入产蛋舍后,开始喂产蛋期的过渡料,钙含量从 1% 提高到 2%,当产蛋率达 5%时,全部更换为产蛋高峰期料。

(4)加强卫生防疫及消毒工作,减少一切疾病的发生。在产蛋前期,鸡群无论暴发何种疾病,都可能影响终身产蛋。因此,要做到定期带鸡消毒,在饮水或饲料中添加抗生素预防疾病的发生。

2. 产蛋高峰期的饲养管理

在良好的管理条件下,产蛋率 80%以上的时间可达一年之久,90%以上可达 6 个月。产蛋高峰期是蛋鸡的黄金生产期,应充分发挥其遗传潜力,以达到理想的生产水平。

(1)满足营养需要。产蛋高峰期的饲料能量水平:中型鸡≥11.51MJ/kg;轻型鸡≥11.72MJ/kg。在各种氨基酸平衡的条件下,蛋白质水平:中型鸡为 16.5%,轻型鸡为 17%。钙含量为 3.5%,有效磷为 0.45%。此外,其他微量元素和维生素也应满足需要。

(2)密切关注采食情况、体重和蛋重的变化,随时调整投料量。

(3)减少应激反应。这一时期,生理功能旺盛,代谢强度大,身体内部负担很大,神经高度紧张,在这种情况下如果发生过多刺激或其他负担,就可能超过其承受能力,使产蛋量下降,甚至暴发疾病。所以,应减少惊扰,保持鸡舍环境安静,免疫、驱虫等都要避开这一时期。

3. 产蛋后期的饲养管理

随着产蛋的进行,日龄的增长,产蛋功能减退,产蛋率降到 80%以下,蛋重变大,鸡对钙的吸收能力下降,蛋壳变薄,颜色变浅,破损率明显上升,脱肛和腹膜炎增多。因此,在产蛋后期死淘率上升,应从以下方面管理:

(1)调整饲料的营养水平。原日粮中的能量水平不变或适当提高,蛋白质水平降低 1%~2%,钙由 3.5%提高到 4%,有效磷下降到 0.35%,B 族维生素水平提高 10%~20%,维生素 E 用量提高一倍。

(2)加强管理。及时淘汰低产、停产、病鸡、有缺陷的鸡,最好能在 55~60 周龄对鸡群进行筛选,及时淘汰有缺陷的鸡,以保证鸡群的产蛋水平。

(3)加强防疫工作。在 55~60 周龄对鸡群进行抗体水平监测,并根据监测结果进行免疫接种。

(三)季节管理

温度是蛋鸡饲养管理重要的环境因素之一。温度对鸡生理有多方面的影响,保持鸡舍最适宜的温度,是保持产蛋率平稳和节省饲料的重要措施。鸡对温度有一定的适应能力,一般认为在 5~28℃范围内不影响产蛋性能。从饲料利用率角度看,温度以 15.5~20℃为宜,13~24℃时产蛋率最佳;15℃以下每下降 1℃,产蛋率下降 1.5%;25℃以上温度对产蛋量有影响。例如,把 21℃时蛋重作为 100%,26℃时就降为 99.1%,32℃时为 96.6%,37℃时为 86.6%。26℃以上蛋壳变薄,30℃以上破蛋率明显增加。

鸡对温度有一定的适应能力,但突然升温和持续升温超过最适宜温度的上限,会使鸡中暑;相反,寒流突然袭击也会使产蛋率下降、休产,甚至换羽。昼夜有一定温差对产蛋有利,南方鸡的产蛋量没有北方高,一定程度上与温差小有关。

为了提高产蛋率,维持产蛋曲线平稳,要根据四季气候的变化,采取相应的措施。产蛋期间，特别是产蛋高峰期，环境条件急剧变化或饲养管理上出现失误，都会导致产蛋率下降。实践证明，产蛋率一旦降低，要使其恢复至原有水平是较难的，至少要经过2～3周时间才能接近降低前的水平。

1.春季的饲养管理

春天，气温回升，万物更新。但早春冷暖天气交替变化，昼夜温差较大，3月中旬以后气温才较稳定。经过一个漫长的冬天，鸡的体质较弱，要加强饲养，增强体质。随着自然日照时间的延长，由于生物进化上的原因，鸟类多在春季繁衍后代，因此，无论开放式鸡舍还是密闭式鸡舍饲养的鸡，在春天一般都会出现产蛋率回升的现象，而且会出现一个产蛋的次高峰。次高峰出现的早晚与持续时间的长短，主要取决于饲养管理的好坏。如能抓好这个环节，对促进全年高产会起到良好作用。受外界温度影响较大的开放式鸡舍饲养的鸡，抓好饲养管理，利用春季的有利时机，对增加产蛋量效果更为明显。

管理上，在气温尚未稳定的早春，开放式鸡舍的通风换气要根据风力的大小、天气的阴晴、气温的高低来决定开窗的次数、大小和方向。一般情况下，早春北面窗户夜间关闭，白天无大风天气，可适当打开通风换气。南面窗户白天可以打开，夜间少量窗户可以不关，以利于通风换气。昼夜温差不大且无大风天气时，北窗可以部分或全部打开，这样能保持舍内空气新鲜，创造良好的环境（见图4-3-1）。

图4-3-1　开天窗的鸡舍

2.夏季的饲养管理

夏天高温、高湿，常有雨天出现。鸡的皮肤没有汗腺，躯体又为羽毛所覆盖，因此，鸡不耐高温。在5～28℃的温度范围内，母鸡的产蛋性能不受明显影响，但不能忍受30℃以上的持续高温。舍温在28℃以上，鸡变得热不可耐，表现为张口呼吸，呼吸次数增加，通过呼吸把肺内的水分排出，以促进散热。这时多见母鸡翅膀张开，借以扩大体表散热面积，并产生空气对流来应付高温。由于体热增高，鸡本能地减少饲料的摄取量，所以，母鸡显得食欲不好，采食量少。高温的热应激，可使母鸡产蛋率降低，蛋重变小，蛋壳变薄，破蛋率增加。

高温对产蛋鸡的影响，首先是采食量下降，然后产蛋率和蛋重逐渐下降，蛋重的反应比产蛋率更为敏感，因此，夏天饲养蛋鸡的关键措施是解决降温问题。

(1)减少鸡舍所受到的辐射热和反射热。在鸡舍的周围植树（尤其伞盖较大的树，如梧桐树等），搭置遮阴凉棚，或种植藤蔓植物。鸡舍房顶增加厚度，或内设顶棚，房顶外部涂以白色涂料。在房顶上安装喷头，对房顶喷水。

(2)增加通风量。采取自然通风的开放式鸡舍应将门窗及通风孔全部打开，当气温高时，通过加大舍内的换气量降温，舍温仍不能下降时，应考虑纵向通风的问题，同时增加气流速度，以期达到降温目的。一般商品鸡饲养场可采用电风扇吹风（见图4-3-2），使鸡的体温尤其是头部温度下降。

(3)湿帘降温法。采取负压通风的鸡舍，在进气处安装湿帘（见图4-3-3），降低进入鸡舍的空气温度，这样可使舍温下降5～7℃。

(4)喷雾降温法。在鸡舍或鸡笼顶部安装喷雾机械，直接对鸡体进行喷雾。有条件的鸡舍可选用高压隔膜泵进行喷雾，没有条件的也可用背负式或手压式喷雾器喷水降温。

图 4-3-2　通风设备

图 4-3-3　安装湿帘的鸡舍

(5)供给清凉的饮水。夏季的饮水要保持清凉，水温以 10～30℃为宜。水温 32～35℃时鸡的饮水量大减，水温达 44℃以上时则停止饮水。水的比热较大，对鸡的体温起重要的调节作用，炎热环境中鸡主要依靠水分蒸发散热，饮水不足或水温过高会使鸡的耐热性降低。让鸡饮冷水，可刺激食欲，增加采食量，从而提高产蛋量和增加蛋重。笼养蛋鸡夏季高温时极易出现稀粪，主要原因是高温下致使饮水量增加或饮水污浊。防止稀粪的根本方法是改善鸡舍温度和通风状况，必要时可适当控制饮水。

(6)降低饲养密度。当气温较高、鸡舍隔热性能不良、舍温过高时，为了减少鸡舍内部鸡的自身产热，可以适当降低饲养密度。

(7)间歇光照。夏季当舍温达到 25℃以上时，采用间歇光照，利用夜间温度降低的时候安排 2h 光照，使产蛋母鸡白天高温环境中的采食不足在夜间得到补偿，这样可提高产蛋率 5%～10%。

(8)日粮中加入抗热应激的添加剂。气温高的夏季，鸡群采食量减少，为了保证产蛋必须根据鸡群的采食量调整日粮浓度，使鸡虽然采食量减少，但每天仍可摄入 1.17MJ 的代谢能和相应的粗蛋白质，以保证有较高的产蛋率。如添加油脂，油脂容量小，净能值高，热增耗少。在高温环境下，用 3%～5%油脂代替部分能量饲料，使鸡的净能摄入量增加，对提高母鸡的产蛋率有良好的作用。为了更好地防暑降温，可在饲料和饮水中添加 0.02%维生素 C 和 0.5%的小苏打。

3.秋季的饲养管理

立秋后，太阳直射点逐渐移向南半球，北半球白天渐短，夜晚渐长。这时，对开放式鸡舍饲养的产蛋鸡来说，要增加人工补充的光照，以促进产蛋。秋季是极地大陆冷气团南下与热带海洋暖气团交替过渡的阶段，秋雨天气较多，一场秋风过后就有一场秋雨，气温大幅度下降。由于自然光照缩短，天气渐凉，昼夜温差较大，开放式鸡舍养鸡要做好鸡舍的防寒保温工作，夜间要适当关闭部分窗户，以防鸡感冒。入秋以后，由于注意保温，鸡舍相对通风较差，应注意避免爆发呼吸道疾病、霉形体病(旧称支原体病)等。在无大风降温天气时，秋天仍应开窗通风，让鸡逐渐适应天气的变化。

经历一年产蛋的母鸡，有一部分低产鸡开始停产换羽，这是自然现象。这时是人工强制换羽的好季节，也可以根据换羽情况来挑选高产母鸡。凡到秋季就开始换羽的鸡，其产蛋成绩都不太好，而羽毛残旧、冠子红润、仍然产蛋的母鸡多为高产者。早春孵出的鸡，有一部分开产过早的母鸡，到秋末也可能产后早衰，出现休产，甚至换羽。

春天孵出的鸡，到秋天进入产蛋高峰期。由于春秋两季是一年中气候最适宜的时期，要抓好饲养管理，促进高产稳产。但到晚秋以后，气温逐渐下降，且时有寒流侵袭，天气变化较快，对处于高峰期的鸡更应加强管理，否则会使产蛋率下降，若要再恢复到原来的水平就很困难。

4. 冬季的饲养管理

冬季，是一年中日照最短的季节，气温最低，大风降温天气较多。无论是密闭式鸡舍，还是开放式鸡舍，都要做好防寒保温工作。要防止贼风直吹鸡体，尽可能使鸡舍温度保持10℃以上，否则就会影响产蛋。保温性能差的鸡舍，鸡群规模又不大，光靠鸡群自温难以维持所需舍温时，要加温才能保持高产。三九天又遇寒流时，要防止饮水结冰、水管冻裂。

冬季一定要补充人工光照，达到鸡龄所需的光照时数。冬天散养的鸡因气温低，又不补充光照，再加上饲料质量差，一般不产蛋，如能解决上述这三个问题，鸡照样能产蛋。

天气冷，鸡为御寒而采食饲料量增加，因此，冬天要适当多喂些料，以关灯前把料吃完为好。

在做好保温的前提下，还应注意通风换气。有窗鸡舍，白天根据阴晴、风力大小，适时适量开窗通风换气，同时要及时清粪。只重视保温而忽视通风换气，容易使鸡发生呼吸道疾病。

冬季鸡群易患呼吸道疾病，必须给予足够的重视，否则会给鸡场带来很大的经济损失。

在冬季，为防寒保温起见，鸡舍的门窗关闭较严，空气流通差，舍内氧气不足，二氧化碳、氨气和硫化氢等有害气体大量积留，这些有害气体会对鸡产生一种强烈的应激因素，而且长时间作用还会损伤鸡的呼吸道黏膜；冬季气候干燥，舍内尘埃增多，鸡的活动更会使舍内尘土飞扬，鸡吸入这些尘埃对呼吸道黏膜损伤很大；病原微生物在低温条件下存活时间很长，这是冬季鸡呼吸道疾病流行的重要原因之一。当饲养管理不善、天气变化的时候，鸡群就很容易发生传染性支气管炎、喉气管炎、鼻炎、慢性呼吸道病等。为此，在冬季要处理好保温与通风换气的矛盾。密闭式鸡舍，可根据舍内空气污浊情况定时、定量开启风机。较大的鸡舍，一般都有几组风机，高温季节全部开动，冬季可根据气温情况，适当开一组或两组风机或开一两个风机，做到适当通风换气。有窗鸡舍，要根据鸡群密度大小、温度高低、鸡的日龄大小、天气阴晴、白天黑夜、风力大小、有害气体的刺激程度等因素来决定开窗时间的长短、开窗的多少、开窗的次数等。

(四)日常管理

鸡舍饲养人员的工作除了喂料、拣蛋、清粪、打扫卫生和消毒以外，最重要的是观察和管理鸡群，及时发现和解决生产中的问题，以保证鸡群健康和高产、稳产。

1. 注意观察鸡群

其目的在于随时掌握鸡群的健康和采食状况，把握鸡群的生产动态。

(1)行为活动观察。鸡采食、饮水、栖息、梳理羽毛、伏窝产蛋、啼叫等行为均为正常活动。当发现有的鸡专门啄食其他鸡的羽毛，或长时间呆立一隅，不吃不喝，以及冠色发紫或苍白皱缩、翅膀和尾羽下垂、眼闭无神等均为不正常行为，应抓出并做进一步检查，找出原因，及时处理。

(2)采食饮水观察。在掌握鸡群每天采食量和饮水量的基础上,每天饲喂时应注意观察鸡群采食饮水情况。如果食欲旺盛,采食量和饮水量不断增加,预示产蛋量将会上升,如果经常剩料,不愿饮水,或饮水过量,产蛋量可能会下降或者鸡群患病。

(3)粪便观察。以玉米、大豆饼为主体的饲料,正常粪便颜色是灰黑色或黄褐色,软硬适度,堆状或粗条状,上面覆有一层尿酸盐。干硬粪便是由于饮水不足或饲料搭配不当;过稀粪便是由于饮水过多;黄色带泡沫稀便是由于肠炎或消化不良;绿色、白色、蛋清样稀便多为霍乱、新城疫或重肝病等重症后期;胡萝卜样血便是球虫病后期(雏鸡)。产蛋鸡出现血便多是由于蛔虫、绦虫所致,有时粪便中混有虫体。茶褐色黏便是盲肠排出的正常粪便。粪便中尿酸盐少,说明饲料中的蛋白质不足。

观察鸡群除随时注意外,还应在早晨开灯、喂饲和晚上关灯后的时间进行仔细观察。尤其是关灯鸡安静休息后,听鸡的呼吸音是否正常,如有甩鼻、打呼噜、喉鸣音等呼吸困难异常音响,说明鸡群已患病,应进一步诊查。

2.维持环境条件的相对稳定

鸡对环境的变化非常敏感,同时非常胆小,易受惊吓,突然的声响、晃动的灯影等都可能引起惊群。要尽可能维持环境条件相对稳定,如定人定群、定时放鸡、按时饲喂等,每天的工作程序不要轻易变动。在鸡舍、运动场内外工作时动作要轻稳,尽可能减少进出鸡舍的次数,不要让其他动物窜入鸡舍。进出鸡舍或运动场要注意关门,防止鸡只离圈或串群。

3.设置、处理料槽和水槽

设置足够的料槽和水槽,经常刷洗,定期消毒。

4.尽可能掌握鸡群的采食量与饮水量

鸡群减少饮食往往是发病的先兆,可据此及时查找原因,尽早处理。

5.调节通风量

不管是自然通风还是机械通风,均应根据外界与舍内温度调节通风量,尽可能保持舍内空气新鲜、温度适宜。

6.检查设施是否运转正常

有机械设备的鸡舍,每天应检查各条饲料线、饮水线、集蛋线以及通风与刮粪设备是否运转正常。

7.每天应记录鸡群管理日记

内容包括鸡群的变动,即存活、淘汰、死亡只数,产蛋总数及破蛋总数(见图4-3-4);定量饲喂的鸡群每天应记录鸡群的采食量;鸡饮水量;每天的温度和通风情况。光照时间发生变化的,也应做记录。

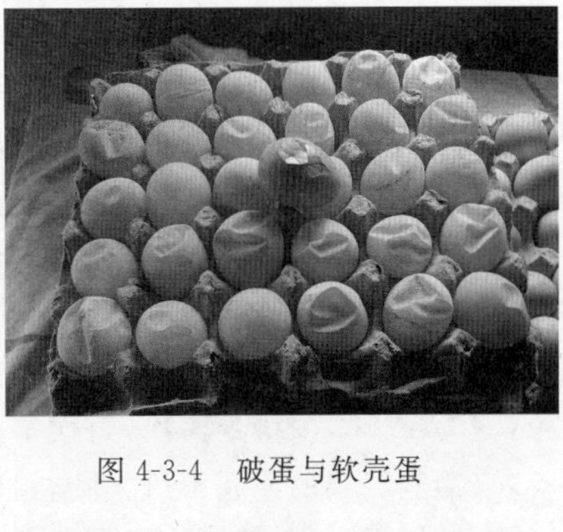

图4-3-4　破蛋与软壳蛋

(五)降低蛋的破损率

蛋的破损率给蛋鸡生产带来相当严重的损失,全世界估计占产蛋总量的6%~8%。美国的鸡蛋破损率约6.4%,年损失0.7亿~1.59亿美元;英国的鸡蛋破损率约6.7%,年损失1500万英镑;德国与澳大利亚更高一些,破损率达8%;苏联在工厂化养鸡场中每年约损失20亿个食用蛋。

1.影响蛋破损的因素

影响蛋破损的原因很多，归总起来有以下几个方面。

(1)鸡的生理基础。如产蛋间隔时间长的鸡，其沉积钙质多，蛋壳强度大，不易破损。又如产蛋时间，下午比上午产的蛋破损率低，这是由于下午产的蛋在蛋壳形成期间，鸡处于较长的光照时间下，有较多的时间摄取饲粮中的钙。

(2)蛋的构造。如蛋壳的厚薄、形状、大小都会对蛋壳强度产生影响。

(3)鸡的行为。如产蛋的姿态、鸡蹲下的高低；又如受惊吓的鸡易发生早产或蛋在子宫中受损。

(4)设备。如产蛋箱数量不足；蛋鸡笼笼底网斜度过大，铅丝过粗，集蛋线制造不佳等。

(5)管理。如每天捡蛋的次数和动作、盛蛋的容器等。

(6)环境。特别是环境温度，当环境温度超过32℃时，蛋壳质量就要受到损害。高温不但使鸡对钙的摄入量减少，还由于呼吸频繁发生呼吸性碱中毒，对蛋壳质量造成不利影响。

(7)营养。主要是钙、磷和维生素 D_3 的影响，钙与磷的吸收都需要维生素 D_3，磷过量会影响钙的吸收，因此，其量需适当。锰对蛋壳的强度也有影响，其量不足会使蛋壳强度降低。

(8)鸡龄。蛋重随鸡龄的增长而增大，但壳重未相应增加，因而造成蛋愈大而壳愈薄，破损率愈高。

(9)遗传差异。许多研究证实，蛋壳强度存在品种和个体差异。无论时间、环境和测量方法如何，这种差异都表现出很强的一致性，由此可见，有一种遗传因子与蛋壳强度有关。

(10)疾病。鸡体发病时，由于营养紊乱而影响钙的吸收或在子宫的沉积，使蛋易于破损。

2.防止蛋破损的措施

防止蛋的破损，有的因素能人为控制，有些不能；有些当时能防止，有些则需预先做安排。了解引起蛋破损的诸因素，有助于全面考虑如何从各方面来防止蛋的破损。下面介绍一些防止和减少蛋破损的主要措施。

(1)选择蛋壳强度大的品种或品系。

(2)饲养中可选用磷、钙、锰与维生素 D_3 含量充足且比例适当的饲料。

(3)对平养鸡群在开产前一周，应将产蛋箱提前放到产蛋鸡舍，先低放，待鸡习惯后再提升到便于捡蛋的高度。

(4)平养蛋鸡，在其育成期时应设置栖架，这将会减少产窝外蛋。窝外蛋是脏蛋、破蛋的主要来源。

(5)将充足的产蛋箱放置在鸡舍较暖和、通风良好、光线较弱的位置上。

(6)每天至少捡蛋4次，每次捡蛋应将破蛋、脏蛋另放。

(7)笼养鸡的笼底不可太陡，铅丝不可太粗。

(8)捡蛋、搬蛋箱均应尽量轻拿、轻移、轻放，装蛋最好用蛋托，或在木箱下垫清洁、干燥的垫料。

(9)运输过程中防止颠簸或避免蛋箱相撞。

◇复习思考题

1. 名词解释：鸡群均匀度、限制饲养、阶段饲养。
2. 如何防止产蛋鸡过早开产？
3. 如何防止产蛋后期早衰现象？
4. 如何控制鸡蛋蛋重？
5. 请解释鸡舍通风与鸡呼吸道疾病的关系。
6. 为什么说育雏工作是养鸡的重点和难点？
7. 产蛋鸡和育成鸡在限制饲养上有何区别？
8. 蛋鸡饲养管理在一年四季中有什么区别？
9. 如何提高产蛋鸡的产蛋量？
10. 如何测定采食量和进行日粮调整？
11. 简述体重和均匀度对蛋种鸡的重要性。
12. 结合当地实际，拟定产蛋鸡的全程光照程序。

【技能实训10】　鸡的断喙技术

一、目的要求

1. 加深理解断喙的目的和意义。
2. 初步了解断喙的部位。
3. 掌握断喙器的使用方法，并全面熟悉断喙的操作要领。

二、仪器设备与材料

7～10日龄雏鸡若干、雏鸡笼、断喙器等。

三、方法与步骤

（一）方法步骤

（1）断喙器检查。检查断喙器是否通电、刀片是否锋利等。

（2）接通电源。将断喙器预热至适宜温度（刀片呈樱桃红色）。

（3）正确握鸡。左手握住雏鸡，右手拇指和食指压住鸡的头部。

（4）切喙。用刀片切除上喙的1/2、下喙的1/3。

（5）止血。切后将喙在刀片上烙1～2s。

（二）注意事项

（1）断喙前后1～2天内，在饲料中每千克加入2mg维生素K，在饮水中加入0.1%的维生素C及适量的抗生素，有利于凝血和减少应激反应。

（2）断喙后2～3天内，料槽内饲料要圆满些，以利于鸡采食，防止鸡喙啄到槽底。

（3）断喙应与接种疫苗、转群等错开进行。

(4)断喙结束后,对已断喙的鸡进行认真检查,若发现有个别出血或断喙不当的鸡,应抓回再灼烙止血或修喙。

⇨**实训报告**

写出断喙的方法、步骤及注意事项。

【技能实训11】 产蛋曲线的分析与应用

一、目的要求

学会如何绘制产蛋曲线,并根据产蛋曲线分析鸡群的产蛋水平是否适当,以便找出问题,总结经验,改进和提高生产水平。

二、仪器设备与材料

(1)某鸡场的一批产蛋鸡的产蛋记录。

(2)该鸡场所饲养的本品种产蛋性能指标。

(3)坐标纸及绘图工具。

三、方法与步骤

(1)在坐标纸上将该品种的产蛋率指标连成曲线,即成标准曲线。

(2)在同一坐标纸上将某一批产蛋鸡的实际产蛋率连成曲线。

(3)将两条曲线进行对比、分析,观察该鸡群的实际产蛋性能水平,查找原因,分析各阶段的管理状况,总结经验。

⇨**实训报告**

1.写出对比结果,找出该鸡场管理方面存在的问题。

2.根据以上分析,对该鸡场下一阶段的饲养管理提出合理的建议。

项目五　肉鸡生产

☞ **项目目标**

1. 了解不同类型肉鸡、肉用种鸡不同生长阶段的生产性能和营养需要特点。

2. 掌握不同类型肉鸡、肉用种鸡生产过程中的各个生产环节和技术要点。

3. 掌握肉鸡非传染性鸡病的病因和预防方法。

4. 充分理解科学的卫生防疫制度是养禽场获得最大经济效益的重要保证。

♠ **技能目标**

1. 根据养殖场的条件，能设计相应的养殖设备及生产设备。

2. 根据不同阶段的生产性能，能科学地控制温度、湿度、光照与通风。

3. 通过观察掌握鸡群的健康状况、生长情况，以便采取相应的措施。

♣ **案例导入**

某肉用仔鸡养殖场，2 万羽雏鸡经过 45 天的饲养，结果出栏时发现近 300 羽鸡患有不同程度的腿部、胸囊炎及腹水综合征等疾病，从而大大降低了商品合格率。请说明其产生的原因并采取有效的措施。

任务 5.1　肉用仔鸡生产

一、肉用仔鸡的生产特点

(一)现代肉鸡的特点

1. 早期生长速度快，饲料利用率高

肉仔用鸡出壳时的体重一般为 40g 左右，2 周龄时为 350～390g，6 周龄可达 2500g，8 周龄可达 3300g 或更大，为初生重的 80 多倍。随着肉用仔鸡育种水平的提高，现代肉鸡继续表现出遗传潜力的提高，即雄性肉用仔鸡体重达到 2500g 的时间每年减少约 1 天。由于生长速度快，肉用仔鸡的饲料利用率很高。在一般的饲料管理条件下，饲料利用率可达 1.80∶1。目前，最先进的水平达到 42 日龄出栏，母鸡体重达 2350g，公鸡体重达 2650g，饲料利用率达 1.60∶1。

2. 适于高密度大群饲养

由于现代肉鸡生活力强，性情安静，具有良好的群居性，适于高密度大群饲养。一般可采用厚垫料平养方式，出栏时可达 12 只/m^2(体重 30kg/m^2)。

3.产品性能整齐一致

肉用仔鸡的生产不仅要求生长速度快、饲料利用率高、成活率高,而且要求出栏体重、体格大小一致,这样才具有较高的商品率,否则会降低商品等级,也给屠宰带来不便。一般要求出栏时85%以上的鸡的体重控制在平均体重±10%以内。

4.种鸡繁殖力强,总产肉量高

一只肉用种鸡繁殖的后代愈多,总的产肉量也愈高。繁殖率受产蛋数特别是合格种蛋数、受精率和孵化率的影响。现代肉用种鸡在一个饲养期至64~66周龄期间可繁殖140只肉用仔雏鸡。

5.易发生营养代谢疾病

肉用仔鸡由于早期肌肉生长速度快,而骨组织和心肺相对迟缓,因此易发生腿部疾病和腹水综合征、猝死等营养代谢病,这对肉鸡业危害很大。

(二)肉用仔鸡的饲养方式

肉用仔鸡有平养、笼养和笼平养混合三种饲养方式,平养又分为厚垫料地面平养和网上平养,以"平养不换垫料"居多。

厚垫料地面平养可节省劳力,投资少,肉用仔鸡残次品少,但球虫病难以控制,药品和垫料开支较大,鸡只占地面积大。

网上平养、笼养的饲养量大,利于防止球虫病的发生,但一次性投资大,胸、脚病发生率较高,目前,笼养方式还较少被采用。为提高肉鸡的饲养密度,近年来做了不少笼养试验,主要是在笼底上铺塑料网垫或用镀塑铁网底,以缓冲对鸡胸的压迫。目前该方式还不够完善,还未在生产上推广。随着地价的上升,平养变笼养是今后肉鸡发展的必然趋势。

近年来国内外的鸡场对2~3周内的肉用仔鸡实行笼养或网上平养,2~3周后再实行地面饲养。

(三)肉用仔鸡的营养需要特点

肉用仔鸡生长速度快,要求供给高能量、高蛋白的饲料,日粮中的各种养分需充足、齐全且比例平衡。由于肉用仔鸡早期器官发育需要大量蛋白质,生长后期脂肪沉淀能力增强,因此在日粮配比时,生长前期蛋白质水平高,能量稍低;生长后期蛋白质水平稍低,能量较高。

从我国当前的鸡肉生产性能和经济效益来看,肉用仔鸡饲料的代谢能应≥13MJ/kg,蛋白质应以前期≥21%、后期≥19%为宜,同时要注意满足必需氨基酸(特别是赖氨酸、蛋氨酸等)的需要量,以及满足各种维生素、矿物质的需要量(见表5-1-1)。

表5-1-1　肉用仔鸡公母雏的营养成分需要量

营养成分	育雏料(0~21日龄)		中期料(22~37日龄)		后期/宰前料(38日龄~上市)	
	公	母	公	母	公	母
粗蛋白质/%	23.0	23.0	21.0	19.0	19.0	17.5
代谢能/(MJ/kg)	13.0	13.0	13.4	13.4	13.4	13.4
钙/%	0.90~1.00	0.90~1.00	0.85~0.90	0.85~0.90	0.80~0.90	0.80~0.90
可利用磷/%	0.45~0.60	0.45~0.60	0.42~0.50	0.42~0.50	0.40~0.50	0.40~0.50
赖氨酸/%	1.25	1.25	1.25	0.95	1.00	0.90
含硫氨基酸/%	0.96	0.96	0.96	0.75	0.76	0.70

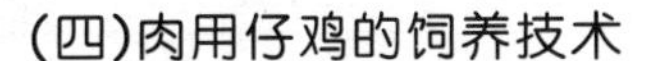

(四)肉用仔鸡的饲养技术

1.公母分群饲养

(1)公母分群饲养的科学依据。不同性别的鸡对生活环境、营养条件的要求和反应不同。主要表现包括:①生长速度不同,4周龄时公鸡比母鸡体重大近13%,56日龄时两者体重相差27%;②羽毛生长速度不同,公鸡长羽慢,母鸡长羽快;③沉淀脂肪的能力不同,母鸡比公鸡易沉淀脂肪,因此对饲料的要求不同;④表现出胸囊肿的严重程度不同,公鸡比母鸡患胸部疾病的概率高。

(2)公母分群饲养的优点。体重均匀度高,便于屠宰场机械化操作;节省饲料,提高饲料利用率;便于适时出场以迎合不同市场需求。

(3)公母分群饲养的主要措施。其主要措施包括:①按公母分别调配适宜的日粮(肉用仔鸡公母雏的不同营养需求见表5-1-1);②给公鸡提供优质、松软的垫料;③前期公鸡比母鸡体温高1～2℃,后期则低1～2℃,公雏育雏舍内的温度下降幅度可大些,以促进羽毛生长;④生长速度不同,母鸡在7周龄后、公鸡在8周龄后生长速度下降,同期公鸡体重一般比母鸡高20%,应据市场情况,分别适时出场。

2.尽早饲喂,保证采食量

由于肉用仔鸡生长速度很快,相对生长强度很大,如果前期生长稍有受阻,以后很难补偿。因此,肉雏鸡出壳后早入舍、早饮水,在饮水2h后尽早开食,必要时采用人工引诱的办法,尽快让所有小鸡吃上饲料,是整个饲养过程的关键措施。

有了较高营养水平的日粮,若鸡的采食量不够,肉用仔鸡的增重效果照样得不到保证。保证采食量的方法是:提供足量的采食和饮水位置;饲养密度、温度要适宜;防止饲料霉变,提高饲料的适口性;采用颗粒料;在饲料中添加香味剂等以促进食欲。尤其是高温季节,应采取综合性的防暑降温措施,如加强舍内通风、喷雾降温、种树遮阴等。

3.饲喂次数与饲喂量

饲喂次数应本着少喂勤添的原则,1～15日龄喂8次/天,隔3～4h喂一次,每天不能少于6次;16～56日龄喂3～4次/天,每次的喂料量应据鸡龄大小不断调整。肉用仔鸡公母混养各周龄的喂料量与体重参见表5-1-2。

表5-1-2　肉用仔鸡公母各周龄混养的喂料量与体重

周龄	体重/g	每周增重/g	料量累计/g	料量/g	料肉比
1	165	125	1443	144	0.87∶1
2	405	240	298	441	1.09∶1
3	730	325	478	920	1.26∶1
4	1130	400	685	1605	1.42∶1
5	1585	455	900	2504	1.58∶1
6	2075	490	1106	3611	1.74∶1
7	2570	495	1298	4909	1.91∶1

续表

周龄	体重/g	每周增重/g	料量累计/g	料量/g	料肉比
8	30555	485	1476	6385	2.09：1
9	3510	455	1618	8003	2.28：1
10	3945	435	1781	9784	2.48：1

4.限制饲养

肉用仔鸡吃料多，增重快，鸡体代谢旺盛，需氧量大，在当前饲养管理及环境控制技术薄弱的条件下，易发生脂肪蓄积过多、腹水综合征等而降低商品合格率。因此，肉用仔鸡有必要进行限制饲养。限制饲养有两种方法：一种是限量不限质法，通常于饲养早期进行；另一种为限质不限量法，即适当降低能量和蛋白质水平。

5.饮水

(1)肉雏鸡出壳后能否及时饮水或在饲养过程中能否供给新鲜、清洁的饮水对肉鸡正常生长发育极为重要。肉雏鸡出壳后要在 6～12h 接到育雏室，稍事休息后即饮水。在长途运输时，时间可放宽些，并给鸡强迫饮水(两手各抓一只肉雏鸡，固定雏鸡头部，插入盛水的浅水盘内 2mm 左右)，或用滴管口腔内滴服。

(2)抗应激，增强抵抗力。在饮水中加 5%～8%的红糖、白糖或葡萄糖，以补充能量；在饮水中加入一些口服液，以增强鸡体抗病力。

(3)供给新鲜、清洁而充足的饮水。饮水应新鲜、清洁，符合人的饮用标准。饮水器做到每天清洗和消毒一次，也可以每周进行 2 次饮水消毒，以杀灭鸡肠道内的致病微生物。饮水量一般是采食量的 2～3 倍，但受气温影响大。

(4)饮水器调整。根据肉雏鸡的不同日龄，及时更换不同型号的饮水器，如育雏开始时用小型饮水器，4～5 日龄将其移至自动饮水器附近，7～10 日龄待鸡习惯自动饮水器时，去掉小型饮水器。饮水器数量要足够，分布要均匀(间距大约 2.5m)，饮水器外沿距地面的高度随鸡龄不断调整，与鸡背水平一致。

6.环境控制

环境条件的优劣直接影响肉用仔鸡的成活率和生长速度。肉用仔鸡对环境条件的要求比蛋用雏鸡更为严格，影响更为严重，应特别重视。

(1)温度

雏鸡出生后体温调节能力差，必须提供适宜的温度环境。温度低可降低鸡的抵抗力和食欲，引起腹泻和生长受阻。因此，保温是一切管理的基础，是肉用仔鸡饲养成活率高低的关键，尤其在育雏第 1 周内。雏鸡 1 日龄时，育雏舍内室温要求为 27～29℃，育雏伞下温度为33～35℃，以后每周下降 2～3℃直至 18～20℃。

检查温度是否适宜主要通过测温和观察雏鸡表现。低温，挤，靠近热源；高温，喘，远离热源；适温，舒展开翅和双腿分散趴卧。

温度控制应保持平稳，并随雏鸡日龄增长适时降温，切忌忽高忽低，并要根据季节、气候、雏鸡状况灵活掌握。肉用仔鸡的适宜温度如表 5-1-3 所示。

表 5-1-3 肉用仔鸡的适宜温度

日(周)龄	育雏方式		
	育雏伞育雏		直接育雏/℃
	育雏伞温度/℃	育雏舍温度/℃	
1～3 日龄	33～35	27～29	33～35
4～7 日龄	30～32	27	31～33
2 周龄	28～30	24	29～31
3 周龄	26～28	22	27～29
4 周龄	24～26	20	24～27
5 周龄及以后	21～24	18	21～24

(2)湿度

湿度对雏鸡的健康和生长影响也较大。育雏第 1 周内宜保持 70%的稍高相对湿度,此时雏鸡含水量大,育雏舍内温度又高,湿度过低易造成雏鸡脱水,影响羽毛生长和卵黄吸收。以后要求相对湿度保持在 50%～65%,以利于球虫病的预防。

育雏的头几天,由于室内温度较高,室内湿度往往偏低,应注意室内水分的补充,可在火炉上放置水壶烧开水,或地面喷水来增加湿度。10 日龄后,由于雏鸡呼吸量和排粪量增大,应注意高湿的危害,管理中应避免饮水器漏水,勤换垫料,加强通风,使室内湿度控制在标准范围之内。

(3)光照

肉用仔鸡的光照制度有两个特点:一是光照时间较长,目的是为了延长采食时间;二是光照强度小,弱光可降低鸡的兴奋性,使鸡保持安静的状态。

①光照方法。肉用仔鸡的光照方法主要有三种。一是连续光照法,即在进雏后的前 2 天,每天光照 24h,从第 3 天开始实行 23h 光照,夜晚停止照明 1h,以防鸡群停电发生的应激。此法的优点是雏鸡采食时间长,增重快,但耗电多,腹水综合征、猝死、腿病的发病率高。二是短光法,即第 1 周每天光照 23～24h,第 2 周每天减少 2h 光照至 16h,第 3～4 周每天光照 16h,从第 5 周第 4 天开始每天增加 2h 光照至周末达到 23h 光照,以后保持 23h 光照至出栏。此法可控制肉用仔鸡在前、中期增重,减少猝死、腹水综合征和腿病的发病率,最后进行“补偿生长”,出栏体重不低却提高了成活率和饲料报酬。对于生长快、7 日龄体重达 175g 的鸡可用此法。三是间歇光照法,在开放式鸡舍,白天采用自然光照,从第 2 周开始实行晚上间断照明,喂料时开灯,喂完后关灯;在封闭式鸡舍,可实行 1～2h 照明、2～4h 黑暗的光照制度,此法不仅节约电费,还可促进肉鸡采食。但采用间歇光照法,鸡群必须具备足够的采食、饮水槽位,以保证肉用仔鸡有足够的采食和饮水时间。

②光照强度。育雏初期,为便于雏鸡采食、饮水和熟悉环境,光照强度应强一些,以后逐渐减弱,以防止鸡过分活动或发生啄癖。育雏前 2 周的光照强度为 $2\sim3W/m^2$,2 周后 $0.75W/m^2$ 即可。例如前 2 周每 $20m^2$ 地面安装 1 只 40～60W 的灯泡,2 周后换上 15W 灯泡即可。如鸡场有电阻器可调节光的照度,则第 0～3 天用 25lx,第 4～14 天用 10lx,第 15 天及以后用 5lx。开放式鸡舍要考虑遮光,避免阳光直射和光照过强。

(4)通风

肉用仔鸡饲养密度大,生长速度快,代谢旺盛,因此加强舍内通风、保持舍内空气新鲜非常重要。通风的目的是排除舍内的氨气、硫化氢、二氧化碳等有害气体,排除空气中的尘埃、病原微生物以及多余的水分和热量,导入新鲜空气。通风是鸡舍内环境的最重要的指标之一,良好的通风对于保持鸡体健康、生长速度是非常重要的。通风不良、空气污浊易发生呼吸道疾病和腹水综合征,地面湿臭易引起腹泻。肉用仔鸡鸡舍的氨气含量以人感觉不到明显臭气为宜。

通风方法有自然通风和机械通风。自然通风靠窗户空气对流换气,多在温暖季节进行。机械通风效率高,可正压送风也可负压排风,便于进行纵向通风。要正确处理好通风和保温的关系,在保温的前提下加大通风。在实际生产中,1～2 周龄以保温为主,3 周龄注意通风,4 周龄后加大通风。

(5)密度

饲养密度对雏鸡的生长发育有重大影响。密度过大,鸡的活动受到限制,空气污浊,湿度增加,导致鸡生长缓慢,群体整齐度差,易感染疾病,死亡率升高。密度应根据禽舍的结构、通风条件、饲养方式及品种确定,具体密度可参考表 5-1-4。生长中应注意密度大的危害,在鸡舍设备情况许可时尽量降低饲养密度,这有利于采食、饮水和肉鸡发育,可提高体重的一致性。

表 5-1-4 肉用仔鸡的饲养密度

单位:只/m^2

周龄	育雏舍(平面)	育肥鸡舍(平面)	技术措施	立体笼饲养密度
0～2	25～40	—	强弱分群	50～60
3～5	18～20	—	公母分群	34～42
6～8	10～15	10～12	大小分群	24～30
出售前	—	按体重计:30kg/m^2		

7. 卫生防疫

(1)鸡舍及舍内设备用具彻底消毒。例如,采用全进全出的饲养制度,重视对垫料的管理等。

(2)重视舍内外环境的消毒。带鸡消毒可净化舍内的小环境,使舍内病原微生物降低到最低限,可每天一次,交叉选用广谱、高效、副作用小的消毒剂。每批肉鸡出场时,由于抓鸡、装鸡、运鸡都会给舍外场地留下大量的粪便、羽毛及皮屑,应及时打扫、清洗、消毒场地。定期对舍外环境进行消毒,可选用较为便宜、效果好的消毒剂。

(3)预防球虫病。平养肉鸡最易患球虫病。一旦患病,会损害鸡肠道黏膜,妨碍营养吸收,致采食量下降,严重影响鸡的生长和饲料利用率。如遇阴雨天或粪便过稀,应立即投药预防(饮水或饲料);若鸡群采食量下降、血便,应立即投药治疗,用药时,要注意交叉用药,且在出场前 1～2 周停止用药。

预防球虫病还必须从管理上入手,严防垫料潮湿,发病期间每天清除垫料和粪便,以消除球虫卵囊发育的环境条件。

(4)免疫接种。肉用仔鸡养殖场必须根据本场和周围环境的实际情况制定切实可行的免疫程序。有条件的养殖场对新城疫和传染性法氏囊病应进行抗体监测，根据抗体监测水平确定适宜的免疫时间。肉用仔鸡推荐参考免疫程序见表5-1-5。

表5-1-5　肉用仔鸡免疫程序(供参考)

日龄	疫苗种类	免疫方法	日龄	疫苗种类	免疫方法
7	新城疫＋肾型支气管炎二联苗	点眼、滴鼻	24	传染性法氏囊病疫苗二免	饮水
12～14	传染性法氏囊病疫苗	饮水	33～35	新城疫克隆30苗	饮水
18	新城疫＋传支(H_{120})二联苗	饮水			

8. 肉鸡出场

肉用仔鸡体重大，骨质相对脆嫩，在转群和出场过程中，抓鸡、装运时非常容易发生腿脚和翅膀断裂、损伤的情况，由此产生的经济损失是非常可惜的。据调查，肉鸡屠体等级下降有50%左右是由碰伤造成的，而80%的碰伤是在出场前后发生的。因此，肉鸡出场时应尽可能防止碰伤，这对保证肉鸡的商品合格率是非常重要的。具体做法如下：

(1)出场前4～6h使鸡吃光饲料，吊起或移出饲槽及一切用具，饮水器在抓鸡前撤除。

(2)尽量在弱光下进行抓鸡，如夜晚抓鸡；舍内安装蓝色或红色灯泡，以减少骚动。

(3)抓鸡方法要得当：用围栏圈鸡捕捉，抓鸡、入笼、装车、卸车、放鸡时应尽量轻放，防止甩扔动作，每笼不能装得过多，否则会造成不应有的伤亡。抓鸡最好抓双腿，最好能请抓鸡队协助。

(4)尽可能缩短抓鸡、装运和在屠宰厂候宰的时间。肉鸡屠前应停食8h，以排空肠道，防止粪便污染屠宰场。但停食时间越长，则掉膘率越大。据测，停食20h比停食8h掉膘率高3%～4%。如处理得当，掉膘率一般为1%～3%。

二、肉用仔鸡的饲养管理

(一)饲养管理规程

肉用仔鸡的饲养作业规范如表5-1-6所示。

表5-1-6　肉用仔鸡的饲养作业规范

时间	项目	作业内容	基本要求	备注
进雏前15d	清理鸡舍	1. 饲养设备，搬到鸡舍； 2. 彻底清除鸡舍粪便； 3. 清扫房顶、墙壁、窗	无粪便、羽毛、砖块残留	设备包括料桶、饮水器、塑料器、可拆除的棚架、灯泡、温度计、湿度计、煤炉、工作服等
进雏前14d	清洗鸡舍	1. 清扫墙壁、房顶灰尘； 2. 冲洗地面和墙壁； 3. 饲养设备于舍外冲洗干净、晒干	地面无积水，舍内任何表面都要冲洗到，无脏污物附着	清扫应由上至下、由内向外，设备及地面干燥后方可消毒

续表

时间	项目	作业内容	基本要求	备注
进雏前13d	检修工作	1.维修鸡舍设备； 2.检修电灯、电话和供热设施	设备至少能保证再养一批鸡，否则应予以更换	损坏的灯光要全部换好
进雏前12d	治理环境	1.清除舍外排水沟杂物； 2.清理鸡舍四周杂草	排水畅通，不影响通风	
进雏前11d	室外消毒	1.修整道路； 2.清扫院落	无鸡粪、羽毛、垃圾、凹坑	用生石灰或3%热火碱水进行室外消毒
进雏前10d	鸡舍消毒准备	1.把设备搬进鸡舍； 2.关闭门窗和通风孔		准备好消毒设备及药物
进雏前9d	鸡舍消毒	1.喷雾消毒； 2.消毒10h后通风	药液浓度及用量详见说明，通风3～4h后关门窗	每批鸡更换一种消毒药
进雏前8d	安装设备	1.安装棚架、塑料网和护围； 2.挂好温度计和湿度计	1.育雏用网与育成用网分别安装； 2.温度计距棚架网面5cm高	人员及鞋底入舍前应认真消毒；棚架表面要求平滑，无钉头、毛刺
进雏前7d	安装设备	1.摆放开食盘； 2.摆放饮水器； 3.安装采暖设备（煤炉、烟筒等）	每80～100只雏鸡一个开食盘，每70～80只雏鸡一个饮水器	开食盘、饮水器交叉放置，只放于第1周育雏部分棚架上，用塑料布隔开
进雏前6d	二次消毒（熏蒸）	1.关闭门窗和通风孔； 2.检查温度和湿度； 3.用福尔马林、高锰酸钾熏蒸，密闭24h	鸡舍密封，舍温24℃，相对湿度75%，每立方米用高锰酸钾21g、福尔马林42mL	湿度不够，地面洒水，在中间走廊上，每隔10cm放一个熏蒸盆，盆内先放好高锰酸钾，然后从距离门最远端的熏蒸盆开始依次倒入福尔马林，速度要快，出门后立即把门封严
进雏前5d	通风	熏蒸后24h打开门窗、通气孔	门窗、通气孔全部打开，充分换气	人员进入时必须穿消毒过的鞋和衣服
进雏前4d	关闭门窗，组织工作	1.落实进鸡、运料、购物事宜； 2.下午4～5点关上门窗	通风时间不少于24h	
进雏前3d	组织检查工作	1.组织进鸡、运料事宜； 2.下午4～5点关上门窗	发现不足，立即补救	
进雏前2d	育雏室设置与预温	1.每个鸡舍门口设消毒盆； 2.饲养量达5000只，可用塑料布横向隔出21m作为育雏室（在棚架上）； 3.冬春季今晚开始生煤炉预温； 4.防火安全检查，检查煤炉、烟筒	棚架底到地面、上至舍顶，全部遮严，塑料布至少要两层。排除火灾隐患，防止漏烟、倒烟现象，10d内在棚架上铺料袋或牛皮纸育雏	第1周育雏密度为40只/m^2。人员入舍前要消毒

续表

时间	项目	作业内容	基本要求	备注
进雏前1d	预温及准备接雏工作	1. 夏秋季上午生煤炉； 2. 防火安全检查，检查煤炉、烟筒； 3. 检查鸡舍育雏范围内的温度； 4. 准备好记录表格及接雏育雏用的其他器具； 5. 准备好育雏料及疫苗	排除火灾隐患，防止漏烟、倒烟。达到开始育雏的温度（35℃）、相对湿度（65%～70%）要求	落实好饲料、少量小米或玉米粉、葡萄糖或蔗糖、疫苗及滴管、电解多维、抗生素等
1d（接雏）	免疫开饮、开食观察、光照值班	1. 进雏后 2h，饮水器装满温开水； 2. 传支疫苗 H_{120} 用灭菌蒸馏水稀释，每只雏鸡右眼 1 滴； 3. 将雏鸡均匀移放在育雏室内； 4. 饮水 3h 后给料（少量小米或玉米粉）； 5. 观察温度情况； 6. 24h 光照，60W 灯泡； 7. 夜间开始有人值班	1. 在 20℃左右温开水中加入 5%的葡萄糖或蔗糖，放好后人员撤离，让雏鸡安静； 2. 等疫苗进入眼内才能放开； 3. 每只雏鸡都要饮到水，否则人工训水； 4. 每隔 2h 给料一次，少量、勤添，不会吃者人工训食； 5. 雏鸡分布均匀	1. 糖水量不要过多，仅够当天用量即可； 2. 传支疫苗稀释后 2h 内必须用完，残雏分栏放置； 3. 训水、训食方法为轻轻敲击饮水器、食盘，个别者人工抓起头轻按在饮水器、食盘中，即拿出； 4. 注意调整舍温，1～2 日龄温度 35℃，相对湿度 65%～70%，每天至少检查 8 次温度
2d	记录工作、常规工作检查	1. 见常规管理； 2. 观察雏鸡动态、采食情况、鸡粪色泽，检查温度、湿度； 3. 注意通风、24h 光照	1. 洗刷饮水器后，放入 20℃左右温开水； 2. 开始喂雏料，少量、勤添，每日 8～10 次； 3. 雏鸡活泼好动，不扎堆，温、湿度达到管理要求	育雏第 1 周一直用 20℃左右温开水；雏料内可加入少量小米或玉米粉防止消化不良和腹泻
3d	常规管理	喂料，换消毒液，记录，清粪，观察鸡群，调整温、湿度，卫生管理，自本日起光照 23h	喂料每日 8～10 次，随时捡出料盘中的粪便等污物，注意清洗饮水器	温度 32℃，相对湿度 65%～70%，夜间熄灯 1h
4d	常规管理	1. 记录，检查温、湿度，换消毒液，清粪，观察鸡群，淘汰病弱雏； 2. 注意煤炉、烟道及通风	每隔 3h 给料一次，谨防煤气中毒	温度 32℃，相对湿度 65%～70%，夜间熄灯 1h
5d	常规管理	1. 记录，检查温、湿度，换消毒液，清粪，观察鸡群，淘汰病弱雏； 2. 注意煤炉、烟道及通风	第 5～7 天舍温调至 30～32℃	相对湿度 65%～70%，保持到第 10 天
6d	常规管理、调整饲喂设备及光照	1. 饮水中开始添加速补-14，其他同上； 2. 撤掉 1/3 开食盘，增加成鸡料桶底盘； 3. 灯泡换成 40W	配制速补-14 水，调配比例为1：1000，现用现配，当天用完。每 50 只鸡提供一个料桶底盘	从今天起光照控制在 $2W/m^2$ 以下

续表

时间	项目	作业内容	基本要求	备注
7d	常规管理、疫苗接种、扩大育雏面积、称重	1. 饮速补-14 水，其他工作同上； 2. 新城疫Ⅳ系疫苗，点眼或滴鼻，1 滴/鸡； 3. 塑料膜横向扩大 2m，封好； 4. 晚上 7:00 称重	1. 免疫时每只鸡不要漏免，抓鸡要轻，等疫苗完全进入鼻孔才放开，剂量按说明； 2. 适当增加料桶、饮水器，抽样 2% 称重，整个鸡舍均匀取 5～8 个点，随机取样	雏鸡密度为 35 只/m^2，称重并记录平均值
8d	常规管理	1. 最后一次饮速补-14 水，其他工作同上； 2. 注意通风	本周舍温逐渐降至 27～29℃	从今天起改用清洁井水或自来水
9d	常规管理、调整设施	1. 常规管理工作同上； 2. 撤走开食盘，使用料桶； 3. 撤走雏鸡饮水器，更换成鸡饮水器	每 35 只鸡提供一个料桶，每 40 只鸡提供一个饮水器	悬挂料桶，饮水器放在塑料网上
10d	带鸡消毒、加强观察	1. 带鸡喷雾消毒； 2. 夜间闭灯后，细听鸡群有无呼吸异常声音	发现异常立即报告技术员	喷雾均匀，浓度依说明进行，注意喷头向上。从本周起每周带鸡消毒一次
11d	常规管理	1. 带鸡喷雾消毒； 2. 夜间闭灯后，细听鸡群有无呼吸异常声音	加强通风	以后换气量逐渐加大
12d	常规管理、调整设施	1. 常规管理同上； 2. 调整料桶高度	1. 加强通风； 2. 料桶底盘边缘与鸡背同高	随鸡日龄增加，料桶高度要经常调整
13d	常规管理	饮速补-14 水，其他工作同上	调配比例为 1∶1000，饮水量准备到次日中午	
14d	常规管理、免疫接种、扩大育雏面积、称重	1. 饮速补-14 水至中午 11:00，其他工作同上； 2. 停水，夏秋 2～3h，冬春 3～4h，再给鸡饮水，饮水中加双倍量传染性法氏囊病疫苗、0.2%～0.3%脱脂奶粉； 3. 疫苗水喝完后，洗净饮水器，饮水中继续加入速补-14； 4. 将塑料横隔后移 3m； 5. 称重方法同上次	停水后清除饮水器内余水，用清水把饮水器洗净，禁用消毒剂，使每只鸡都喝到疫苗，1h 内喝完，塑料横隔需封严	1. 疫苗饮水，每只鸡约 20mL 饮水量； 2. 全脂奶粉需加水煮沸（8 倍水量），冷却后去脂皮，按 0.2% 加入疫苗水中； 3. 雏鸡密度为 30 只/m^2
15d	常规管理	继续饮一天速补-14 水，其他工作同上	本周内舍温逐步降至 24～26℃	
16d	常规管理	常规管理同上	加强通风	注意粪便状况

续表

时间	项目	作业内容	基本要求	备注
17～18d	带鸡消毒 准备工作	消毒同10日龄时操作	加强通风	准备换料
19d	常规管理、换料	1.管理同上； 2.饲料中混加1/4的育成料	饲料要混匀	自今天起至第22天，逐步把育雏料换成育成料，注意鸡的反应
20d	常规管理、扩群准备工作、换料	1.管理同上； 2.饲料中混加1/2的育成料； 3.准备料桶、水桶、采暖设施、预温； 4.饮水中加入速补-14	摆放料桶、饮水器，放好水、料；采暖设备无故障；舍温达到25℃；饲料要混匀	明天鸡舍要全部被利用，注意调好料槽高度
21d	常规管理、换料、扩群、称重、免疫接种	1.管理同7日龄； 2.饲料中混加3/4的育成料； 3.拆除塑料横隔； 4.称重方法同上次	扩群时，人工撵鸡，尽量减少应激，使鸡均匀布满整舍（密度10只/m^2，可增至12.6只/m^2）	21～42日龄易发生传染性法氏囊病，每天要仔细观察粪便，如发现乳白色稀粪，应立即报告技术员
22d	常规管理、调整设施	1.管理同上； 2.调整料桶、饮水器的高度； 3.饮水中加入速补-14	今起全部使用育成料，每隔4h给一次料，饮水器用砖头垫起	今起舍温逐步降至21～23℃，相对湿度控制在55%～60%
23d	常规管理	管理同上	加强通风	
24～26d	常规管理、带鸡消毒	1.管理同上； 2.消毒同17日龄	加强通风	注意更换消毒药
27d	常规管理	1.管理同上； 2.饮水中加入速补-14（与水的比例为1∶1000）		
28d	常规管理、免疫接种	1.饮水中加速补-14，饮至中午11:00，其他工作同上； 2.停水，夏秋2～3h，春冬3～4h，再给鸡饮水，饮水中加入2倍剂量法氏囊病疫苗； 3.饮完疫苗后把饮水器洗净，再放含速补-14的水； 4.称重方法同上次	11:00后清除饮水器内剩水，用清水把饮水器洗净，然后停水，使每只鸡都喝到疫苗，2h内喝完	给鸡停水，疫苗饮水量每只鸡按45mL计，事先应向水中添加0.3%脱脂奶粉
29d	常规管理	继续饮用速补-14水1天，其他工作同上	加强通风	注意鸡只反应，今起舍温逐步降到21℃，最低不可低于16℃

续表

时间	项目	作业内容	基本要求	备注
30～35d	常规管理、称重、带鸡消毒	1.管理同上； 2.第35天称重	加强通风,夏季温度过高时辅以风扇等降温设施	冬季在保温的同时要注意通风,谨防腹水综合征发生
36～46d	常规管理、换料、带鸡消毒	1.管理同上； 2.第42天称重	加强通风换气,保持安静,预防用药	冬、春季注意保温,预防感冒;夏季注意防暑降温
47～49d	常规管理、换料、带鸡消毒	1.用3天时间由育成料换成育肥料； 2.最后一次带鸡消毒,方法同上次	每天更换1/3,要混匀	49日龄后严禁使用任何药物
50～52d	常规管理、称重、联系毛鸡出栏、总结	1.管理同上； 2.清点剩余饲料尚可饲喂天数； 3.与现场技术员和公司联系出鸡事宜； 4.总结本批饲养经验,提出改进意见	剩余饲料要计算好,不可有多余量	加强带鸡消毒

资料来源:史延平.家禽生产技术[M].北京:中国经济出版社,2003.

(二)提高肉用仔鸡生产效益的综合措施

1.提高肉用仔鸡增重的技术措施

(1)选择生产性能高的品种。品种是影响肉用仔鸡快速生长的重要因素。现代肉用鸡种都是杂交种,具有显著的杂交优势,在早期生长速度、肉质、饲料利用率、屠宰率和发育整齐度等方面,是标准品种和地方品种所不及的。因此,为了提高养鸡经济效益,应选择早期生长速度快的肉用仔鸡饲养。同时,引进的鸡苗必须来源于健康、无污染的种鸡群;生长整齐,雏鸡活泼、有精神,绒毛整洁、有光泽,腹部不宜过大,脐部闭合良好,无污染症状。

(2)供给肉用仔鸡全价优质饲料。现代肉鸡生长快、饲料利用率高,必须在营养完善的全价配合饲料条件下,其性能才能得到充分发挥。采用全价配合饲料,也是实现养鸡机械化的前提,可以在节省饲料、设备和劳动力等方面发挥作用。全价配合饲料不仅要求营养全面,而且适口性好、不霉变。

(3)加强整个饲养期的饲养管理。①加强早期饲喂。肉用仔鸡生长速度快,相对生长强度大,前期生长稍有受阻则以后很难补偿。据试验,1周龄体重每少1g,出栏体重少10～15g。因此一定要使出壳后的雏鸡早入舍、早饮水、早开食,一般要求在出壳后24h、饮水后2～3h喂料。②重视后期育肥。肉用仔鸡生长后期脂肪的沉积能力增强,因此应在饲料中增加能量含量,最好在饲料中添加2%～5%的脂肪,在管理上保持安静的生活环境、较暗的光线,尽量限制鸡群的活动,注意降低饲养密度,保持地面清洁、干燥。③添喂沙砾。鸡没有牙齿,肌胃中沙砾起着代替牙齿磨碎饲料的作用,同时还可以促进肌胃发育、增强肌胃运动力、提高饲料消化率、减少消化道疾病等。据报道,若长期不喂沙砾,鸡的饲料利用率下降

3%～10%,因此要适时饲喂沙砾。饲喂方法:1～2周龄,每周每100只鸡喂给50g细沙砾。以后每周每100只鸡喂给400g粗沙砾;或在鸡舍内均匀放置几个沙砾盆,供鸡自由采用。沙砾要求干净、无污染。④适时出栏。肉用仔鸡的特点是早期生长速度快、饲料利用率高,特别是6周龄前更为显著。因此要随时根据市场行情进行成本核算,在有利可赢的情况下,提倡提早出售,以免饲料消耗的成本超过了体重增加的回报。目前,我国饲养的肉用仔鸡一般在7～8周龄、公母混养体重达2kg以上,即可出栏。

2.提高产品合格率的技术措施

(1)减少弱小个体。肉用仔鸡的整齐度是肉用仔鸡管理中的一项重要指标,提高出栏整齐度,可以提高经济效益。挑雏与分群饲养是保证鸡群健康、均匀生长的重要因素。第一次挑雏应在鸡雏到达育雏室时进行。挑出弱雏、小雏,放在温度较高处,单独隔离饲喂,残雏应予以淘汰,以净化鸡群。第二次挑雏在雏鸡6～8日龄时进行,也可在雏鸡首次免疫时进行,把个头小、长势差的雏鸡单独隔离饲养。雏鸡出壳后要早入舍、早饮水、早开食,对不会采食、饮水的雏鸡要进行调教。温度要适宜,防止低温引起腹泻和生长阻滞而长成矮小的僵鸡。饮水、喂料的器械要充足,饲养密度不可过大,患病鸡要隔离饲养、治疗。饲养期间,对已失去饲养价值的病弱残雏要随时淘汰。

(2)防止外伤。肉鸡出场时应妥善处理,即或生长良好的肉鸡,出场送宰后也未必都能加工成优等的屠体。因此,肉鸡出场时应尽可能防止碰伤,这对保证肉鸡的产品合格率是非常重要的。应有计划地在出场前4～6h使鸡吃光饲料,吊起或移出饲料和一切用具,饮水器在抓鸡前撤除。为减少鸡的骚动,最好在夜晚抓鸡,舍内安装蓝色或红色灯泡,使光照减至最低程度,然后用围栏圈鸡捕捉,抓鸡要抓鸡的胫部,不能抓翅膀。抓鸡、入笼、装车、卸车、放鸡的动作要轻巧敏捷,不可粗暴丢掷。

(3)控制胸囊肿。胸囊肿是肉鸡胸部皮下发生的局部炎症,是肉用仔鸡的常见疾病。它不传染也不影响生长,但影响屠体的商品价值和等级。应针对产生原因采取有效措施:①尽力使垫草干燥、松软,及时更换黏结、潮湿的垫料,保持垫草应有的厚度。②减少肉用仔鸡卧地的时间,肉用仔鸡一天当中有68%～72%的时间处于卧伏状态,卧伏时体重的60%左右由胸部支撑,胸部受压时间长、压力大,胸部羽毛又长得晚,易造成胸囊肿。应采取少喂多餐的方法,促使鸡站起来吃食活动。③若采用铁网平养或笼养,应加一层弹性塑料网。

(4)预防腿部疾病。随着肉用仔鸡生产性能的提高,腿部疾病的严重程度也在增加。引起腿病的原因是各种各样的,归纳起来有以下几类:①遗传性腿病,如胫骨软骨发育异常、脊椎滑脱症等;②感染性腿病,如化脓性关节炎、鸡脑髓炎、病毒性腱鞘炎等;③营养性腿病,如脱腱症、软骨症、维生素 B_2 缺乏症等;④管理性腿病,如风湿性和外伤性腿病等。预防肉用仔鸡腿病,应采取以下措施:①完善防疫保健措施,杜绝感染性腿病;②确保微生物元素及维生素的合理供给,避免因缺乏钙、磷而引起的软脚病,避免因缺乏锰、锌、胆碱、维生素 B_3、叶酸、维生素H、维生素 B_6 等所引起的脱腱症,避免因缺乏维生素 B_2 而引起的卷趾病;③加强管理,确保肉用仔鸡合理的生活环境,避免因垫料湿度过大、脱温过早以及抓鸡不当而造成的腿病。

(5)控制腹水综合征。腹水综合征是一种非传染性疾病,其发生与缺氧、缺硒及某些药物的长期使用有关。控制肉鸡腹水综合征发生的措施如下:①改善环境条件,特别是在密度大的情况下，应充分注意鸡舍的通风换气；②适当降低前期饲料的蛋白质和能量水平；③防止饲料中缺硒和维生素E；④饲料中呋喃唑酮不能长期使用；⑤发现轻度腹水综合征时，应在饲料中补加0.05%的维生素C。

(6)预防猝死症。猝死症症状是一些增重快、体形大、外观正常健康的鸡突然狂叫，仰卧倒地死亡。剖解常发现肺肿、心脏扩大、胆囊缩小。导致猝死症发生的具体原因不详，一般建议在饲料中适量添加多维；加强通风换气，防止密度过大；避免突然的应激。

任务5.2 黄羽肉鸡生产

一、黄羽肉鸡的饲养

(一)生长发育的特点和阶段划分

1.生长发育特点

黄羽肉鸡与快大型肉鸡比较，在生长发育方面有以下特点。

(1)生长速度相对缓慢。黄羽肉鸡的生长速度介于蛋鸡品种和快大型肉鸡品种之间，有快速型、中速型及慢速型之分。如快速型黄羽肉鸡6周龄平均上市体重可达1.3～1.5kg，而慢速型黄羽肉鸡90～120日龄上市体重仅有1.1～1.5kg。

(2)黄羽肉鸡对饲料的营养要求水平较低。在粗蛋白质19%、能量11.50MJ/kg的营养水平下，即能正常生长。

(3)生长后期对脂肪的利用能力强。消费者要求优质肉鸡的肉质具有适度的脂肪含量，故生长后期应采用含脂肪的高能量饲料进行育肥。

(4)羽毛生长丰满。羽毛生长与体重增加相互影响，一般情况下，黄羽肉鸡至出栏时，羽毛几经蜕换，特别是饲料期较长、出栏的优质鸡，其羽毛显得特别丰满。

(5)性成熟早。如我国南方某些地方黄羽肉鸡品种公鸡在30日龄时出现啼鸣，母鸡在100日龄就开始产蛋；其他地方育成的黄羽肉鸡品种公鸡在50～70日龄时冠髯已经红润，出现啼鸣现象。

2.饲养阶段的划分

根据黄羽肉鸡的生长发育规律及饲养管理特点，其饲养阶段大致可划分为前期(育雏期，0～3周龄)、中期(生长期，4周龄～出栏前2周)和后期(育肥期，出栏前2周～出栏)。

(二)黄羽肉鸡的饲养方式

黄羽肉鸡的饲养方式通常有地面平养、网上平养、笼养和放牧饲养四种方式。

1.地面平养

地面平养对鸡舍的基础设备的要求较低，在舍内地面上铺5～10cm厚的垫料，定期打扫、更换即可；或在5cm垫料的基础上，通过不断增加垫料解决垫料污染的问题，一个饲养周期彻底更换一次垫料。地面平养的优点是设备简单，成本低，胸囊肿及腿病发病率低。

2.网上平养

网上平养是指在鸡舍内饲养区以木料或钢材做成离地面40～60cm的支架，上面排以木制或竹制棚条，间距 8～12cm，其上再铺一层弹性塑料网。采用这种饲养方式，鸡粪落入网下地面，减少了消化道疾病的二次感染，尤其是对球虫病的控制有显著效果。在弹性塑料网上平养，胸囊肿的发生率明显减少。网上平养的缺点是设备成本较高。

3. 笼养

笼养黄羽肉鸡近几年来越来越广泛地得到应用。鸡笼的规格很多，大体可分为重叠式和阶梯式两种。有些养鸡户采用自制鸡笼。与平养相比，笼养的单位面积饲养量可增加 1 倍左右，可有效地提高鸡舍利用率；笼养限制了鸡在笼内的活动空间，采食量及争食现象减少，发育整齐，增重良好，育雏、育成率高，饲料利用率可提高 5%～10%，可降低总成本3%～7%；鸡体与粪便不接触，可有效地控制鸡白痢和球虫病蔓延；不需要垫料，可减少垫料开支，可降低舍内粉尘浓度；转群和出栏时，抓鸡方便，鸡舍易于清扫。但笼养的缺点是一次性投资较大。

4. 放牧饲养

育雏脱温后，4～6 周龄的黄羽肉鸡在自然环境条件适宜时可采用放牧饲养，即让鸡群在自然环境中生活、觅食、人工补饲，夜间鸡群回鸡舍栖息的饲养方式。该方式一般是将鸡舍建在远离村庄的山丘或果园之中，鸡群能够自由活动、觅食，得到阳光照射和沙浴等，可采食虫草和沙砾、泥土中的微量元素等，这有利于黄羽肉鸡的生长发育，鸡群活泼健康，肉质特别好，外观紧凑，羽毛光亮，也不容易发生啄癖。

二、黄羽肉鸡的管理

(一)日常管理要点

1. 光照

光照时间的长短及光照强度对黄羽肉鸡的生长发育和性成熟有很大影响，黄羽肉鸡的光照制度与肉用仔鸡有所不同，肉用仔鸡的光照是为了延长采食时间，促进生长，而黄羽肉鸡的光照还具有促进其性成熟，使其上市时冠大面红、性成熟提前的作用。光照太强影响休息和睡眠，并会引发啄羽、啄肛等啄癖；光线过弱不仅不利于饮水和采食，也不利于促进性成熟。合理的光照制度有助于提高优质黄羽肉鸡的生产性能(见表 5-2-2)。

表 5-2-2　黄羽商品肉鸡光照参考方案

时间	1～2d	3～7d	8～13d	14d 至育肥开始前 14d	育肥开始前 14～前 7d	育肥开始前 7d 至育肥期	育肥期
光照时间/h	23～24	20	16	自然光照	14	26	20
光照强度/lx	60	40	30		20	30	40

2. 温度

育雏温度不宜过高，太高会影响黄羽肉鸡的生长，降低鸡的抵抗力，因此要控制好育雏温度，适时脱温。一般采用 1 日龄舍温 33～34℃，每天下降 0.3～0.5℃，随鸡龄的增加而逐步调低至自然温度，同时应随时观察鸡的睡眠状态，及时调整。特别注意要解决好冬春季节保温与通风之间的矛盾，防止因通风不畅诱发腹水综合征及呼吸道疾病等。

3. 湿度

湿度对鸡的健康和生长影响也较大，湿度大易引发球虫病，湿度太低会导致雏鸡体内水分随呼吸而大量蒸发，影响雏鸡卵黄的吸收。一般以舍内相对湿度55%～65%为好。

4. 通风

保持室内空气新鲜和适当流通，是养好黄羽肉鸡的重要条件之一，所以通风要良好，防止因通风不畅肉鸡诱发腹水综合征等疾病。另外，要特别注意贼风对雏鸡的危害。

5. 密度

密度对黄羽肉鸡的生长发育有着重大影响，密度过大，鸡的活动受到限制，鸡只生长缓慢，群体整齐度差，易感染疾病以及发生啄肛、啄羽等啄癖；密度过小，增加养殖成本。平养育雏密度为30～40只/m^2，舍内饲养生长期密度为12～16只/m^2。

6. 公母分群饲养

黄羽肉鸡的公鸡生长较快，体形偏大，争食能力强，而且好斗，对蛋白质、赖氨酸利用率高，饲养报酬高；母鸡则相反。因此通过公母分群饲养而采取不同的饲养管理措施，有利于提高增重、饲养效益及整齐度，从而实现较好的经济效益。

7. 免疫接种

某些黄羽肉鸡品种的饲养周期比肉用仔鸡长，除进行必要的肉鸡防疫外，还应增加免疫内容，如马立克氏病、鸡痘等；其他免疫内容应根据发病特点予以考虑。此外，还要搞好隔离、卫生消毒工作。根据本地区疾病流行特点，采取适宜的方法进行有效的免疫监测，做好疫病防疫工作。

(二)减少黄羽肉鸡残次品的管理措施

养鸡场生产出良好品质的优质肉鸡后，若将其品质一直保持到消费者手中，需要在抓鸡、运输、加工过程中对胸部囊肿、挫伤、骨折、软腿等方面进行控制。减少黄羽肉鸡残次品时要注意以下问题：

(1)避免垫料潮湿，增加通风，减少氨气，提供足够的饲养面积。

(2)在抓鸡、运输、加工过程中，操作要轻巧。

(3)抓鸡前一天不要惊扰鸡群，防止鸡群受惊后与食槽、饮水器相撞而引起碰伤。装运车辆最好在天黑后驶进鸡舍，防止白天车辆的响声惊动鸡群。

(4)强调抓鸡技巧，捉鸡时要求务必稳、准、轻。抓鸡前，应移除地面的全部设备。抓鸡工人不要一手同时抓握太多鸡，一手抓握的越多，则鸡外伤发生的可能性越大。

(5)抓鸡时，鸡舍应使用暗淡灯光。

(6)做好疾病控制，如传染性关节炎、马立克氏病等。

(7)合理调配饲料，加强饲喂管理。饲料中钙、磷缺乏或钙、磷比例不当，缺乏某些维生素、微量元素，饲料含氟超标，以及采食不均等均会造成产品质量下降。

(三)雏鸡的饲养管理

1. 接雏

应选择健康的雏鸡，其标准是精神活泼，两眼有神，毛色纯黄或黄中带麻，绒毛整洁，脐部收缩良好，外观无畸形或残缺，肛门周围干净，两脚站立着地结实，行走正常，握在手中饱满、挣扎有力，体重达到30g以上。

2.雏鸡饲养

肉鸡的饲养就是想方设法让鸡多吃，单位时间内鸡吃得越多，则生长得越快，饲料利用率越高，为此可采用少量多次的饲喂方法。育雏阶段每天加饲料5～6次，每次加的量少些，让鸡全部吃干净，料桶空置一段时间后再加一次饲料。这样可以引起鸡群抢食，刺激食欲。6～10日龄时进行断喙，可用烙铁或专用断喙器将上喙切去1/2，下喙切去1/3，可预防喙癖，减少饲料浪费。最好断喙前后2～3天内在饮水中加入水溶性多维及抗生素类药物，以减少应激反应。20日龄后每100只鸡每周供给500g干净细沙，以增强鸡的消化功能、刺激食欲。做好育雏期内的免疫接种工作。小鸡饲养至30～40日龄时，转至中鸡舍饲养。

(四)中鸡的饲养管理

当鸡群转到中鸡舍后，应将雏鸡饲料分3天过渡到中鸡饲料，即第1天喂2/3雏鸡饲料及1/3中鸡饲料，第2天喂1/2中鸡饲料及1/2雏鸡饲料，第3天喂2/3中鸡饲料及1/3雏鸡饲料，第4天全部喂中鸡饲料。转鸡前后亦可应用水溶性多维及抗生素类药物饮水3～4天，以减少转鸡及换料的应激反应，并可控制并发感染。中鸡要强弱分群、公母分群饲养。对公鸡要增加垫料厚度，提高日粮中的蛋白质及赖氨酸水平，因公鸡生长速度较快，对饲料要求更高。中鸡饲养至55～60日龄时，转到大鸡舍饲养。

(五)大鸡的饲养管理

进鸡前，鸡舍及所有用具均应经过彻底清洗、消毒。换料应逐渐进行，一般用3天时间将中鸡饲料逐步过渡到大鸡饲料。鸡群饲养到70日龄以后可在饲料中添加1%～2%的动物油或植物油，以提高日粮代谢能，促进机体内脂肪沉积，增加羽毛光泽度。饲养后期注意选用富含叶黄素的饲料原料(如优质黄玉米、玉米蛋白粉、苜蓿粉、松针粉、草粉等)配合日粮，亦可在饲料中添加人工色素(如加丽素黄、露康定红、露康定黄等)，以增加鸡体的色素沉积，从而使三黄特征更加明显。60日龄左右进行鸡新城疫Ⅰ系疫苗肌肉注射接种。如果饲养到110日龄以后出栏的，应在80～90日龄时进行一次新城疫疫苗饮水或喷雾免疫。

◎复习思考题

1. 现代肉鸡的生产特点有哪些？
2. 快大型肉鸡和优质黄羽肉鸡的生产性能、外貌特征和优缺点各是什么？
3. 肉用仔鸡的光照管理有何特点？
4. 怎样提高产品肉鸡的合格率？
5. 如何预防快大型肉鸡的几种非传染性疾病？

【技能实训12】　鸡的屠宰与测定

一、目的要求

1.学习鸡屠宰方法的步骤。

2.掌握屠宰率的测定及计算方法。

二、仪器设备与材料

公/母鸡若干只、解剖刀、手术剪、镊子、解剖台、台称、电子秤、温度计、骨剪、胸角器、游标卡尺、皮尺、粗天平、承血盆、吊鸡架。

三、方法与步骤

(一)宰前准备

1. 家禽屠宰前必须先禁食12～24h,只供饮水,这样既可节省饲料,还可使放血完全,保证肉的品质优良和屠体美观。

2. 屠宰前为避免药物残留,应按规定程序停止在饲料中添加药物。

3. 称活体重。

(二)放血

1. 颈外放血法

左手握鸡两翅膀,将其颈向背部弯曲,并以左手拇指及食指固定其头,同时左手小指勾住鸡的一脚,右手将鸡耳下颈部宰杀部位的羽毛拔净后,用刀切断颈动脉或颈静脉血管,放血致死。

2. 口腔内放血法

将鸡两腿分开倒挂于吊鸡架上,左手握鸡头于手掌中心,并用拇指及食指将鸡嘴顶开,右手将解剖刀的刀背平行于舌面伸入口腔,待刀伸入至左耳部时将刀翻转使刀口向下,用力切断颈静脉和桥形静脉联合处,然后将刀抽出转向硬腭处中央裂缝中部斜刺延脑,破坏脑神经中枢。此法使屠体没有伤口,外表完整美观,放血完全,死亡快。

(三)拔毛

1. 干拔法

应用口腔内放血法宰杀的家禽可用干拔法,在血放尽后,将羽毛拔去。注意勿损伤皮肤。

2. 湿拔法

在血放净后,用50～80℃的热水浸烫,让热水涌进毛根,因毛囊周围肌肉的放松而便于拔毛。注意水温和浸烫时间要根据鸡体重的大小、季节差异和鸡的日龄而异,不宜温度太高和浸烫太久。一般以能拔下毛而不伤皮肤为准。

拔毛顺序为:尾→翅→颈→胸→背→臀→两腿粗毛→绒毛。

(四)屠体外观检查

检查屠体表面是否有病灶、损伤、瘀血,如鸡痘、肿瘤、胸囊肿、胸骨弯曲、大小胸、脚趾瘤、外伤、断翅或瘀血块等。

(五)基本测量

1. 胸角宽

测量胸角宽常以胸角度来表示,理想的胸角度应在90°以上。用胸角器在胸骨前的吻突向下垂直,不要过紧地夹住胸肌,自然夹角形成的角度数即为胸角度。

2. 皮下脂肪厚

从尾根部切线向上沿第一切线剥离两侧皮肤,用游标卡尺测量此处的皮脂厚。游标卡尺应轻轻卡住，不要用力挤压。

3. 肌间脂肪宽度

将胸部的皮掀开，在胸骨侧突的部位用游标卡尺测量脂肪带的宽度。

（六）分割、去内脏

割除头、颈、脚，脚从踝关节分割并剥去趾部表皮、趾壳，头从第一颈椎处割下，颈部从肩胛骨处割下，分别将头、颈、脚称重。

为防止屠体污染，开腹前先挤压肛门，使粪便排出。在胸骨剑突与泄殖腔之间横切一刀，掏出内脏，仅留肺脏和肾脏。

（七）屠体测定项目

（1）活重。即在屠宰前停饲12h后的重量。

（2）放血重。即禽体放血后的重量。

（3）屠体重。即禽体放血、拔毛后的重量。

（4）胸肌重。即将屠体胸肌剥离下的重量。

（5）脚肌重。即将禽体腿部去皮、去骨后的肌肉重量。

（6）半净膛重。即屠体去气管、食管、嗉囊、肠、脾脏、胰腺和生殖器官，留下心脏、肝脏（去胆）、肺脏、腺胃、肌胃（去除内容物和角质膜）和腹脂的重量。

（7）全净膛重。即半净膛重去心脏、肝脏、腺胃、肌胃、腹脂及头、颈、脚，留下肺脏、肾脏的重量（鸭、鹅保留头、颈、脚）。

（8）腹脂重。腹脂重包括腹脂（板油）及肌胃外脂肪。

（9）翅膀重。即从肩关节切下翅膀称重。将翅膀分为三节：翅尖（腕关节至翅前端）、翅中（腕关节与肘关节之间）和翅根（肘关节与肩关节之间）。

（10）根据实验要求，有时要称脚重、肝脏重、心脏重、肌胃重、头重等。

（八）计算项目

相关的计算公式如下：

$$屠宰率=\frac{屠体重}{活重}\times 100\%$$

$$半净膛率=\frac{半净膛重}{活重}\times 100\%$$

$$全净膛率=\frac{全净膛重}{活重}\times 100\%$$

$$胸肌率=\frac{胸肌重}{全净膛重}\times 100\%$$

$$脚肌率=\frac{脚肌重}{全净膛重}\times 100\%$$

$$腹脂率=\frac{腹脂重+肌胃外脂肪}{全净膛重}\times 100\%$$

$$瘦肉率=\frac{胸肌重+脚肌重}{全净膛重}\times 100\%$$

⇨实训报告

1. 每小组屠宰1～2只鸡，将结果列表统计并计算。

2. 通过解剖说明鸡的消化、呼吸、泌尿和生殖系统的组成及结构特征。

【技能实训13】 公鸡的阉割技术

一、目的要求

通过实验要求掌握公鸡阉割的基本操作程序、要点及注意事项。以达到公鸡阉割的目的，摘除公鸡的生殖腺睾丸，使它失去性欲和雄性特征，性情变温顺，便于饲养管理，而且肌肉细嫩鲜美，育肥效果好，产品经济价值高。

二、仪器设备与材料

一般有套管马尾或棕线、小刀、铜勺、弓攀等，体重400g左右的公鸡若干。

三、方法与步骤

术者可坐在小凳子上，先将公鸡两翅翻向背部，右手将公鸡右脚向后拉立，左手将左脚向前拉直，使公鸡保持左侧卧，用钢夹将两脚固定在桌面上。

(1)一般选用右侧倒数第二肋骨间隙处先将术部羽毛拔掉，然后切开。

(2)左手拇指将皮肤稍向后拉，右手用握笔式持刀，做一与肋骨平行的切口，长2～3cm。

(3)在切口处用弓攀将切口扩成棱角形，以小刀柄上的钩或签子将腹膜剥开，伸入铜勺把肠管推向下方。可清晰看见两侧睾丸的系膜，在睾丸系膜与血管处有一个三角形位置，左手持签子尖在三角形无血管处戳穿系膜，用铜勺扩大系膜切口，用套马尾圈将睾丸锯下，用铜勺顺利取出睾丸。

(4)最后取下弓攀，将皮肤下的肌肉系膜削去，将公鸡放到安静的地方饲养。京星肉鸡公鸡不用阉割也能育肥。

四、注意事项

(1)用签子尖刺破睾丸系膜，但不能刺破背部动脉或系膜血管，也不能刺得太深，如果刺破动脉，鸡会立即死亡。在刺破系膜时，要看准无血管的三角形白色区位置。

(2)锯下第一睾丸时，如发现有小出血时，用铜勺灌冷水于出血点上止血。如果大出血，停止手术。

(3)公鸡发生休克现象时，可喂凉水，使它清醒过来，也起止血作用。

(4)如手术后发现鸡胀气，要用手将切口剥开放气。如遇肠管脱出体外或在肤内，应立即将肠管清洗后放进腹腔里，并缝合两针。

⇨实训报告

1. 简述公鸡阉割的操作步骤。

2. 说明阉割时需要注意的事项。

项目六　种鸡生产

☞ **项目目标**

1. 了解不同类型种鸡的生产特点和营养需求特点。
2. 掌握蛋用种鸡与肉用种鸡的饲养管理要点。
3. 了解优质型肉用种鸡的饲养管理要点。

♠ **技能目标**

1. 能够选择适宜的不同类型的种鸡进行饲养。
2. 熟练、正确进行各阶段的饲养管理技术。
3. 熟练操作种鸡的体重控制、人工授精等技术。

♣ **案例导入**

某种鸡场的种鸡在产蛋高峰期后种蛋的合格率出现明显的下降，直至87%，且其受精率只有85%，严重影响到种蛋的孵化率。请你分析产生的可能原因有哪些，并提出相应的改进措施。

任务6.1　蛋用种鸡生产

饲养种鸡的目的是尽可能多地获取受精率和孵化率高的合格种蛋，以便由每只母鸡提供更多的健康母雏。而种鸡所产母雏的多少、质量的优劣，取决于种鸡各阶段的饲养管理及鸡群净化程度。

一、蛋用种鸡的饲养管理

蛋用种鸡与商品蛋鸡的育雏、育成饲养方法大同小异，本任务将重点讨论不同之处。

(一)蛋用种鸡的生产指标

饲养种鸡的目的主要是繁殖尽可能多的合格种蛋，并使这些种蛋受精率与孵化率提高，孵出健壮雏鸡。现代蛋用种鸡的生产性能指标如表6-1-1所示。

表6-1-1　蛋用种鸡的生产性能指标

项目	轻型蛋用种鸡	中型蛋用种鸡
20周龄体重/kg	1.37	1.66
70周龄体重/kg	1.78	2.24
入舍母鸡产蛋数/个	250	250
入舍母鸡产种蛋数/个	210	205

续表

项目	轻型蛋用种鸡	中型蛋用种鸡
平均入孵蛋孵化率/%	87	83
入舍母鸡产母雏数/只	86	85
每天每只耗料量/g	114	124
存活率/%	90～94	90～94

(二)饲养方式与饲养密度

种鸡的饲养虽有地面平养、网上(或棚架)平养和笼养三种饲养方式,但为了便于鸡群疾病控制,有利于防疫,提高种雏质量的成活率,建议采用棚架平养或笼养方式。

蛋用种鸡的饲养密度比商品蛋鸡小,不同品系的种鸡育雏育成期饲养密度各有其指标要求(见表 6-1-2)。合适的饲养密度,有利于雏鸡正常发育,也有利于提高鸡群的成活率和均匀度,应随日龄的增加逐渐降低饲养密度。可在断喙、接种疫苗的同时,调整鸡群,并强弱分饲。

表 6-1-2　育雏育成期不同饲养方式的饲养密度　单位:只/m^2

种鸡类型	周龄	全垫料散养	网上平养	重叠式笼养
轻型鸡	0～2	13.0	17.0	74.0
	3～4	13.0	17.0	49.0
	5～7	13.0	17.0	36.0
	8～20	6.3	8.0	转入育成笼
中型鸡	0～2	11.0	13.0	59.0
	3～4	11.0	13.0	39.0
	5～7	11.0	13.0	29.0
	8～20	5.6	7.0	转入育成笼

(三)跖长指标

骨骼和体重的生长发育规律不同。体重是在整个育成期不断增长的,直到产蛋期 36 周龄时达到最高点。骨骼是在最初的 10 周内迅速发育的,到 20 周龄时全部骨骼发育完成,前期发育快,后期发育慢。因此要求青年鸡在 12 周龄时完成骨架发育的 90%。如果营养或管理等配合不当,为了达到体重标准就必然会出现带有过量脂肪的小骨架鸡(即小肥鸡),其将来的产蛋性能明显达不到应有的标准。所以在育雏期,跖长标准比体重标准更重要。在育雏期追求的主要目标应该是跖长的达标。到 8 周龄时若跖长低于标准,可暂不换育成料,直到跖长达标后再换料(见表 6-1-3)。

表 6-1-3　迪卡褐、海兰 W-36 父母代体重与跖长标准

周龄	体重/g		跖长/mm		周龄	体重/g		跖长/mm	
	迪卡褐	海兰 W-36	迪卡褐	海兰 W-36		迪卡褐	海兰 W-36	迪卡褐	海兰 W-36
1	70		30		11	870	850	91	91
2	110		40		12	960	950	95	93
3	160		46		13	1050	1030	99	95
4	220		52		14	1140	1100	101	96
5	310		58		15	1230	1160	102	97
6	400	390	65	62	16	1310	1210	103	98
7	500	470	71	69	17	1400	1250	104	98
8	600	550	78	76	18	1480	1280	105	98
9	690	640	83	82	19	1560	1300	106	99
10	780	740	87	87	20	1650	1320	107	99

二、产蛋阶段的饲养管理

(一)饲养方式与饲养密度

常用的饲养方式有以下两种。

1.混合地面饲养

混合地面由网状(或木条)地面与垫料地面混合组成,两者之比为 2∶1。木条地面在鸡舍的两侧,中间铺垫料。木条地面高出地面 45～50cm,供料、供水系统置于其上。大部分产蛋箱悬吊在垫料地面之上,一头落在木条地面上。有时将产蛋箱置于木条地面靠两侧墙边,由两边各自的集蛋带将蛋输送到饲养区外的工作间的集蛋台上,供饲养人员装盘。

2.种鸡笼与公鸡笼饲养

种鸡笼与公鸡笼配套使用养种鸡,后者养种公鸡。种鸡笼通常用 2 层蛋鸡笼,以便进行人工授精。有的也用 3 层蛋鸡笼,授精时在笼架上搭一个与鸡笼等长的斜梯,人站在其上,对上层笼的母鸡进行输精。轻型与中型蛋用种母鸡的饲养密度相同于轻型与中型商品蛋鸡。公鸡笼一般高 2 层,每个组装笼被分隔成 8 个单体笼,中型公鸡笼比轻型公鸡笼的笼深要大 5cm,每个单体笼养一只公鸡。

饲养密度与饲养方式密切相关(见表 6-1-4)。

表 6-1-4　不同饲养方式下蛋种鸡的饲养密度

蛋鸡类型	网上平养		笼养	
	需要空间/(m^2/只)	密度/(只/m^2)	需要空间/(m^2/只)	密度/(只/m^2)
轻型蛋鸡	0.11	9.1	0.045	22
中型蛋鸡	0.14	7.1	0.045～0.050	20～22

(二)种鸡的体重控制

种鸡必须维持适当的体重才能正常地发挥其遗传潜力。产蛋初期体重下降将会使产蛋维持性变差,后期体重过大会使产蛋减少、死亡淘汰率上升,自然交配的种鸡过肥还会影响配种。因此,在饲养中除掌握饲喂量外,还需定期检查体重,尽量使种鸡保持适当的体重,发现体重减轻时应及时加料或采取增加饲喂次数等办法使其体重增长上去。在种鸡生产中,及时采取措施将会使生产少受损失。

(三)种蛋管理要点

1.捡蛋后消毒再保存

每天捡蛋4~5次(商品蛋鸡每天捡2~3次),捡后尽快消毒再保存。受到污染的种蛋孵化率降低,雏鸡的品质不良,死亡率高。

2.设法减少窝外蛋

窝外蛋因受到严重污染(每克垫料含菌数能高达60亿个),故不可作为种蛋。

3.防止毒素污染

蛋壳脏污表明霉菌素已引起鸡的肾脏功能异常,要查找毒素的来源并尽快解决。

4.防止肛门附近羽毛沾污

一旦发现非特异性肠炎造成的鸡肛门附近羽毛沾污,应尽快治疗。肛门附近羽毛沾污是脏蛋的主要原因。

5.夏季在饮水中加维生素

夏季时,对刚产蛋到40周龄的鸡群每周连续2天在饮水中加维生素C与复合维生素B,可提高种蛋的受精率,减少胚胎死亡率,增强孵出雏鸡的体质。

6.适时留种蛋

刚开产时的蛋,蛋形不规整,蛋重小,受精率低,不能留种。一般在25~27周龄,平均蛋重在50g以上时留种蛋。

7.适时交配

自然交配时,提前1周放入公鸡。人工授精时,提前两天连续输精,第3天收集种蛋。

三、种公鸡的培育

(一)饲养管理要点

1.从出壳到3周龄

采用自由采食,目的是使公鸡充分发育,但体重必须严格控制。如有条件,饲养密度尽量稀一些为好,以锻炼公鸡的体质。

2.4~13周龄

使公鸡的生长速度减慢,使体重渐渐回复到标准范围或最多不超过标准的10%。因此,此阶段要更换为育成料,并改为限制饲养,当体重均匀度太差时,进行大、中、小分栏饲养。

3.14~17周龄

满足公鸡生殖系统的充分发育与母鸡性成熟同步,这对提高将来的受精率十分重要。公鸡的光照制度必须和母鸡相同,当发现公鸡比母鸡性成熟迟时,就要加强公鸡的光照,使之与母鸡同时成熟后才混群。18 周龄时，淘汰性成熟发育较迟、体质弱小、无雄性特征的公鸡。

(二)种公鸡的饲养管理

1. 种公鸡的饲料营养及饲喂量

为防止种公鸡采食过多而导致过重和腿脚病的发生，从而影响配种，必须给种公鸡喂给配合饲料，其中蛋白质为 12%～14%、代谢能为 11.70MJ/kg、钙为 1.1%、有效磷为 0.45%。

2. 种公、母鸡分开饲喂(人工授精)

因为种公、母鸡的营养需要量及饲喂量不同，为了防止公鸡超重而影响配种能力，混养的种公、母鸡必须实行分开饲喂，采用不同的饲料和饲喂量。

四、影响种蛋合格率的因素及对策

种蛋的合格率直接影响种鸡场的经济效益，为此，种鸡管理者必须了解影响种蛋合格率的因素，采取相应的对策，提高种蛋的合格率。

(一)产蛋早期种蛋合格率低

对开产蛋重小的品系，应注意在生长阶段控制光照、限制饲喂，适当延迟其性成熟期，使其生长发育比较均匀，性成熟接近同期，开产蛋重大，其后种蛋均匀性好、合格率高。

(二)产蛋后期种蛋合格率低

一般在产蛋 10 个月后蛋壳品质急剧下降，这时如果入孵，种蛋孵化率低，可以采取控制营养的方法使种蛋蛋重减小一些；如此时蛋壳品质与入孵蛋孵化率均显著下降，而种鸡的性能优异，则可采用强制换羽的方法，使其休产一段时间，待恢复产蛋后，种蛋合格率与品质都会有明显提高。

(三)蛋的外形不符合要求

若属于遗传方面，则应注意选择蛋形好的品系；若属于饲养管理方面，如蛋壳品质下降、破蛋多、种蛋合格率低等，则根据具体情况，改善饲养管理条件。

(四)因破损和受污染而不能作为种蛋

除破损外，受到粪便污染的蛋和窝外蛋均不宜用于孵化。因这些蛋不仅孵化率低，以后孵出雏鸡的性能也差。因此，要采取各项措施尽量防止和减少破蛋、脏蛋和窝外蛋。

五、种鸡的检疫与疫病净化

种鸡场是向外供种的场所，首先要确保鸡群健康、无病，否则用户引种就等于引进疾病。所以，除了本场做好日常性的卫生防疫工作外，还应谢绝参观。若有特殊情况，必须严格消毒后才能参观。同时，与场内无关人员，不能随便进入鸡舍，以防万一。

种鸡场要对一些通过种蛋垂直传播的疾病进行检疫和净化，如鸡白痢、鸡白血病、霉形体病、禽传染性脑脊髓炎等。通过检疫淘汰阳性个体，能大大提高种蛋的质量。目前，国内外不少专家在鸡白痢净化方面已获得成效。此外，除坚持鸡白痢检查外，饲喂无鱼粉日粮也是净化沙门氏菌感染的重要方法。各级种鸡场都应坚持年年进行此项工作，才能取得好的效果。

任务6.2　肉用种鸡生产

现代“快大型”白羽肉鸡生产首先在美国兴起，并在全世界发展和普及，目前已成为世界各地肉鸡生产的主要部分，也是我国肉鸡生产的主体。黄羽肉鸡在我国养鸡业中占有很大的比重，在我国南方一些地区甚至居主导地位。本章将肉鸡的生产特点、肉鸡的营养、肉鸡环境控制的知识与技术和肉鸡生产过程相融合，使读者进一步掌握现代肉鸡生产的有关知识和技术，提高肉用种鸡的生长速度和饲料利用率，生产优质、安全的肉鸡产品，满足人们的需要。

一、肉用种鸡的生长发育目标及评价方法

肉用种鸡同商品代肉鸡一样，本身就具有生产速率快和饲料利用率高的特性，这就要求技术人员必须遵循肉用种鸡的生产特点和生理需要，制定出合理、科学的饲喂程序，以达到相应的体重标准(这些标准是根据特定的品系，按照其最适宜的生长曲线，为鸡群达到最佳生产性能而研究制定的)。一般来讲，如果鸡舍环境温度保持在大于20℃的条件下，种母鸡在20周龄时应至少累计消耗9.66MJ能量和1.2kg蛋白质。为了确保所提供的饲料量能满足以上要求，每周应对鸡群进行抽样称重，并对体重增长趋势和种鸡体况做一次评估，然后对饲喂程序做出适当的调整，以达到监测种母鸡和种公鸡的体形体况，确保其适宜的生长发育的目的。

(一)组织器官的生长发育

肉用种鸡各阶段的生长发育特点及其生理发育的规律各不相同，在每一个生长发育阶段，都应考虑这个阶段肉用种鸡组织或器官发育的需求，从而制定出更具针对性的管理措施。

(二)育雏育成期公母分饲

种公鸡和种母鸡的饲养管理原则基本相同，但体重增长速度和饲喂程序却不一样，因此，为了达到理想的体重，种公鸡和种母鸡有必要分开饲养。生产实践证明，世界上大多数饲养管理成功的鸡群在整个育雏育成期都采取种公鸡和种母鸡分开饲养的程序。

育雏育成期公母分饲的主要优势如下：

(1)可对种公鸡和种母鸡采用不同的喂料量进行饲喂，更有效地分别控制种公鸡和种母鸡的体重和丰满度。

(2)可在育雏初期为种公鸡提供更多的光照，促使其早期生长发育良好，以获得较大的骨架发育。

(3)有助于加强生物安全体系，避免由于种公鸡和种母鸡具有不同的采食竞争能力，而使其生长发育出现很大的差异。虽然早期混群的方法也可以获得成功，但毕竟无法分别控制种公鸡和种母鸡的生长发育和均匀度，从而无法使种鸡群发挥最大的生产性能潜力。

如不得已实施早期公母混饲，切忌不可在42日龄前进行混群，否则种公鸡得不到良好

的骨架发育。如有可能，建议将不同日龄、不同来源种鸡群所提供的雏鸡分开饲养，或至少前 6 周分开饲养，以提高均匀度。

(三)监测种鸡的生长发育

1.目的

正确评估鸡群的平均体重和均匀度，确保饲喂程序合理、准确，以达到预期的目标。

2.抽样称重

鸡群的生长发育水平应根据鸡群抽样称重进行评估和管理，并将其与各个生长阶段的标准体重进行比较。称重设备有多种类型可以选择，但要使用精确度可达到±20g 的设备。常用的设备有常规机械式或圆盘指针式称重器、电子秤等，前者劳动力强度较大，并且需要人工进行记录和计算；后者精确度较高，并可自动记录个体鸡只的体重，又能自动计算整个鸡群统计学的数据。两种类型的设备都可以达到满意的效果，但同一鸡群多次或反复称重都必须使用同一类型的称重器。有条件的可以安装鸡舍内自动称重系统，它可以测量出鸡群每日的体重状况。

鸡群的均匀生长还在于拥有良好的骨架发育。性成熟的开始完全取决于鸡只身体发育的状态。体重均匀度良好，但骨骼大小参差不齐的鸡群，其身体发育状态有很大差异。这一方面的均匀度差异会导致光照刺激开始后性成熟均匀度较差。

(四)监测种鸡的体况

1.目的

通过目测和触摸的方法监测种鸡丰满度的发育，确保整个生产周期中种鸡群的生产性能都能持续稳定。

除保证鸡群均匀生长发育之外，另一个重要目的就是要注意监测种鸡身体的发育状态，也就是骨架上鸡肉和脂肪的丰满程度。不同阶段的鸡的丰满度具有不同的状态，种母鸡的丰满度过分或丰满度不足，其产蛋高峰和产蛋总数会明显低于丰满度理想的鸡群；过于肥胖的种公鸡交配活力会降低，从而影响受精率，而且腿病发生率也较高。

2.丰满度评估的三个重要阶段

(1)16～23 周龄(112～161 日龄)。

(2)30～40 周龄(210～280 日龄)。

(3)40 周龄(280 日龄)至被淘汰。

3.种鸡主要监测部位

种鸡有四个主要部位需要监测：胸部、翅部、耻骨、腹部脂肪。评估丰满程度的最佳时机应是进行称重时对种鸡进行触摸。此外，在抓鸡之前，要注意观察鸡的总体状态。

(1) 胸部丰满度

在称重过程中，从鸡只的嗉囊部至腿部用手触摸种鸡胸部。按照丰满度过分、不足和理想三个评分标准，判定每一只种鸡的状况，然后计算出整个鸡群的平均值。

在 15 周龄时，种鸡的胸部肌肉应完全覆盖龙骨，胸部的横断面应呈现英文字母“V”的形状；丰满度不足的种鸡龙骨比较突出，其横断面呈现英文字母“Y”的形状，应尽量避免这种现象发生；丰满度过分的种鸡胸部两侧的肌肉较多，其横断面呈现较宽大的英文字母“V”或较细窄的英文字母“U”的形状。在20周龄时，种鸡的胸部因有多余的肌肉，胸部的横断面应呈现较宽大的“V”形。在25周龄时，种鸡的胸部横断面应像细窄的英文字母“U”。在30周龄时，种鸡的胸部横断面应像丰满的“U”形。

从15周龄开始，为了使鸡群体重达到较大幅度的增长，应使种鸡做好接受光照刺激的准备，料量增加的幅度也要相应增大。

(2) 翅部丰满度

挤压鸡只翅膀桡骨和尺骨之间的肌肉可以监测翅膀的丰满度。监测翅部丰满度时应考虑下列几点：

在20周龄时，翅部应有很少的脂肪，很像人手掌小拇指指尖的程度。

在25周龄时，翅部丰满度应发育成类似人手掌中指指尖的程度。

在30周龄时，翅部丰满度应发育成类似人手掌大拇指指尖的程度。

(3) 耻骨开阔程度

通过测量耻骨(骨盆骨或髋骨)开阔的程度，来判断种母鸡性成熟的状态。正常情况下，种母鸡不同周龄的耻骨开阔程度如表6-2-1所示。

表6-2-1　种母鸡不同周龄的耻骨开阔程度

日(周)龄	耻骨开阔程度	日(周)龄	耻骨开阔程度
12周龄(84日龄)	闭合	见蛋前10天	两指至两指半
见蛋前21天	一指半	开产前	三指

适宜的耻骨间距取决于种鸡的体重、光照刺激的周龄以及性成熟的发育。在此阶段，应定期监测耻骨间距，检查评估鸡群的发育状况。

(4) 腹部脂肪的累积

饲养管理肉用种鸡，监测腹部脂肪累积是一种十分有效的方法。腹部脂肪能为种鸡最大限度地生产种蛋提供能量储备。然而，不同的遗传品系，其脂肪沉积量也有所不同。监测肉用种鸡腹部脂肪时应考虑下列几点：

常规型肉用种鸡品系在24～25周龄时，腹部出现明显的脂肪累积；在29～31周龄时，即大约产蛋高峰前2周，其腹部脂肪达到最大尺寸。

丰满度适宜的宽胸型肉用种母鸡在产蛋高峰期几乎没有任何的腹部脂肪累积。

在产蛋高峰期后，最重要的是要避免腹部累积过多的脂肪。如果出现将会造成产蛋率下降较快，受精率和孵化率也会有所下降。

二、疾病控制与免疫接种

(一)疾病控制与免疫接种

良好的饲养管理和严格的卫生防疫制度是降低种鸡发病率的有效保证。鸡群发病的第一反应就是饮水量和采食量的减少。因此，建立严格而正确的饲养管理制度是关键，这要求饲养人员每天记录鸡群的采食量、饮水量以及粪便情况。如果怀疑有问题存在，要立即采取措施，将鸡只送实验室进行解剖检验，并采取正确的应对方案，从而保证种鸡群保持良好的健康状态和优良的种蛋品质，也保证了商品代肉鸡的健康和高品质。

鸡群的日常记录是重要数据的来源，这些数据是检查鸡群是否存在管理及疾病隐患的最直接体现。鸡群记录应包括接种、疫苗批号、药物治疗、鸡群观察和疾病诊断结果等。

（二）免疫程序

免疫接种是有效地保护鸡群免受病毒的侵袭，并通过母源抗体将保护力传给下一代的重要途径。在制定免疫程序时，应考虑常见的疾病，如马立克氏病（MD）、新城疫（ND）、禽传染性脑脊髓炎（AE）、鸡传染性贫血（CAA）、传染性支气管炎（IB）、传染性法氏囊病（IBD）等。然而，不同国家、不同地区的免疫需求各不相同。合理的免疫程序应重点根据当地疾病的流行情况及当地传染病的发生状态来制定。肉用种鸡的免疫程序见表 6-2-2。

表 6-2-2　肉用种鸡的免疫程序（仅供参考）

日（周）龄	疫苗种类	免疫方法
1 日龄	MD 疫苗＋新支（H_{120}）二联苗	0.25mL/羽，颈部皮下注射 喷雾（1000 羽/瓶，兑 200mL 纯净水）
6 日龄	病毒性关节炎冻干苗	0.2mL/羽，颈部皮下注射（每 1000 羽份兑稀释液 200mL）
10 日龄	霉形体油苗 IBD 疫苗	0.25mL/羽，颈部皮下注射 滴口 1 滴
12 日龄	ND＋IB 活苗 ND＋IB 油苗	点眼 1 滴 0.25mL/羽，颈部皮下注射
15 日龄	禽流感（H_5+H_9）活苗 鸡痘（POX）疫苗	0.3mL/羽，颈部皮下注射 刺种
21 日龄	IBD 疫苗	滴口 1 滴
28 日龄	ND＋IB（H_{52}）活苗	1.5 倍量，点眼 1 滴
42 日龄	病毒性关节炎油苗 传染性喉气管炎（ILT）活苗	0.25mL/羽，颈部皮下注射 点眼 1 滴
7 周龄	传染性鼻炎（IC）疫苗	0.5mL/羽，颈部皮下注射
8 周龄	ND＋IB 活苗	1.5 倍量，点眼 1 滴 0.5mL/羽，颈部皮下注射
9 周龄	禽流感（H_5+H_9）活苗	0.5mL/羽，颈部皮下注射
11 周龄	ILT 活苗	点眼 1 滴
12 周龄	脑脊髓炎（AE）＋POX 疫苗	翼膜下刺种
14 周龄	ND＋IB 活苗 ND＋IB 油苗	1.5 倍量，点眼 1 滴 0.5mL/羽，胸肌注射
15 周龄	IC 疫苗	0.5mL/羽，胸肌注射
17 周龄	减蛋综合征（EDS-76）活苗	0.5mL/羽，胸肌注射
20 周龄	禽流感（H_5+H_9）活苗	0.5mL/羽，胸肌注射

续表

日(周)龄	疫苗种类	免疫方法
21 周龄	新支法关四联苗 霉形体油苗	0.5mL/羽,胸肌注射 0.5mL/羽,胸肌注射
27～28 周龄	ND+IB 活苗 ND+IB 油苗	点眼,进口苗 1.5 倍量,国产苗 2 倍量 0.5mL/羽,胸肌注射
40 周龄	新支油苗+新支(苗) 禽流感(H_5+H_9)活苗	油苗肌注,活苗点眼 0.8mL/羽,肌肉注射

注:新城疫、禽流感每 6～8 周免疫一次;ND+IB 活苗每 4 周做一次饮水免疫,3～4 倍量饮水免疫,水中需加奶粉以中和有害物质、保护疫苗。

三、育雏期的饲养管理

(一)饲养方式与饲养密度

1.饲养方式

(1)垫料平养

平面育雏按舍内地面类型又可分为更换垫料育雏和厚垫料育雏两种形式。

①更换垫料育雏。一般把雏鸡养在铺有垫料的地面上,垫料厚 3～5cm,需经常更换。

②厚垫料育雏。用厚垫料育雏可省去经常更换垫料的繁重劳动。由于厚垫料发酵产热,可提高室温;垫料内由于微生物活动,可产生维生素 B_{12};雏鸡经常扒翻垫料,可以增加运动量、增强食欲和新陈代谢,促进其生长发育。垫料可用轧碎的秸秆,也可用刨花、木屑等。垫料要求质地良好,清洁、干燥,禁止用发霉、腐烂或冰冻、潮湿的垫料。育雏舍打扫清洁后,首先撒一层熟石灰,然后再铺上 5～6cm 厚的垫料,育雏约两周后,开始增铺新垫料,直至厚度达到 15～20cm 为止。垫料于育雏结束后一次性清除。

(2)漏缝地面饲养

漏缝地面离地 60cm,由竹木条、硬塑网、金属网铺成。以硬塑网最好,平整,易冲洗、消毒。条宽 2.5～5.1cm,间隙 2.5cm,板条走向与鸡舍长轴平行,应注意抛光表面及棱角。

(3)混合地面饲养

肉用种鸡多采用自然交配的饲养方式。漏缝地面与垫料地面以 2∶1 为宜,布局通常为中央铺垫料,两侧安竹木条。产蛋箱一端夹在木条边缘,另一端吊在垫料地面上方,与鸡舍长轴垂直排列,这既节约地面面积,又方便鸡只进出产蛋箱。交配多在垫料地面上,采食、饮水、排粪则多在漏缝地面上。鸡每天排粪大部分在采食时进行,使垫料少积粪和水。采用混合地面进行饲养,其受精率高于全漏缝地面。

(4)笼养

近年来,随着鸡舍环境控制技术和笼养配套技术的成熟,以及人工授精配套技术的普及,越来越多的肉用种鸡养殖场采用笼养方式,肉种鸡笼养将成为今后发展的方向。

2.饲养密度

(1)育雏阶段(0～4 周龄)

①公母分饲时饲养密度:母鸡 10～12 只/m^2;公鸡 10 只/m^2。

②开始育雏时最大饲养密度:电热育雏伞 400～600 只/个;红外线燃气伞 750～1000 只/个;正压热风炉 21 只/m^2。另外,若采用育雏—育成—产蛋一段制饲养法,要以产蛋期鸡数计算,一般垫料地面 4.5 只/m^2,漏缝地面 5.2 只/m^2。

(2)育成阶段(5～19 周龄)

①饲养密度。可根据不同饲喂方式和季节变化调整饲养密度(见表 6-2-3)。

表 6-2-3 不同条件下育成鸡的饲养密度 (单位:只/m^2)

饲养方式	垫料平养时密度		网上平养时密度	
	常温	炎热	常温	炎热
母鸡	6.2	4.8	6.7	5.4
公鸡	3.0	2.7	3.6	3.0
公母混合	6.0	4.5	6.2	5.0

②采食位置。无论采用哪种饲养方式或限饲方案,都要让所有的鸡只能同时吃上料(见表 6-2-4)。

表 6-2-4 育成鸡的采食位置

喂料设备	公母分饲		公母混饲
	母鸡	公鸡	
链式食槽/(cm/只)	15	20	15
圆形料桶/(只/个)	12	8～12	12
圆形料盘/(只/个)	15	12	12～15
笼养食槽/(cm/只)	12.5～15	15～20	12.5～15

根据不同的饲喂设备掌握饲喂要点。采用链式食槽时,应在 5～7min 内将饲料分配到整个鸡舍;采用料桶时,应在每个料桶内投放等量的饲料,并让所有鸡只能同时吃上料。喂料设备的高度,应将料槽或料盘等的边沿调整到与鸡背平齐的高度,防止饲料浪费和垫料、粪块进入喂料器内。

③饮水位置。适宜的饮水量是鸡只正常生长发育所必需的,因此,要提供给鸡只足够的饮水位置(见表 6-2-5)。

表 6-2-5 育成鸡的饮水位置

饮水设备	公母分饲		公母混饲
	母鸡	公鸡	
水槽/(cm/只)	2.5	4.0	2.5
乳头式饮水器/(只/个)	10～12	8	10～12
圆钟式饮水器/(只/个)	80	60～80	80

(3)产蛋阶段

①饲养密度。在温和季节，垫料平养时的饲养密度为4.5只/m^2，混合地面饲养为5.4只/m^2。当舍内无纵向通风和湿帘降温系统且天气炎热时，垫料平养为3.6只/m^2，混合地面饲养为4.8只/m^2。

②采食位置。肉用种鸡采用食槽喂料时采食位置为15只/m^2，采用圆形料桶时每12只母鸡一个，采用圆形料盘时每10～12只母鸡一个。料槽和吊桶的边沿高度应与鸡背水平一致，且分布均匀。

③饮水位置。产蛋期一定要保证足够的饮水位置，水槽应有2.5cm/只，或每4只鸡一个乳头式饮水器，或每80只鸡一个圆钟式饮水器。

(4)笼养

①笼养的优缺点。优点：便于饲养；有利于提高种鸡均匀度；可提高饲养密度；可获得较高而稳定的人工授精率。生产实践证明，肉用种鸡采用笼养与垫料地面平养时，其腿病和胸囊肿的发生率不显著，且笼养的成活率和产蛋量等均不低于平养，饲料消耗有所下降，总的经济效益有所提高。缺点：笼具等一次性设备的投资要高些。

②笼养的饲养密度。肉用种鸡笼养的饲养密度如表6-2-6所示。

表6-2-6　肉用种鸡笼养的饲养密度

(单位：只/m^2)

鸡种	雏鸡	育成鸡	产蛋鸡	种公鸡
密度	35.7	16.9	14.6	7.4

(二)肉用种鸡的选择

对肉用种鸡的祖代和父母代都要进行选择，通常分三次进行。

1.第一次选择

在1日龄时进行。母鸡雏绝大部分留下，只淘汰过小、过瘦和畸形的。公鸡雏选留活泼健壮的，数量为选留母鸡雏的17%～20%。

2.第二次选择

在6～7周龄时进行。这是选择的关键时期。此时种鸡体重与后代呈相当高的正相关，之后相关性就低很多了。由于肉用仔鸡正是这个时期出栏上市的，因此此时选择的重点是公鸡。

此时的公、母鸡雏，外貌不合格者很明显，将那些交叉喙、鹦鹉喙、歪颈、弓背、瘸腿、瞎眼、体重过小的淘汰掉。

选公雏时，还要按体重大小排序，选外貌合格、胸部和腿部肌肉发育良好、腿脚粗壮结实、体重较大的公鸡，数量为选留母鸡的12%～13%。其余转为肉用仔鸡进行饲养管理。

3.第三次选择

在转入种鸡舍时进行。这次的淘汰数很少，只淘汰那些明显不合格的，如发育差、畸形、断喙过多的鸡。公鸡的数量为选留母鸡数量的11%～12%。有些种鸡场在母鸡群开产后，对发育欠佳、近期无繁殖能力的公鸡也要予以淘汰。

(三)接雏前的准备工作

1. 鸡舍的消毒和准备

现代养鸡业面临的很大威胁仍然是疾病,鸡群周转必须实行全进全出制,以实现防病和净化的要求。当上一批育雏结束转群后,应对鸡舍和设备进行彻底的检修、清洗和消毒。消毒工作结束后重新安装好设备,进鸡前锁好鸡舍(或场区),空闲隔离至少3周,待用。尽早启动供热系统,寒冷季节通常需预热24h。鸡在短时间内受凉,也会影响成活率、均匀度和整个鸡群的生产性能。如果鸡舍用甲醛熏蒸消毒,则应至少在进鸡前3天加温排风,保证进鸡前彻底排除甲醛气体。

2. 饲养面积和饲喂设备

根据生产计划、饲养管理方式及雏鸡适宜的饲养密度,准备足够的饲喂和饮水设备(参考快大型肉用仔鸡生产)。

准备好接雏工具,如计数器、记录本、剪刀、电子秤、记号笔、饲料、药品等。如果1日龄雏鸡需要免疫,则需准备好免疫用苗和工具。

3. 育雏时间的选择

现代大型养鸡场一般采取密闭鸡舍育雏,光照和温度可人为调控,不受季节限制。在广大农村受各种条件限制,多数鸡场采用开放式鸡舍饲养,这就很受季节限制。实践证明,春雏能更好地发挥其遗传潜力。

4. 确定育雏数量

根据本场的具体条件制订和落实育雏计划,每批进雏数应与育雏鸡舍、成鸡舍容量大体一致。一般育雏、育成舍比例为1∶2。不要盲目进雏,否则数量多、密度大、设备不足、饲养管理不善等会影响鸡群的发育,增加死亡率。一般进雏数取决于当年新母鸡的需要量,在这个基础上再加上育成期间的死亡淘汰数及初生雏雌雄鉴别差误,即为应进雏数。

5. 确定所养鸡种

应考虑产品主要销售地区消费者的习惯,确定所养鸡的类型,也可参考周围地区的饲养实践来确定所养鸡种。

6. 育雏室及设备的准备

(1)育雏室的准备。育雏室专门饲养0～4周龄的雏鸡,因为这阶段需供温,所以保温性能要好,并要有一定的通风,但气流不能过速。在育雏开始前4周左右清扫育雏室,检查存在的隐患,检修门窗和屋顶。

(2)设备的准备与维修。在检修育雏舍的同时注意检查供电设备、配电设备、通风照明设备、供温设备、饲养管理设备,如笼具、供水器具、供料器具、围网、卫生消毒设备等,损坏的设备要及时修理或更新,不足的要及时购置。

(3)育雏用具的准备。①饲料。按雏鸡的营养需求配制好饲料,料要新鲜,适口性好,易于消化,防止霉变。②垫料。平面育雏时一般采用垫料,垫料切忌霉变,要求干燥、清洁、柔软、吸水性强、灰尘少,常用的有稻草、麦秸碎、锯木屑、碎纸屑等。

(4)药物及其他用品。育雏期间应准备一些消毒药、抗菌药和疫苗,还有一些抗应激的药物或制剂。育雏记录表格、温度计、台秤、手电筒等用具也要准备好。

(四)雏鸡的饲养

1. 雏鸡的饮水

雏鸡出壳后第一次饮水称为初饮。雏鸡体内卵黄没有被完全吸收,及时饮水有利于卵黄的吸收和胎粪的排出;同时,在育雏舍高温环境或雏鸡运输过程中,其体内的水代谢和呼吸作用使水分大量散发,及时饮水有助于雏鸡恢复体力。因此,育雏时必须重视初饮,使每只鸡都能及时喝上水。在生产中,先饮水后开食是育雏的基本原则之一,一般当雏鸡进入育雏舍后,稍事休息后即给予饮水。

雏鸡初次饮水的水温最低要达到18℃,绝对不能直接饮用凉水,最好是常温的凉开水,否则,极易造成腹泻。在育雏第1周饮水时,可在水中适当加维生素、葡萄糖、抗生素等,以促进和保证鸡的健康成长。特别是对于经过长途运输的雏鸡,饮水中加入葡萄糖、维生素C、抗生素等可明显提高其成活率。整个育雏期内,要保证全天供水。为防止疾病发生,还应定期对饮水器进行清洗和消毒。

2. 雏鸡的开食

(1)开食时间

雏鸡的第一次喂饲称为开食。开食要适时,过早开食,雏鸡无食欲,也易发生消化不良;过晚开食,雏鸡不能及时获得营养物质,又会消耗体力,使雏鸡虚弱,影响以后的生长发育和成活率。一般而言,在出壳16～18h后开食,对雏鸡的生长最为有利。实际生产中,雏鸡进入育雏舍休息约2h后即可开食,或通过观察发现60%～70%的雏鸡在饮水之后出现啄食表现时即可开食。

(2)开食料

雏鸡的开食料必须科学配制,其营养含量要能完全满足雏鸡的生长发育需要。因此,生产中以雏鸡颗粒料开食最为理想。有时为防止育雏期的营养性腹泻,也可在开食时按每只雏鸡加喂3～4g小米或碎玉米,或在饲料中添加少量酵母菌以帮助消化。

①开食方法。将开食盘(2～3个/100只鸡)均匀放入育雏器内,然后把颗粒料均匀撒入盘中,同时提高育雏器内的光照强度(20～25lx),雏鸡见到饲料后会自己采食。应注意的是,开食盘最多只能使用3天,3天以后必须逐渐用料桶替代开食盘,到1周后改为料桶饲喂,否则饲料容易被污染而导致疾病发生。

②饲喂量。雏鸡每天的饲喂量因鸡的品种不同而不同,同时饲喂量也与饲料的营养水平有关。因此,应根据本品种的体重要求和鸡群实际体重来调整饲喂量。喂料时,应做到少量勤喂,促进鸡的食欲,一般1～2周龄每天喂5～6次,3～4周龄每天喂4～5次,5周龄以后每天喂3～4次。

3. 温度与湿度

(1)育雏温度

雏鸡入舍24h以前,料槽(盘)和饮水器周围的地面温度应达到所要求的水平,并保证空气清新。料槽(盘)和饮水器周围所推荐的地面温度如表6-2-7所示。

表 6-2-7 推荐的育雏温度

日龄	温度/℃	温度/℉	日龄	温度/℃	温度/℉
1～3	33	91	7	29	84
4	32	90	14	26	79
5	31	88	21	23	73
6	30	86	≥28	21	70

注:表中所示温度为料槽(盘)和饮水器周围的地面上方 5cm 高度的温度。

育雏温度是否适宜,除查看温度计外,雏鸡行为也是环境温度适宜与否最好的体现。温度过高时,雏鸡远离热源,张口喘气,呼吸频率加快,两翅张开下垂,频频喝水,采食减少;温度过低时,雏鸡集中在热源附近,扎堆,活动少,毛竖起,夜间睡眠不稳,常发出叫声;温度适宜时,雏鸡均匀地分布在育雏器内,活泼好动,食欲良好,羽毛光滑、整齐、丰满。整个育雏期间供应的温应适宜、平稳,切忌忽高忽低。

育雏围栏可用来控制雏鸡早期的活动范围。从 3 日龄开始,围栏面积应逐渐扩大,直至撤出围栏为止。

(2)湿度

孵化过程结束时,孵化器内的相对湿度很高。而鸡舍内的相对湿度却相当低,尤其是鸡舍位于海拔较高、采用整舍供热育雏(特别是使用乳头式饮水设备)或者在寒冷季节进行育雏育成时的相对湿度更是如此。安装有圆钟式饮水器的鸡舍使用育雏伞育雏,都会使鸡舍内的相对湿度达到较高的水平(≥50%)。为尽量减少从孵化器转到鸡舍这一过程给雏鸡带来的应激,最好在前 3 天使鸡舍的相对湿度达到 70%左右。

每天都应监测父母代种鸡育雏鸡舍内的相对湿度。如第 1 周内相对湿度低于 50%,雏鸡就会开始脱水,将影响到雏鸡的正常生理发育,进而导致均匀度较差。在这种情况下,应积极采取措施提高相对湿度,避免雏鸡发生脱水,这样,雏鸡的均匀度就会有一个良好的开端,同时,也有助于呼吸道疾病免疫接种时的应答效果。

如果鸡舍内安装了用于在炎热季节冷却降温的高压喷雾系统,在育雏过程中可间歇式喷雾,这样就能很好地提高鸡舍内的相对湿度。但在操作过程中要控制高压喷头适当地喷雾,防止雏鸡和垫料潮湿,并且要注意根据相对湿度相应调整舍内温度,否则喷雾的蒸发冷却可能会导致雏鸡受凉。

随着鸡的生长,相对湿度应有所下降。10 日龄之后相对湿度偏高容易导致垫料潮湿或某些通风相关的问题。随着种鸡体重的增加,可通过通风和供热系统控制相对湿度。

(3)温度与湿度之间的相互作用

根据表 6-2-7 所给出的温度要求,相对湿度的范围为 50%～70%。如果湿度条件低于这个范围,则需要提高舍内温度;相反,如果湿度条件高于这个范围,则需要降低舍内温度。

4. 分群与调群

雏鸡进入育雏舍的第 1 天,要按强弱、性别分笼或分群饲养。在育雏过程中调群工作要坚持进行,一旦发现某笼或某群雏鸡强弱不均,要及时调整分群。调群工作一般每 1～2 周进行一次,生产中亦可由饲养人员随时进行小规模的调群工作,既省力又高效。

5.光照程序、体重和营养

光照程序、体重和营养是控制肉用种鸡性器官发育的重要因素。在育雏前24～48h,应根据雏鸡行为和状况为其提供连续照明或23h照明。此后,光照时间和光照强度应加以控制。育雏初期,舍内唯一且必要的光照来源应为每1000只雏鸡提供直径范围为4～5m的灯光照明。该灯光强度要明亮,至少达到30～40lx甚至可以达到80～100lx。鸡舍其他区域的光线可以较暗或昏暗。鸡舍给予光照的范围应根据鸡群扩栏的面积而相应改变。

(1)肉用种鸡对光照的要求:①生长期使用较短的关照时数和较低的光照强度,以提高后期光照刺激的效果。②开产前,应提早1个月左右进行增光刺激。③第一次增加光照时间的幅度宜大些,一般增幅1～3h比用15min或30min的阶段式刺激更敏感、更有效。④产蛋期光照强度不低于30lx,以提高光照的有效性。

肉用种鸡对光照的反应较迟钝,产前光照时数和强度的突然增加,这种强刺激对绝大多数鸡只产生明显效果,开产非常整齐,高峰期产蛋率也很高,也便于把握何时投喂高峰料和高峰后减料。

(2)光照程序示例(仅供参考)。光照程序示例如表6-2-8、表6-2-9和表6-2-10所示。

表6-2-8 开放式鸡舍光照程序示例

日(周)龄	光照时间	光照强度/lx
1～2日龄	23h	30～40
3日龄～16周龄	适时鸡(3—8月出生)按自然光照;不适时鸡,保持这期间最长日照时数,不够时加人工光照	15
17～18周龄	保持光照时间不变	15
19周龄～产蛋	若19周龄时光照时间少于10h,则19、20周龄各增加0.5h,以后每周增加1h,至产蛋高峰前达16h为止; 若19周龄时光照时间为10～12h,则19周龄时增加1h,以后每周增加0.5h,至产蛋高峰前达16h为止; 若19周龄时光照时间达12h以上,则21周龄时增加1h,以后每周增加0.5h,至产蛋高峰前达17h为止	40～50

表6-2-9 密闭式鸡舍光照程序示例

日(周)龄	光照时间	光照强度/lx	生长期	光照时间	光照强度/lx
1～2日龄	23h	20	21周龄	10h	10
3～7日龄	16h	10～51	22～23周龄	13h	20
2～18周龄	8h	10～51	以后	每周增加1h,到27周龄时达16h	20
19～20周龄	9h	10～51			

表 6-2-10　遮黑式鸡舍光照程序示例

生长期	光照时间	光照强度/lx	生长期	光照时间	光照强度/lx
1～3 日龄	24h	20～30	20 周龄	14h,撤除遮光装置	30
4～7 日龄	22h,以后渐减	20～30	25～26 周龄	16h	30～40
2～19 周龄	8h,维持到 19 周龄	10			

若性成熟提前,则减慢增加光照时间的速度;相反,则加快。

开放式鸡舍早晚各补光一部分,特别是炎热季节,冬季的白天也应适当补光。

产蛋期的光照直接影响到产蛋性能,所以要求有足够的光照时间;每天应给予 16～17h 的连续光照时间,光照强度要求密闭式鸡舍不低于 20lx,开放式鸡舍不低于 30lx,并且要求照度均匀。光照制度一经确定,要严格执行,不得轻易改动。有条件的养鸡场最好安装自控装置。

四、育成期的饲养管理

肉用种鸡育成期的重要工作是使种鸡群获得并保持均匀的生长发育。由于肉用种鸡在遗传上具有增重快的特点,因此在饲养管理上要注意控制采食量,防止鸡体重过大过肥,影响产蛋率和受精率。因此,恰当地运用限制饲养与人工光照措施,是饲养好肉用种鸡的关键。

肉用种鸡在育雏期特别是初生后头 2 周,与肉用仔鸡的饲养管理方法完全相同,均为自由采食,从第 3 周开始转入育成期限制饲养。肉用种鸡育成期的饲养目的不是增重越快越好,而是要控制体重增长和性成熟。体重控制的重点在于前期严格限饲,保证育成后期和开产前期鸡只获得充分的体成熟并达到开产体重,使群体整齐地进入产蛋期。

为达到体重标准,可参考育种公司推荐的饲料程序进行饲喂。不过这些辅助材料只能作为所需料量的指导,实际料量的变化还是应根据所使用的饲料能量水平计算。料量的增加应以每周体重增加幅度为基础,进行适当的增加,使饲养的种鸡均匀地生长和达到足够的丰满度。

在平养条件下,育成前期(15 周龄前)种公鸡和种母鸡都应分栏饲养,在饲养管理中要切记:预防均匀度出现问题比已出现问题后采取措施再加以改正,更能体现其生产价值和经济实效性。分栏饲养就是按照体重将鸡群分成不同的群体,目的是能够给予不同的饲料量,来控制鸡群良好的体重均匀度。但在 10 周龄之后切勿再做任何分栏工作。在 5～6 周龄时,饲养管理人员应考虑在鸡舍内安装栖木或部分棚架,这将有助于种鸡逐渐习惯于跳上跳下,并对日后种母鸡使用产蛋箱及棚架起到良好的促进作用。

育成后期(15～19 周龄)尽量减少种鸡性成熟中的差异,满足种鸡各方面的生理需要,为性成熟做好准备,确保种公鸡生长发育达到理想的体况,保证整个产蛋期维持良好的繁殖性能。

(一)光照控制

1. 光照对种鸡生产性能的影响十分明显

光照的强弱和时间的长短,直接影响到育成鸡性成熟的早晚。产蛋鸡对光照亦非常敏感，如果光照管理得好，能控制母鸡适时开产，延长产蛋高峰及其持续期，提高母鸡产蛋量与合格种蛋率；如果光照管理得不好，母鸡开产日龄太早，蛋重小，长时间内蛋重不能达标，经济价值低，延迟开产会明显降低种蛋产量。

2. 育成期的光照原则是在整个育成期的任何阶段都不能延长光照时间

育成期的光照强度应为5～10lx。在开放式鸡舍饲养育成鸡，采用自然光照加人工补充光照的方式。原则上，以一天内自然光照最长的时间为基础恒定光照时间，随着时间的变化自然光照时间也会变化，不足的时间可依靠人工补充光照。在自然光照时间较长的月份，掌握好控制原则是非常重要的，这一点对育成鸡的性成熟和以后的产蛋率有很大影响。开产前3～5周，应逐渐增加光照时间，直至产蛋高峰，保持16～17h/d的光照即可，决不能缩短光照。

(二)体重与均匀度的控制

体重与均匀度的控制主要通过限制饲养的方式来实现。限制饲喂从育雏期第3周左右开始实行，最迟从育雏结束后开始，结束时间则依据种鸡品种、体形大小而定，有的在育成期末结束，有的贯穿整个育成、产蛋期。主要采取的措施如下。

1. 饲养密度的调整

随着鸡只的不断增长，每只鸡占用的单位面积越来越大，这将影响鸡的正常采食、休息和运动，也会对鸡的生长和发育有所影响。所以，随着鸡的长大，应适当调整饲养密度和分群，以保证育成鸡有适当的活动空间，增强鸡的体质。育成期每只鸡所需地面面积如表6-2-11所示。

表 6-2-11　每只鸡所需地面面积　（单位：cm^2）

周龄	饲养方式		周龄	饲养方式	
	垫草地面	网上平养		垫草地面	网上平养
7	680～730	590～680	14	1160～1340	1160～1220
8	820～900	719～900	15	1200～1420	1240
9	910～940	830～940	16	1240～1500	1300
10	960～1010	950～960	17	1350～1580	1390
11	1020～1100	1020～1070	18	1540～1660	1540
12	1060～1200	1050～1200	19	1690～1740	1690
13	1080～1270	1080～1210	20	1860	1800

2. 及时淘汰

除在限制饲养开始时淘汰那些生长发育不良及不符合留种的个体外，在育成期还应经常观察鸡群，对病鸡、残鸡应及时剔除。在开产前1～2周再进行一次挑选淘汰，对发育不良、畸形、不符合品种特征、第二性征表现较差、早熟产蛋小的鸡只予以淘汰。

3. 增加料位

增加料槽数量或长度，防止抢食致使食量不均而出现群体均匀度下降。

4.称重与调群

按时称重、调群,选用适宜的限制饲养方式,提高采食的均衡性。

(三)限制饲养

为了获得生长发育良好的种鸡,生长中常在育成期采用限制饲养技术。

1.限制饲养的目的和作用

(1)适时达到性成熟。通过限制饲养,控制后备种鸡的生长速度,适时达到性成熟,早产或晚产都会影响种鸡的生产性能。

(2)控制生长发育速度。使种鸡体重符合品种标准要求,提高均匀度,防止母鸡脂肪沉积过多,并减少开产后小蛋数量。

(3)降低产蛋期死亡率。在限制饲养期间,鸡无法得到充足的营养,非健康和弱残鸡在群体中处于劣势,在限饲期将被淘汰。育成后,鸡得到限饲锻炼,在产蛋期间的死亡率则会降低。

(4)节省饲料。限制饲养可节约饲料,降低生产成本,一般可节省7%~10%的饲料。

(5)使同群内种鸡的性成熟与体成熟基本一致,做到同期开产、同期完成产蛋周期。

2.限制饲养的方法

为了控制体重,首先必须进行称重以了解鸡群的体重状况。称重一般从3周龄开始,以后每周称重1次。每次随机抽取全群总数的5%或每栋鸡舍抽取100~200只,小群抽取样本不少于50只,公、母鸡分别称个体重。称重后与标准体重进行对比,如果体重未达标,则应逐渐增加料量,延长采食时间,通过2~3周饲养或延长育雏料饲喂时间,直至体重达标为止。如果体重达标或超标,则应考虑进行限制饲养。限制饲养一般可分为数量限制、质量限制、时间限制等几种方法。

(1)数量限制

数量限制即饲料配方不变,减少饲喂料量,不限定采食时间,限制饲养前依据鸡的自由采食量,并根据超重程度,计算出喂料量,喂料量一般是自由采食量的80%左右。

(2)质量限制

质量限制即调整饲料配方,降低饲料营养成分含量,使饲料中的一些重要营养指标低于正常水平。

(3)时间限制

时间限制即规定每天喂料时间,其余时间封闭或吊起料槽(或料桶)。此方法操作较难,若操作不当,会导致群体均匀度较差。

生产中,可根据实际需要选用限制饲养的方法,也可合并或交叉使用。生产中常见的限制饲养措施是采取数量限制。目前常用的有以下几种:

①每日限饲法。限制每天饲喂的饲料量,全天的饲料一次性投给,饲料量一般为自由采食的80%左右。虽然该法对鸡群的应激程度小,但易造成鸡群整齐度差。

②隔日限饲法。2天的饲料合在1天喂给,这种方法一次投料较多,弱小的鸡也能吃到应得的份额,有利于提高均匀度,整个鸡群发育较整齐。但一次投料较多,鸡群吃得过饱,容易导致消化不良,致使饲料利用率降低。一般于5~16周龄时使用,对鸡群的应激程度大,在鸡群整齐度太差时使用较有利。

③2/1 限饲法。可在 6 周龄后作为隔日限饲或 5/2 限饲的过渡，较隔日限饲的应激缓和些，一般不单独使用。

④5/2 限饲法。主要于 9～22 周龄时采用，对鸡群的应激相对较小，但比每日限饲及6/1 限饲法应激程度大。

⑤6/1 限饲法。于 7～23 周龄时采用尤为有效，此法只比每日限饲的应激程度稍大，目前应用越来越多。

⑥综合限饲法。此法效果好，根据生长期的不同，采取不同的限饲方式。

3.限制饲养时的注意事项

(1)若所有肉用种鸡超重，不可马上减料，应维持原有水平并保持不再增加料量，直到达到标准体重为止。

(2)转群、免疫、发病、天气突变等应激因素来临前后，应适当增加 5%～10%喂量。

(3)体重不足时应增加料量，通常按 1～2g/(天・只)的饲料量增加，使鸡的体重在 2～3 周内达标。

(4)限制饲养前要进行调群、断喙。调群时，将鸡群分为大、中、小三类，针对不同类群采取不同的饲喂方式。断喙对防止啄癖很有帮助，因限饲时鸡群饥饿感增加，会诱使啄癖的出现。

(5)采用适宜的料形。限饲过程中，使用粒径较小的饲料有利于延长采食时间，控制体重增长，防止啄癖发生。

(6)足够的料槽长度。槽位不足可考虑使用隔日饲喂法，以防因采食不均致使鸡群生长不匀。

4.限饲鸡群的管理

(1)限饲前断喙。具体方法同蛋鸡。建议断喙在种鸡 6～7 日龄时进行，因为此时断喙可以做得最为精确。理想的断喙是要一步到位。

(2)限饲前整理鸡群。将体重过轻、体质过弱的鸡转出或淘汰。

(3)定期抽测体重。每周一次，随机抽取 5%～10%，平养鸡群采用对角线取样法，用围网把一定数量的鸡围起来，逐只称重；笼养鸡一般应整笼称重。每日限饲时，在下午称重；隔日限饲时，在停料日称重。最好固定时间，称量准确。

(4)注意鸡群的健康状态。如鸡群患病或接种疫苗等，应临时恢复自由采食，个别病弱鸡挑出单养。

(5)限水。为防垫料潮湿和消除球虫卵囊发育的环境，对限饲的鸡群也可适当限制饮水，但应谨慎从事。在喂料日可整天饮水，或在吃食前 1h 开始饮水直到吃完料后 1～2h 停水，以后每 2～3h 供水 20～30min，限饲日上午 8 点饮水 40～50min，以后每 2～3h 供水 20～30min，4 次即可。在高温炎热天气和鸡群处于应激情况下，不可限水。

(四)卫生防疫

养好优质肉用种鸡，育雏是基础，育成是关键。种鸡育成期的主要任务是控制鸡的生长发育，提高鸡群个体均匀度，调节性成熟时间，保证育成鸡的体质健康。

育成期种鸡生长发育速度快，食量增大，环境适应能力增强，抗病力提高，感染的疾病往往呈阴性，容易被忽视。但是阴性感染的疾病在种鸡开产后，由于产蛋任务繁重，抵抗力下降而表现出来，影响种蛋质量及日后孵化水平乃至雏鸡质量。因此，该阶段尽管饲养看似容易，但实际保健管理工作难度很大。

育成期种鸡非病毒性疾病主要以大肠杆菌病、禽霍乱、沙门氏杆菌感染、伤寒、副伤寒、盲肠炎、肝炎和球虫病等为主，舍养条件下还应注意预防由败血霉形体引起的呼吸道疾病。在整个育成阶段要经常使用具有针对性的药物进行投药预防。值得注意的是，在整个育成期内不可全期用药，否则会导致育成鸡的抗病能力下降，病原微生物产生耐药性。因此，在该阶段投药预防时应注意以下事项：①不可盲目用药，要根据疫病流行特点及流行季节，及时投药预防；②注意观察鸡群，依据鸡群采食、饮水、呼吸道、粪便等状况的变化，及时治疗性投药；③注意应激的及时控制与投药，有条件的最好定期检测鸡群，及时投药治疗或预防；④预防投药时，采取第一天使用治疗量、日后使用预防量的投药方式。

同时，应高度重视防疫接种，防止病毒性传染病的发生。除新城疫、传染性支气管炎外，还要注意鸡痘、传染性喉气管炎以及减蛋综合征等疾病的预防。

五、产蛋期的饲养管理

一般在产蛋前 2～3 周转入产蛋鸡舍，以利于鸡群在开产前有足够的时间适应和熟悉新的环境。如开产后转群，一方面会引起输卵管内的鸡蛋破裂，形成腹膜炎，造成母鸡死亡或以后不再产蛋；另一方面转群应激会严重影响早期产蛋率，使母鸡因不熟悉产蛋箱而随地产蛋的现象增多，种蛋合格率下降。

(一)从生长期至种用期的转换

19～25 周龄是种鸡群生长和发育的最关键时期，在该阶段要完成两个方面的转换：①光照刺激以促进性成熟；②饲料从育成料转为预产料，再转为种鸡料。

这两个方面要协调进行，即正好使种鸡达到适宜体重时开产，因为光的刺激和营养的转换都必须有正常的体重作为基础。如体重在建议范围内，小母鸡从 19 周龄起开始增加光照时间和强度，以刺激生殖系统的发育，使鸡群大约在 24 周龄时开产；如体重在建议范围内，给料量可以继续增加，从 20 周龄起，在限饲的同时将育成料换成预产料，并酌情增加饲喂量。

与此相应，20 周龄时将育成鸡转入产蛋舍，并注意饲养密度的调整、产蛋箱的放置与料槽位置的确定(详见本节“饲养方式与饲养密度”部分)。平养种鸡舍要在转群之前放入产蛋箱，让鸡群熟悉，每 4 只一个产蛋箱，并注意放置位置与垫料管理。开产前 1 周将产蛋箱门打开，但夜间要关闭，并训练母鸡进箱产蛋，训练时要耐心、细致，否则破蛋、脏蛋、窝外蛋数量就会上升。

23～25 周龄为临产阶段，母鸡常表现出高度神经质，极易惊群造成异常蛋增加，严重者产蛋率下降，因此应尽量减少各种应激，一些必须进行的操作，如接种疫苗、抗体检测、选择淘汰、清点鸡数等应在此前完成。

(二)种母鸡的饲养管理

1.种母鸡的营养需求

产蛋期种母鸡的营养需求特点是：在产蛋前期，蛋白质、能量、微量元素、多维和氨基酸含量高于育成期;在产蛋后期,氨基酸和磷等均低于产蛋前期,而钙含量高于产蛋前期,因为产蛋后期钙的利用率降低且蛋重大。

2.调整饲喂量

产蛋期的饲喂量主要依据体况和产蛋率递增速度等来决定,鸡群体况好,产蛋上升期产蛋率上升快,产蛋量高,饲喂量多;反之,饲喂量就少。饲喂量掌握不好,会严重影响母鸡的生产性能。一般情况下,要参考该品种的标准饲喂量,同时考虑其他因素,给予最佳饲喂量。

(1)根据外界气温的变化进行饲料能量水平的调整。外界气温升高时,鸡只维持体重需要的能量需求下降,而对其他必需营养物质的需求维持恒定。气温在27℃以上,每升高1℃,能量需求减少20.92kJ/(只·天);气温在20℃以下,每降低1℃,能量需求增大20.92kJ/(只·天)。细心观察鸡群体重状况,特别是在寒冷季节中,如鸡只体重下降,产蛋量也会随之下降。

(2)喂料量的增加要早于产蛋率的增长。正常情况下,鸡只日产蛋率上升2%~3%,其中在遮黑式鸡舍中日产蛋率可上升4%~5%。在开产后的第3~4周(即27~28周龄)饲料量应达到最大量。通常,鸡只日产蛋率达到35%~50%时给予高峰喂料量,并维持6~8周。如果鸡群日产蛋率上升4%~5%,则需提早给予高峰料;反之,若鸡群日产蛋率上升较缓慢,则应推迟给予高峰料。如果喂料不够,则鸡群不会达到产蛋高峰。

(3)产蛋高峰后(一般指产蛋率下降到80%)应减料。鸡群平均每周产蛋率再不会上升时,鸡只体重应继续增长,但其速度非常缓慢,此时应开始减料。最初减料应每只鸡每周减料2~3g。每次减料后应仔细观察产蛋量,如果产蛋量下降正常(每周大约下降1%)可继续减料,每只每周减料0.5~1g;如果产蛋量下降超过正常且无其他明显原因,则应立即恢复到原有料量饲喂。减料时减少高峰料量的10%~12%即可。如果鸡只减料后体重下降很快,说明减料过多;同样,若鸡只体重增长过快,则应减料多些。环境温度对减料量起着极为重要的作用,寒冷季节减料应稍慢些,而在炎热季节减料应稍快些。

(4)掌握好的采食速度。产蛋率5%时,鸡吃完料的时间较短,一般为1~2h;在产蛋高峰时,鸡吃完料的时间一般在2~5h。不同的饲养方式,采食速度也有差异。地面垫料或棚架饲养时,鸡群采食快,一般在2~3h吃完料;笼养时,紧迫性差,一般4~5h吃完料。采食速度受不同季节时的气温影响,冬天采食快,夏天采食慢。一般每天总的采食时间保持7~10h,才能保证有足够的营养用于产蛋。

3.饮水量

种鸡的饮水量取决于环境温度及采食量,当气温高时(32~38℃),每只的饮水量为21℃时的2~3倍。

产蛋期要适当限水,目的是防止垫料潮湿,防止脚病,控制肠道病和减少脏蛋。在常温下,上午喂料前30min到吃完料后1~2h供水,下午3~4点及6~7点各供水30min。当气温高于27℃时,上午供水时间不变,下午1点、3点、5点、7点各供水30min(即下午每隔2h供水30min,共4次)。当天气极为炎热时,自由饮水。若应用乳头式饮水器,炎热夏季不必限水。

饮水量的合适与否可以通过检查嗉囊的硬度来调整,若嗉囊松软,则饮水合适;若嗉囊较硬,则饮水不足。

(三)种公鸡的饲养管理

1.饲养管理要点

(1)从出壳到5周龄

采用自由采食,目的是使种公鸡充分发育。在实际操作中,如果种公鸡的体重没有达到标准体重,可根据实际情况适当延长育雏料的饲喂时间。

(2)6～13周龄

使种公鸡的生长速度减慢,使体重渐渐回复到标准范围或最多不超过标准10%为宜。因此,此阶段要更换为育成料,并改为隔日限饲法,饲养密度为3.6只/m^2。当体重均匀度太差时,进行大、中、小分栏饲养。

(3)14～20周龄

满足种公鸡生殖系统的充分发育,与母鸡性成熟同步,这对提高将来的受精率十分重要。改隔日限饲法为5/2限饲法。公鸡的光照制度必须和母鸡相同,当发现公鸡比母鸡性成熟迟时,就要加强公鸡的光照,使之与母鸡同时成熟后才混群。18周龄时,淘汰性成熟发育较迟、体质弱小、无雄性特征的公鸡。

2.种公鸡的饲养管理

(1)种公鸡的饲料营养及饲喂量

为防止种公鸡采食过多而导致过重和腿脚病的发生,从而影响配种,必须喂给配合饲料,其中蛋白质为12%～13%、代谢能为11.70MJ/kg、钙为0.85%～0.9%及有效磷为0.35%～0.37%,均低于种母鸡。有时,公鸡饲料中的多维和微量元素的推荐用量为母鸡的130%～150%。

种公鸡的饲喂量特别重要,原则是在保持公鸡良好生产性能的情况下尽量少喂,饲喂量以维持最低体重标准为宜,但不允许有明显失重。以AA+种公鸡为例,27周龄后,每日喂料量为130～150g。喂料时,加料要准确,各料桶加料要相等。

(2)种公、母鸡同栏分槽饲喂

因为种公、母鸡的营养需要量及饲喂量不同,为了防止公鸡超重而影响配种能力,混养的种公、母鸡必须实行分槽饲喂,采用不同的饲料和饲喂量。否则,公鸡在采食高峰产蛋料后很快超重,易发腿脚病,使繁殖能力下降,常常在45～50周龄时不得不补充新公鸡,增加饲料成本及啄斗应激。

(3)控制好各阶段种公鸡体重

这是种公鸡各项饲养管理措施的中心任务。只有在适宜的体重下,种公鸡才能发挥最大的作用。饲养过程中应根据各鸡种的饲养指南认真做。

种公鸡在21～36周龄期间,以23～25周龄增重最快,以后逐渐减慢;27周龄时达到体成熟;28～30周龄睾丸充分发育成熟,受精率达到高峰。在此期间,每周称重一次,千万不能让体重减轻,否则会影响受精率,但体重过大也不行。36周龄以后,仍要重视公鸡体重的控制,公鸡以每4周增重50～70g为宜,一般父本比母本公鸡多给料5～10g。若公鸡体重超过太多或极瘦弱、配种力下降,要及时淘汰,换上30周龄左右的青年公鸡。要注意使公鸡群的均匀度保持在80%以上,饲养末期公鸡体重一般要比母鸡重25%～30%。

3. 配种

鸡的配种一般有自然交配和人工授精两种方法。自然交配往往应用于规模鸡场或平养种鸡场，方法是：首先将种母鸡按一定数量分成若干小群，在每个种母鸡小群内，按照适宜的公母比例[根据体形大小，公、母鸡比例为1∶(8～10)]，将选出的优秀公鸡和母鸡群饲养在一起，实现自然状况下的交配。采用人工授精时，公、母鸡是分笼饲养的，公、母鸡的比例为1∶(20～30)。

任务6.3 黄羽肉用种鸡生产

优质黄羽肉鸡是由一些地方黄羽土鸡经过多年的纯化选育，生产性能特别是种鸡的产蛋性能有较大提高，生长速度也有所提高，体质、外形、毛色趋于一致的群体。这些鸡种保留了原有地方土鸡的肉质风味，深受国内外消费者欢迎。

一、育雏期的饲养管理

(一)育雏期的管理目标

雏鸡的抗病力差、消化能力弱、对外界环境敏感、适应性差，在管理上要求精心、细致。

育雏期的管理目标：①保证高的育雏成活率，6周龄成活率要达到95%以上；②保证鸡雏的正常生长发育，6周龄体重必须达到600g；③保证较高的均匀度，各周龄的均匀度应达到75%以上。

(二)育雏期的管理

1. 育雏方式

育雏期可选择平养，也可选择笼养，只要管理得当，均可获得良好的生产成绩。在平养时，建议采用网上(棚架上)平养，这对保证鸡群健康、提高成活率有利。

2. 初生雏的处理及对鸡雏质量的要求

雏鸡出壳24h内注射马立克氏病疫苗；进行人工雌雄鉴别，鉴别率要求达95%以上；父本公鸡断趾，以区别父本公鸡与母本漏检公鸡，因为漏检公鸡体形较大，很容易被误留为种鸡。鸡雏质量直接影响以后的性能表现，因此需要特别注意。鸡雏除了要求体重适中、均匀度好、外观和精神状态良好外，还要求不携带鸡白痢沙门氏菌、大肠杆菌等病原体，不发生脐炎，具有高而均匀的母源抗体。

3. 育雏温度

温度是育雏的首要条件，必须严格要求且正确地掌握。第1周育雏温度为32～35℃，以后每周下降2～3℃，至6周龄时达18～20℃。

4. 饲养密度

饲养密度是指每平方米饲养面积容纳的鸡数。高密度饲养有百害而无一利。饲养密度与鸡群的生长发育、鸡舍环境、均匀度、鸡群健康密切相关。饲养密度不是一成不变的，它随鸡舍条件，特别是通风条件、饲养季节而有所变化。适宜的饲养密度如表6-3-1所示。

表 6-3-1　黄羽肉用种鸡不同阶段、不同饲养方式下的饲养密度　（单位：只/m^2）

周龄	地面平养	网上平养	立体笼养
1～6	10	12	45
7～12	6	7	26
13～20	5	6	25

（三）育雏期的饲养

育雏期间应自由采食，以促进其体况的充分发育，务必达到各周龄推荐的标准体重。

二、育成期的饲养管理

黄羽肉鸡配套父母代种鸡，从第7周开始进入育成阶段。育成期管理与育雏期有很强的连贯性。育成期饲养管理的好坏，决定了鸡在性成熟后的体质、产蛋性能和种用价值。在育成期，鸡对外界环境有较强的适应能力，消化能力、抗病力也有所增强，在正常的饲养管理条件下，鸡较少死亡。种鸡在育成期进行限制饲养。

（一）限制饲养

（1）限饲开始时间。黄羽肉用种鸡与白羽肉用种鸡相比，其生长速度相对较慢，母鸡限饲应在7周龄时开始进行，此前自由采食。

（2）选择与淘汰。在育雏结束时，结合转群，将少量毛色发麻、发白、发黑和胫发白等外观不符合要求的个体淘汰。同时将生长发育不良、体重过小和体格较弱的鸡移出或淘汰，因为这些鸡经不起限饲，即使活下来，也是不合格的种母鸡，产蛋少且浪费饲料。

（二）断喙

限饲时鸡群易发生啄癖，特别是开发式鸡舍，应在限饲前进行断喙。断喙除了防止啄肛、啄羽外，还能防止饲料浪费。实验证明，正确断喙的鸡，能减少5%～10%的饲料浪费。断喙要求在6～10日龄时进行。因为断喙是一个巨大的应激，影响鸡群的生长发育；而早期断喙，操作方便，应激较小，鸡群可以有一个补偿生长时期。

（三）体重与均匀度的控制

体重称量和给料量的确定方法与肉用种鸡相同。父母代种鸡各周龄的均匀度应在75%以上，均匀度越高越好。

三、产蛋期的饲养管理

黄羽肉鸡父母代种鸡产蛋期管理的主要任务是为种鸡繁殖提供一个舒适、稳定的环境，保证其营养需求，充分发挥其遗传潜力，生产出尽可能多的合格种蛋。

（一）产蛋期的饲养管理要点

1. 产蛋期的饲养方式

黄羽肉鸡父母代种鸡在产蛋期可以选择平养或笼养。不管平养还是笼养，只要管理得当，均能获得较好的生产成绩。平养可以采用地面平养、两高一低的板条和垫料混养及板条

(木制或竹制)网养。其中以板条床面网养最为普遍,其与定期清粪相结合,能有效地改善鸡舍的环境条件,提高种鸡的健康水平。平养时的饲养密度为4～5只/m^2,视环境条件而定。黄羽肉鸡父母代种鸡笼养也能获得好的生产性能,且管理方便,因而得到普遍应用,建议有条件的鸡场采用笼养。

2.光照管理

光照是影响肉用种鸡性器官发育的重要因素之一。照明时间和光的强度处理得当,可使种鸡适时开产、产蛋数增加,反之则可能使鸡提前或延迟产蛋。提前开产的鸡,产蛋少,产蛋高峰低,波动大,受精率低,且易发生脱肛。延迟开产的鸡,产蛋高峰也低,产蛋少,受精率低,每只鸡生产的雏鸡少。

如果种鸡性成熟比预期的时间提前,即应减缓增加光照的时间;如果种鸡体重已达标准而性成熟迟缓,则应加快增加光照的时间。补光时间宜安排在早晚。如冬季天阴舍暗,日间也要适当补光,以保证光的质量和强度。产蛋期,光的照度要求每平方米地面达2.7W。

3.产蛋期的环境控制

种鸡舍环境控制的基本要求是温度适宜,地面干燥,空气新鲜。鸡舍的适宜温度是13～24℃,夏季最好控制在30℃以下,冬季保持在10℃以上。

(二)母鸡产蛋期给料技术

(1)从20～22周龄开始限饲的同时,将生长料转换为产蛋料或产蛋前期料(含钙量2%,其他营养成分与产蛋期饲料完全相同)。

(2)在开产后的第3～4周(即27～28周龄),喂料量应达到最高。

(3)产蛋高峰(即30～31周龄)后的4～5周内,喂料量不要减少,因为虽然产蛋数减少,但蛋重仍在增加,故鸡群对能量的实际需要量仍然与高峰期相仿。

(4)当鸡群产蛋率下降到70%时,应开始逐渐减少饲料量,以防母鸡超重,建议每次减少量每100只不超过500g,之后产蛋率每减少4%～5%,就减少一次喂料量。

(5)每次减料的同时,必须观察鸡群的反应,任何产蛋率的异常下降,都需恢复到原来的给料量。

四、黄羽肉用种公鸡的管理要点

(一)淘汰误鉴公鸡

目前,各育种公司提供的雏鸡一般用翻肛法鉴别雌雄,正常情况下有5%左右的鉴别误差。

因此,应将误鉴父本的母鸡和误鉴母本的公鸡淘汰。特别是母本中的误鉴公鸡,其体形较大,且含有隐性白羽基因,与母鸡交配后会在商品代产生白羽个体。父本公雏在出雏后,应在孵化场进行断趾,将未断趾的公鸡和断趾的母鸡全部淘汰。

(二)育雏育成期公、母鸡宜分开饲养

雏公鸡体形相对较小,如公母混养,不利于公鸡的生长发育,以致性腺发育延迟,而且不利于公、母鸡各自限饲方案的实施。

(三)严格选择

目前,各黄羽肉用种鸡育种品系的选育程度并不高,个体间还存在较大的差异。因此,在配种前应严格对公鸡个体进行选择,选择健康、发育良好、体重达标、冠大而鲜红、体形为矩形、三黄特征明显的公鸡留种,并对入选公鸡的精液品质进行检查,选择精液量大、密度高、活力强、畸形率低的个体留种。

(四)公鸡留种比例

建议平养鸡舍每 100 只母鸡在育雏期、育成期、产蛋期配套的公鸡数分别为 20 只、16 只、12～14 只。笼养鸡舍,可采用人工授精方式,每 100 只母鸡在育雏期、育成期、产蛋期配套的公鸡数分别为 14 只、12 只、8～10 只。

(五)配种期采用公母分饲技术

在配种期应采用公母分饲技术,以保证公鸡适当的体况和配种能力。分开饲养的配种公鸡应喂公鸡标准饲料,尽量避免使用产蛋鸡饲料。

另外,黄羽肉鸡种公鸡的体形虽然较小,但也需要限饲,其限制饲养管理要点与种母鸡相同。

五、抱窝鸡催醒法

抱窝也叫就巢,是母鸡繁殖后代时的一种生理现象,抱窝的出现是脑垂体前叶大量分泌催乳素的结果。鸡在抱窝期间,催乳素分泌量增加,但促卵泡素分泌量减少,因而卵巢萎缩,排卵减少或停止排卵。抱窝性主要取决于遗传性,尤其是地方品种,但也较大程度地受环境影响。抱窝多发生在温度逐渐升高的春末和初夏,安静和黑暗的环境以及集中蛋均可诱发母鸡抱窝。母鸡在产蛋期间,如出现抱窝现象,应及时对抱窝鸡进行催醒,以提高产蛋量。催醒方法如下。

(一)改变环境

将抱窝鸡放在凉爽而明亮的笼里,夏季可放入能淹没腹部的水里浸泡 1～2h,或吊在空中,并多喂青饲料(也叫青绿饲料),以打断其抱窝性。

(二)药物法

(1) 注射硫酸铜水溶液,每只鸡注射 1mL,内含硫酸铜 20mg。

(2) 每只鸡每日喂一片异烟肼片(雷米封),隔日一次,一般喂两次后即可见效。

(3) 开始抱窝时,每日喂服 0.5～1 片阿司匹林,或 1～2 粒盐酸奎宁丸,连喂 2～3 天。

(三)针刺法

(1) 在冠顶穴、脚底穴两处深刺 0.2～0.5cm。

(2) 用翅翼毛从鼻膈穴的一侧穿过另一侧,翼毛留存不取出。

(3) 用针刺入两翅膀最外侧第 2～3 根翼囊管内。

(4) 用烧红的香头或点燃的烟头烫灸肛门上方的莲花穴。

(四)注射激素法

按每千克体重肌肉注射丙酸睾酮 12.5mg,4h 左右即可停止抱窝。

(五)电击法

用15～20V低电压刺激母鸡，将一极放入鸡喙内壁，另一极触及涂有盐水的冠齿上，通电10s，间歇10s后再通电10s。一般处理一次即可催醒，顽固的鸡可进行2～3次。

◇复习思考题

1. 如何防止种鸡过早开产？
2. 如何提高鸡群的均匀度？
3. 提高种蛋受精率的措施有哪些？
4. 如何测定采食量和进行日粮调整？
5. 简述体重和均匀度对蛋用种鸡的重要性。
6. 结合实际，简述产蛋曲线变化规律在生产中的应用。

【技能实训14】 均匀度的测定技术

一、目的要求

通过实训使学生掌握鸡群均匀度的测定方法。

二、仪器设备与材料

天平、提称、家禽称、育成鸡群(至少500只)。

三、方法与步骤

从育成鸡群中随机抽取1%(约50只)的鸡，然后逐只单个称重，并做好记录。将这50只鸡的单个体重相加，再除以50，即得出抽测鸡群的平均体重。如抽测平均体重为1500g，再逐只查看这50只抽测鸡的体重，数出体重在平均体重±10%范围内的鸡只数，然后除以抽测数，所得即为均匀度。

$$均匀度=\frac{体重在抽测平均体重\pm10\%范围内的鸡只数}{抽测群总数}\times100\%$$

如体重在抽测群平均体重±10%(1350～1650g)的鸡有40只，则该鸡群的均匀度为80%。

⇨实训报告

1. 根据步骤写出实训结果。

2. 根据实训结果分析该鸡群的均匀度，并对该鸡群下阶段的饲养管理提出合理的建议。

3. 与鸡场技术员探讨均匀度在生产中的重要性，以加深理解。

项目七　水禽生产

☞ **教学目标**

1. 了解快速生长型肉用仔鸭的生产特点，掌握其不同阶段的饲养管理要点。

2. 掌握肉用仔鸭的放牧育肥技术及生产要点。

3. 了解快速生长型父母代肉用种鸭的饲养条件。

4. 掌握快速生长型肉用种鸭育雏期、育成期、产蛋期的饲养管理技术。

5. 了解商品蛋鸭的生产特点，掌握商品蛋鸭产蛋期的饲养管理要点。

6. 了解鹅的繁殖特性与生产特点，掌握其不同培育阶段的饲养管理技术。

7. 掌握肉用仔鹅的放牧育肥技术、舍饲育肥技术和人工填饲育肥技术。

♠ **技能目标**

1. 能科学饲养和管理不同阶段的快速生长型肉用仔鸭。

2. 能正确进行肉用仔鸭和肉用仔鹅的放牧与填饲育肥。

3. 利用种鸭、种鹅的育成特点，正确实施限制饲养、人工光照控制、提高种蛋受精率的技术。

4. 会科学饲养和管理不同阶段的商品蛋鸭。

5. 能正确进行鹅肥肝生产。

♣ **案例导入**

水禽养殖与旱禽养殖，两者从场址的选择到禽舍的结构和布局，再到饲养管理与疾病防治都存在着明显的不同。若要建设一个年出栏 10 万只的肉鸭场或存栏 2 万只的蛋鸭场，你将如何进行规划设计？

任务 7.1　水禽生产概况

一、水禽品种的起源

(一)鸭的起源

家鸭也是由其野生祖先驯化而来的。从鸭属众多家鸭品种的生物学特征、形态特征和染色体核型的研究结果来看，公认的家鸭祖先是河鸭属中的绿头野鸭和斑嘴鸭。我国著名鸟类学家郑作新在其编著的《中国动物志》(鸟纲・第二卷・雁形目)中，就得出家鸭是由绿头野鸭和斑嘴鸭驯化而来的结论。实际观察可见，现今鸭属中家鸭的外形和生活习性与其野生祖先绿头野鸭和斑嘴鸭有许多相近之处。家鸭与其野生祖先绿头野鸭和斑嘴鸭交配均能产生后代，这是判断家鸭与其野生祖先有无血缘关系的重要依据之一。

(二)鹅的起源

有学者认为家鹅起源于非洲，距今约4000年，也有学者认为起源于欧洲，距今约3000年。据考古证明，我国家鹅驯养于距今6000年的新石器时代，这是目前世界上养鹅最早的历史证据。这表明家鹅的起源在世界上不仅限于一个地方一个时间，也不是由一个雁种驯化而来。现已确切知道的是，家鹅起源于雁属中的鸿雁和灰雁。在我国家鹅品种中，除原产于新疆的伊犁鹅起源于灰雁外，其他品种都是鸿雁的后代。欧洲的家鹅绝大多数来自灰雁。来自鸿雁的家鹅其典型形态特征是头部有明显额疱，颈细长呈弓形，前躯抬起与地面保持明显角度；而来自灰雁的家鹅则头无额疱，颈粗短而直，前躯几乎与地面呈水平状态。

二、水禽的生活习性

家禽生活习性的形成与其野生祖先和其驯养驯化过程中的生态环境密切相关，因而鸭、鹅等水禽与鸡、火鸡等其他家禽的生活习性有明显的不同之处。

(一)喜水性

鸭、鹅等水禽善于在水中觅食、嬉戏和求偶交配。因此，宽阔的水域、良好的水源是饲养水禽的重要环境条件之一。对于采取舍饲方式饲养的水禽，需设置一些人工小水池，以供水禽洗浴之用，但要求在干燥场所栖息和产蛋，以保证种禽的健康和种蛋的清洁。

(二)合群性

水禽的野生祖先天性喜群居和成群飞行，此习性在驯化家养之后仍没改变。因而，家鸭、家鹅至今仍表现出很强的合群性。经过训练的鸭、鹅群可以呼之即来，挥之即去。鸭、鹅群在放牧中可以远行数十里而不紊乱，如离群独处，则会高声音鸣叫，彼此应和归群。这种合群性使得水禽适应大群放牧饲养或圈养，便于集约化管理。

(三)耐寒性

水禽的羽毛比陆禽更贴身，绒羽层更厚，其浓密的羽毛与发达的尾脂腺能有效地防水御寒，具有更强的防寒保暖作用。水禽的皮下脂肪比陆禽厚，因此具有更强的耐寒性。水禽在0℃左右时，仍然能在水中活动自如，在10℃左右仍可保持较高的产蛋率。相反，水禽的散热性能差，耐热性能也较差，尤其是体大、脂肪厚的个体，其耐热性能更弱。

(四)耐粗饲

水禽的食性比陆禽更广，更耐粗饲。有句谚语“鸭吃72种无名食”。说明鸭的食性广，容易饲养。由于鸭的嗅觉、味觉不发达，对饲料要求不高，凡是无酸败和异味的饲料都会无选择地大口吞咽，所以不论精、粗饲料或青绿饲料都可以作为鸭的饲料。鹅则更喜食植物性食物，具有强健的肌胃、比躯体长10倍的消化道和发达的盲肠。鹅的肌胃在收缩时产生的压力比鸡、鸭都大，能有效地裂解细胞壁，使细胞汁流出。鹅的盲肠中含有较多的厌氧纤维分解菌，能将纤维发酵分解成脂肪酸，因而鹅具有利用大量青绿饲料和部分粗饲料的能力。

(五)敏感性

水禽富于神经质,在水禽中,特别是鸭,其性急胆小,易受外界突然的刺激而惊群,尤其是人、畜及偶然出现的色彩、声音、强光等刺激。所以,应保持水禽饲养环境的安静与稳定,以免因突然受惊而影响产蛋和增重。

(六)生活规律性

水禽具有良好的条件反射能力,反应敏捷,比较容易接受训练和调教,可以按照人们的需要和自然条件进行训练,以形成各自的生活规律。在一天之中,水禽的放牧(出栏)、觅食、嬉水、歇息、交配和产蛋等行为都有比较固定的时间,且这种规律一经形成就不易改变。

三、水禽业的生产特点

水禽业发展的区域性和不平衡性主要是由于其生物学特征和经济学特征,以及社会经济条件和人们的食性偏爱所致。与养鸡业相比,水禽的产品种类和风味均有很大差异,非其他家禽所能取代。

(一)早期生长快,生产周期短

在家禽生产中,肉鸭和肉鹅的早期生长速度最快。大型肉用鸭8周龄活重可达3.2~3.5kg,其体重为出壳体重的60~70倍;中、小型仔鹅同期活重可达3.5~4.0kg。由于鸭、鹅早期生长速度极快,生产周期短,提高了全年禽舍设备的利用率,资金周转快,经济效益好。

(二)繁殖力强,商品率高

鸭是家禽中繁殖率强的水禽之一。蛋鸭平均开产日龄约为120天,年产蛋量280~300个,按蛋重70g计,总重量达到19.6~21kg。大型肉鸭配套母系产蛋40周可获合格种蛋180个以上,可生产肉用仔鸭120~130只。以每只肉鸭上市活重3.0kg计,每只亲本母鸭所产仔鸭活重为360~390kg,为其亲本成年体重的100倍左右。蛋鸭和肉鸭的商品率之高为其他家禽所不及。

(三)生活力强,耐粗放饲养

水禽对不利的环境条件和应激因素有较强的适应能力。从自然发病的种类来看,对养禽业威胁较大的常见传染病,鸭、鹅比鸡少1/3。鸭、鹅具有较厚的皮下脂肪,羽绒厚密,耐寒性强。鸭、鹅的耐热性较差,但它们具有利用游水洗浴降温的特性,所以水禽在亚热带甚至热带地区仍可生长良好,且保持较高的生产性能。鹅比其他家禽消化饲料粗纤维的能力高45%~50%,因此可利用天然草地放牧再补饲少量精料来养鹅。鹅是典型的节粮型家禽,能获得较好的经济效益。

(四)风味食品,独具特色

鸭肉、鹅肉和蛋类经烹调加工后制成的食品,别具风味,脍炙人口,为其他家禽食品所难以取代。我国不仅是饲养水禽最多的国家,而且,对鸭肉、鹅肉和蛋类的烹调技术和加工技术更是蜚声海内外。我国的品牌“板鸭”产品甚多,远销东南亚各国。

鲜鸭蛋经过加工可以制成具有鲜美滋味的松花(皮)蛋、晶莹剔透的咸蛋和醇香可口的糟蛋等再制蛋，风味独特，为国内外广大消费者所喜爱。

(五)羽绒价值高，销路好

家禽的羽毛以鹅、鸭的羽绒品质最优，最具有利用价值。当今羽绒制品已向时装化、高档化方向发展，使鸭、鹅羽绒供不应求，价格不断上升，大大促进了水禽业的发展。我国的羽绒原料仍然是国际市场的畅销货，每年出口约 2000t，占全世界出口总额的 1/3 左右。

(六)高档家禽食品——肥肝

肥肝是鸭、鹅的独特产品，由于其特殊风味和营养成分而成为西方消费者十分喜爱的高热能食品。肥肝生产的经济效益甚佳，是当今国际食品市场蓬勃发展的新兴行业。我国水禽数量多，有不少适合于肥肝生产的鸭、鹅优良品种，具有生产肥肝的强大优势。

应当指出的是，由于水禽体形较大，皮下脂肪含量高，无论是产蛋还是产肉其饲料利用率始终比鸡低 25%左右，加上水禽密集工厂化饲养技术还不成熟，所以水禽不能取代鸡在家禽生产中的主体地位。

任务 7.2　肉用仔鸭生产

一、大型肉用仔鸭的生产

大型肉用仔鸭是指以北京鸭为基础培育的、用配套系生产的白羽杂交商品肉鸭，主要有樱桃谷肉鸭、天府肉鸭、北京鸭等。采用集约化方式饲养，批量生产肉用仔鸭，这是当代优质肉鸭生产的主要方式。

(一)大型肉用仔鸭的生产特点

1. 生长迅速，饲料利用率高

在家禽中，大型肉用仔鸭的生长速度最快，7 周龄活重可达 3.4～3.8kg，为其初生体重的 50 倍以上，远比麻鸭类型品种或其杂交鸭的生长速度要快(见表 7-2-1)。

表 7-2-1　大型肉用仔鸭的生长速度与料肉比

项目	4 周龄	5 周龄	6 周龄	7 周龄
活重/g	1900～2100	2500～2750	3000～3300	3400～3800
料肉比	(1.7～1.9)∶1	(1.9～2.1)∶1	(2.3～2.6)∶1	(2.4～2.8)∶1

2. 产肉率高，肉质好

大型肉用仔鸭的胸腿肌特别发达，据测定 7 周龄时胸腿肌可达 600g，占全净膛重的 25.4%，其中胸肌可达 300g。大型肉用仔鸭因其肌肉和肌间脂肪多、肉质细嫩等，是成为加工烤鸭、板鸭煎鸭、炸鸭等食品和分割肉生产的上乘材料(见表 7-2-2)。

表 7-2-2　肉鸭的屠宰性能

周龄	全净膛率/g	腿肌率/%	胸肌率/%	腹脂率/%	皮脂率/%
6	68～70	15～17	12～14	1.9～2.2	26～32
7	69～71	14～16	14～17	2.4～2.7	28～35

3.生产周期短,可全年批量生产

由于大型肉用仔鸭早期生长特别迅速,生产周期极短,资金周转快,从而对经营者十分有利。近年来,由于消费水平和消费习惯的变化,出现了大型肉鸭的小型化生产,大型商品肉鸭的上市体重要求在 1.5～2.0kg,这样更是大大加快了资金的周转,提高了鸭舍和设备的利用率。由于大型肉用仔鸭采用舍饲方式,打破了生产的季节性,因此可以全年批量生产。

4.采用全进全出制,建立产销加工联合体

大型肉用仔鸭的突出特点是早期生长快,饲料利用率高。但超过 8 周龄,其增重速度减缓,饲料利用率也随之下降。当前,活体销售或冻鸭的屠宰日龄以 6～7 周龄时经济效益最佳,生产分割鸭肉以 8～9 周龄为宜。因此,大型肉用仔鸭的生产采用分批全进全出的生产流程,根据市场的需要,在最适屠宰日龄批量出售,以获得最佳经济效益。为此,必须建立屠宰、冷藏、加工和销售网络,以保证全进全出制的顺利实施。

(二)大型肉用仔鸭的饲养标准及其应用

当前对水禽营养需求的研究与鸡比起来还很不深入,很多指标是借用肉鸡或蛋鸡的测定结果或估测所得。饲粮配制时应尽量采用当地资源丰富的饲料,按照肉鸭不同生长阶段对营养物质的需要量,配制质优价廉的饲粮。

常见大型肉用仔鸭在舍饲条件下的营养成分需要量如表 7-2-3 所示。

表 7-2-3　肉用仔鸭的营养成分需要量

营养成分	雏鸭期(0～3 周龄)	生长育肥期(4 周龄～出栏)
代谢能/(MJ/kg)	12.35	12.35
粗蛋白质/%	21.0～22.0	16.5～17.5
钙/%	0.8～1.0	0.7～0.9
有效磷/%	0.4～0.6	0.4～0.6
食盐/%	0.35	0.35
赖氨酸/%	1.10	0.83
蛋氨酸/%	0.40	0.30
蛋氨酸+胱氨酸/%	0.70	0.53
色氨酸/%	0.24	0.18
精氨酸/%	0.21	0.91
苏氨酸/%	0.70	0.53
亮氨酸/%	1.40	1.05
异亮氨酸/%	0.70	0.53

注:微量元素、维生素另加。

配制快速生长型商品肉鸭的饲料时应注意：根据肉鸭不同生长阶段特点，按饲养标准配制日粮；配制的日粮要适口性好，可消化率高；所选用的饲料品质应符合饲料质量要求，无霉烂、变质、毒物污染，禁止使用违禁药品、添加剂等；要尽量选用当地资源丰富、价格便宜、适合肉鸭生长的饲料为原料，配制价廉质优的日粮。此外，颗粒饲料最有利于肉鸭的采食与育肥。

（三）大型肉用仔鸭的饲养管理

1.雏鸭期(0～3周龄)的饲养管理

(1)育雏期雏鸭的生理特点与育雏方式

①育雏期雏鸭的生理特点。雏鸭从出壳到3周龄，这一阶段称为雏鸭阶段。此时的雏鸭刚出壳，对外界的适应能力较差，消化能力差，消化器官容积小，采食量少，但相对生长很快，需要充足的营养物质满足雏鸭的生长发育。同时，应根据雏鸭体温调节功能不完善的特点，人为地创造良好的育雏条件特别是温度条件，让雏鸭尽快适应外界环境，提高育雏成活率。

②育雏期雏鸭的育雏方式。根据肉鸭养殖的具体条件，主要采取以下三种育雏方式：

一是地面垫料平养育雏。该法是在鸭舍的地面上饲养雏鸭，在地面上铺设垫料，如锯末、刨花、铡短的干草等。垫料要求干燥、保暖、吸湿性强、柔软、不板结。但水槽、料槽附近的垫料周围易潮湿，可铺垫砖块。该法饲养成本低，条件要求不高，简单易行。

二是平面网上饲养育雏。该法是将肉鸭饲养在距地面50～60cm高的金属网(如镀锌铁丝等)或塑料网上。网眼1.25cm×1.25cm，粪尿混合物可直接漏到地面。金属网和塑料网均有定型产品可购买，也可用竹木条板自行铺设。采用该法时，雏鸭不与粪便接触，可有效控制球虫病和其他疾病的爆发，在肉鸭养殖中应用较广泛，值得推广，但投资较大，对技术要求较高。

三是立体笼养育雏。该法是在鸭舍内搭起多层的笼架，将雏鸭饲养在3～5层笼内，鸭笼由镀锌或涂塑铁丝制成，网底可铺塑料垫网，层高通常为40～45cm。该法饲养密度大，热源集中，易于保温，雏鸭成活率高，但投资较大。

(2)进雏前的准备

育雏前应做好育雏计划的制订工作，并根据全年育雏数，育雏批数与数量，每批所需饲料、垫料、药品以及管理费用等计算出每批育雏成本。建立育雏记录制度，包括进雏时间、进雏数量、育雏期的成活率等记录指标。同时，进雏前要做好以下准备工作。

①育雏室的维修。进雏之前，及时维修破损的门窗、墙壁、通风孔、网板等。采用地面垫料平养育雏时应准备好足够的垫料。此外，还要准备好分群用的挡板、饲槽、水槽或饮水器等育雏用具。

②育雏之前，先将室内地面、网板及育雏用具清洗干净、晾干。对育雏室、垫料、垫网、饮水器、料槽、料盘等有关设备、用具等进行彻底清洗、消毒。可采用甲醛、高锰酸钾对育雏舍进行熏蒸消毒1～2天，每立方米空间用量为高锰酸钾15g、福尔马林30mL。墙壁、天花板或顶棚可用10%～20%的石灰乳粉刷，注意将表面残留的石灰乳清除干净。饲槽、水槽或饮水器等冲洗干净后，放在消毒液中浸泡半天，然后清洗干净。

③准备并铺设好垫料，垫料要干燥、无霉变、吸水性好。

④检查保温设备、烟道、育雏伞等是否良好，并提前一天升温使之达到育雏温度：笼养育雏舍30～32℃；平养育雏舍25℃以上；育雏伞30～33℃。在育雏伞边缘上方8cm处悬挂温度计，测量育雏伞温度。

⑤准备充足的料盘、饮水器，并准备好饲料、疫苗等。进雏前2h将水装入饮水器，并放入舍内预热。育雏舍相对湿度以保持在60%为宜。

(3)进雏后要立即做好雏鸭的选择与分群

初生雏鸭质量的好坏直接影响到雏鸭的生长发育及上市的整齐度。在鸭苗购买前要对商品雏鸭进行选择，进雏后将健雏和弱雏分开饲养。健雏的选留标准：健雏是指同一日龄内大批出壳的，大小均匀，体重符合品种要求，绒毛整洁，富有光泽，腹部大小适中，脐部收缩良好，眼大有神，行动灵活，抓在手中挣扎有力，体质健壮的雏鸭。将腹部膨大、脐部突出、晚出壳的弱鸭单独饲养，加上精心的饲养管理，这些弱雏鸭仍可生长良好。

(4)做好雏鸭的精细饲养

①进雏后要尽早饮水与开食。快速生长型肉用仔鸭早期生长特别迅速，应尽早饮水、开食，这有利于雏鸭的生长发育，锻炼雏鸭的消化道。若雏鸭开食过晚，会因体力消耗过大、失水过多而变得虚弱。一般采用直径为2～3mm的颗粒饲料开食，第一天可把饲料撒在塑料布上，以便雏鸭学会吃食，做到随吃随撒，第二天后就可改用料盘或料槽喂料。雏鸭进入育雏舍后，就应供应充足的饮水，前3天可在饮水中加入复合维生素(每千克水中加入1g复合维生素)，并且饮水器(槽)可离雏鸭近些，便于雏鸭饮水，随着雏鸭日龄的增加，饮水器应逐渐远离雏鸭。

②饲料形成和饲喂方法。饲料有粉料和颗粒料两种形式。饲喂方法：粉料饲喂前先用水拌湿，可促进雏鸭采食，但粉料饲喂浪费较大，每次投料不宜过多，否则易引起饲料的变质、变味。在有条件的地方，使用颗粒料效果比较好，可减少浪费。实践证明，饲喂颗粒料可促进雏鸭生长，提高饲料利用率。雏鸭自由采食，在食槽和料盘内应保持昼夜均有饲料，做到少喂勤添、随吃随给，保证饲槽内常有料，余料又不过多。

③投料次数。雏鸭出壳后1～2周，投料6次/天，其中一次在晚上进行。为保证采食均匀，应保证每只鸭有足够的料位，料槽应保持一定高度。

④充分饮水。雏鸭1周龄以后可用水槽供给饮水，每100只雏鸭需要1m长的水槽。水槽的高度应随鸭子大小来调节，水槽上沿应略高于鸭背或与鸭背同高，以免雏鸭吃水困难或爬入水槽内打湿绒毛。水槽每天冲洗一次，每3～5天消毒一次。

⑤保证垫料的干燥。鸭饮水时喜呷水擦洗羽毛，易弄湿垫料。因此，要准备充足的垫料，随时撒上新垫料，保持舍内温暖、干燥。

⑥防止滑腱症的发生。雏鸭发生滑腱症的主要原因包括：饲料中缺乏钙、磷或钙、磷含量不平衡；缺乏锰、铁等微量元素；饲养密度过大；潮湿；饲料种类单一，营养不全等。

(5)做好育雏鸭的管理

①做好温度管理。在育雏条件中，育雏温度对雏鸭的影响最大，直接影响到雏鸭体温调节、饮水、采食以及饲料的消化吸收，从而影响到雏鸭的良雏成活率。快速生长型肉用雏鸭的育雏温度如表7-2-4所示。

表 7-2-4 快速生长型肉用雏鸭的育雏温度

日龄	育雏温度/℃	日龄	育雏温度/℃
1～3	28～31	11～15	19～22
4～6	25～28	16～20	17～19
7～10	22～25	≥21	<17

恰当的育雏温度是提高雏鸭成活率的关键。在生产实践中，可根据雏鸭的活动状态来判断育雏温度是否恰当。温度过高时，雏鸭远离热源，张口喘气，烦躁不安，分布在育雏伞边缘附近或室内门窗附近，温度过高容易造成雏鸭体质软弱及抵抗力下降等；温度过低时，雏鸭鸣叫、扎堆、互相挤压，容易造成伤亡，并影响雏鸭的开食、饮水；温度适宜时，雏鸭三五成群，食后静卧而无声，分布均匀。

②做好湿度控制。刚出壳的雏鸭其体内含水70%左右，同时又处在环境温度较高的条件下，因此湿度对雏鸭的生长发育影响较大。湿度过低时，容易引起雏鸭轻度脱水，影响健康生长；湿度过高时，霉菌及其他微生物大量繁殖，容易引起雏鸭发病。

舍内相对湿度第一周以保持在60%为宜，这样有利于雏鸭对卵黄的吸收，随后随着雏鸭日龄增大，其排泄物增多，应适当降低相对湿度。

③做好鸭舍通风换气。雏鸭生长速度快，代谢旺盛，随呼吸排出大量二氧化碳；同时雏鸭消化道短，食物在消化道内停留时间较短，粪便中有机物含量高，在室内高温、高湿、微生物的作用下容易产生氨气和硫化氢等有害气体，严重影响雏鸭的健康。鸭舍适宜的通风换气有利于排出室内污浊的空气，并调节室内温度和湿度；夏季通风还有利于降温。育雏室内氨气的浓度一般允许10mL/L，但不可超过20mL/L。若饲养管理人员进入育雏舍感觉臭味大、有明显刺眼的感觉，表明氨气浓度超过允许范围，应及时通风换气。在冬季舍外温度较低时，应将育雏舍内的温度提高1～2℃或选择在中午温度较高时打开窗户通风换气，以保证舍温的稳定。

④做好舍内光照控制。通常，对于1～3日龄雏鸭采用每天24h光照，也可采用每天23h光照、1h黑暗的光照控制方法，使雏鸭尽早熟悉环境，并尽快饮水和开食。人工补充光照时，光照强度不宜过大，否则不利于雏鸭的生长。

⑤保持适宜饲养密度。饲养密度是指每平方米所饲养的雏鸭数。密度过大，会造成相互拥挤，体质较弱的雏鸭将吃不到料、饮不到水，致使生长发育受阻，影响增重和群体的整齐度，同时也容易引发疾病；密度过低，则房舍利用率不高，增加饲养成本。肉用雏鸭饲养密度根据品种、饲养方式、育雏季节的不同而异。1～3周龄快速生长型肉用雏鸭的饲养密度如表7-2-5所示。

表 7-2-5 1～3周龄快速生长型肉用雏鸭的饲养密度 （单位：只/m^2）

周龄	地面垫料平养	网上平养	立体笼养
1	20～30	30～50	50～65
2	10～15	15～25	30～40
3	7～10	10～15	20～25

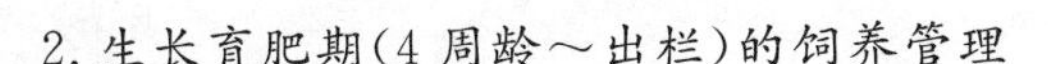

2. 生长育肥期(4 周龄～出栏)的饲养管理

4 周龄～出栏阶段属于快速生长型商品肉鸭的育肥期。此时,肉鸭体温调节能力已趋于完善,对外界环境的适应能力比雏鸭期明显增强,死亡率降低,同时肉鸭食欲旺盛,采食量大,生长快,骨骼和肌肉生长旺盛,绝对增重处于生理高峰期。因此,饲养上要增大肉鸭饲料供应量,提高增重速度。同时由于鸭的采食量增大,饲料中粗蛋白质含量可适当降低,从而达到良好的增重效果。

(1)做好饲料和饲养方式的过渡

①做好饲料的过渡。3 周龄以后,应将育雏期饲料更换为育肥期饲料,饲料更换应逐渐过渡,防止饲料突然改变对肉鸭造成应激。过渡期,从育雏期饲料过渡为育肥期饲料每天的改变量宜为 20%～30%,这样经过 3～5 天可将育雏期饲料完全过渡为育肥期饲料,让肉鸭有个适应的过程。

②做好饲养方式的过渡。由于快速生长型商品肉鸭的体重较大,因此 4～8 周龄时肉鸭的饲养方式多采取地面垫料平养或网上平养。育雏期采取地面垫料平养或网上平养的肉鸭可不转群,这样能避免转群给肉鸭带来的应激。育雏期结束后可不再人工供温,应将保温设备撤去,并做好脱温工作。对于育雏期采用笼养方式育雏的肉鸭,应转为地面平养,并在转群前 1 周,对平养鸭舍和用具做好清洁卫生和消毒工作。因环境的突然变化,肉鸭易产生应激反应,因此在转群前需停料 3～4h。

随着肉鸭体躯的增大,应适当降低饲养密度。4 周龄～出栏阶段快速生长型肉鸭的饲养密度如表 7-2-6 所示。

表 7-2-6　4 周龄～出栏阶段快速生长型肉鸭的饲养密度　(单位:只/m^2)

周龄	地面垫料平养	网上平养
4	5～10	10～15
5～6	5～8	8～12
7～8	4～7	7～10

(2)喂料与饮水

此阶段全天 24h 保持喂料与饮水,并经常保持饲料和饮水的清洁、卫生。由于肉鸭在该阶段采食量增大,应注意添加饲料,每天可采取白天投料 3 次、晚上投料 1 次的喂料方式,喂料量一般采取自由采食。投料时,要注意食槽内余料不能过多。

饮水的管理也特别重要,应随时保持供应清洁的饮水。特别是在夏季,白天气温较高,鸭群采食量减少,应加强早、晚管理,因此时天气凉爽,鸭群采食的积极性很高,不能断水。

(3)做好垫料管理与光照控制

垫料管理:由于采食量增多,其排泄物也增多,应加强舍内和运动场的清洁卫生管理,每日定期打扫,及时清除粪便,保持舍内干燥,防止垫料潮湿。

光照控制:该阶段采取全天光照方式进行饲喂,白天可利用自然光照,晚上通宵照明,但光照强度不要过强,宜控制在 5～10lx。

(4)防止啄羽

如果鸭群饲养密度过大，通风换气差，地面垫料潮湿，光照强度过大，日粮中营养不平衡，特别是含硫氨基酸的缺乏，容易引起肉鸭相互啄羽。因此，在饲养上要注意采取综合措施防止啄羽的发生。

(5)上市日龄与上市体重

不同地区或不同加工目的所要求的肉鸭上市体重不一样，因此，上市日龄的选择要根据销售对象来确定。肉鸭一旦达到上市体重应尽快出售。商品肉鸭一般6周龄活重可达2.5kg，7周龄可达3kg，肉鸭饲料利用率以6周龄最高，因此，42～45日龄为肉鸭理想的上市日龄。如果用于分割肉生产，则以8周龄上市最为理想，因为6～7周龄上市的肉鸭胸肌较薄，胸肌的丰满程度明显低于8周龄。此外，对于成都、重庆、云南等市场，考虑到消费者的习惯，当快速生长型肉鸭的体重达到2.0～2.5kg时也应尽快上市。

二、放牧肉用仔鸭的生产

水禽放牧饲养可以合理利用自然资源，是节粮型的养殖方式。放牧肉用仔鸭生产是我国传统的肉鸭养殖方式，这种养殖方式实行鱼鸭结合、稻鸭结合，是典型的生态农业项目，在我国南方广大地区仍有普遍应用。

(一)放牧肉用仔鸭的生产特点

1.投资少，成本低

放牧肉用仔鸭的生产只需要简易的鸭棚子，投资成本主要包括在鸭苗和放牧过程中补饲的饲料。其最大的优点是可以充分利用各种天然野生植物作为饲料，降低饲养成本，还可利用农村闲散劳动力或半劳动力进行饲养，养殖成本低，经济效益高。

2.节约粮食

放牧肉用仔鸭的生产是利用中国地方鸭品种或中国地方鸭品种与快速生长型肉鸭品种杂交生产的杂交肉鸭进行放牧饲养，这些地方鸭品种或杂交肉鸭放牧性能强，可采取野营游牧方式饲养，并将补料和放牧相结合。雏鸭育雏结束后将鸭子放入水塘、沟渠、稻田、麦地中放牧饲养，充分利用麦地或稻田中散落的谷粒、野生动植物、浮游微生物作为饲料，每日视鸭子采食情况进行适当补饲。在放牧条件较好的情况下，平均每只上市肉鸭仅耗粮食500g左右。放牧鸭群的大小应根据放牧场地的大小、放牧人员的技术水平等来决定。

3.农牧结合，肉鸭生产季节性强

放牧肉用仔鸭的生产与当地农作物的栽培、收割时间紧密相关，形成明显的季节生产和销售。每年2月开始孵抱，3月放养春水鸭，5月下旬肉用仔鸭陆续上市，6月开始放养秋水鸭，9—11月为全年肉用仔鸭上市的高峰，形成产销旺季。

4.生产产品符合市场需要

快速生长型肉鸭品种生长速度快，但肉鸭中的脂肪含量高。采取放牧饲养方式生产的肉用仔鸭虽然体形稍小、生长速度稍慢，但肉鸭中的脂肪含量较低，是生产油淋鸭的上佳材料，受到我国消费者的普遍欢迎。

(二)放牧肉用仔鸭生产选用的品种与饲养方式

1.放牧肉用仔鸭生产选用的品种

传统稻田放牧肉用仔鸭采用的品种主要是我国地方麻鸭品种,如四川麻鸭、建昌鸭等,补饲采用的饲料主要是谷物、玉米、麦类等单一饲料。现代放牧肉用仔鸭的生产主要采用现代快速生长型肉鸭品种(如樱桃谷肉鸭、天府肉鸭、北京鸭等)与我国地方麻鸭品种进行杂交,并选用其生产的杂交肉鸭进行放牧饲养,补饲的饲料由过去的单一饲料改为配合饲料和颗粒饲料。这样可以缩短肉鸭出栏时间,增加上市体重,降低养鸭成本,提高经济效益,适合现阶段农村经济发展水平。

2.放牧肉用仔鸭生产选用的饲养方式

(1)放牧饲养。这是我国的一种传统养鸭方式,主要以水稻田为依托,采取农牧结合的稻田放牧养殖技术。这种方式充分利用天然动植物及秋收后遗落在稻田中的谷物为食,节约粮食,同时投资少,只需要简易的鸭棚供鸭群过夜使用。其最大缺点是安全性差,鸭群易受不良气候和野兽的侵袭,疾病也易传染,发病率较高。

(2)半牧半舍饲养。这种养殖方式是在传统放牧养殖的基础上进行的改进,肉鸭白天进行放牧饲养,自由采食野生饲料,人工进行适当补饲,晚上回到圈舍过夜,有固定的圈舍供鸭避风、挡雨、避寒、休息,而没有固定的活动场地。这种饲养方式固定投资小,饲养成本低,但肉鸭受外界环境因素的影响仍然较大。

(三)放牧期的饲养管理

1.分群饲养

育成鸭在饲养和放牧时,较大的鸭(主要是公鸭)行进速度快,觅食力强,生长发育迅速,而较小的鸭生长速度越来越跟不上。所以,在饲养管理过程中,按大、中、小、公、母分群饲养,一般每个大群的饲养量为1000～1500只,通常由2～3人管理。

2.放牧地的选择

放牧饲养时,要选择水草茂盛、鱼虾多、船只往来少的河道,或利用湖泊、水库、池塘、稻田等,让鸭吃到多种多样的动物性饲料和植物性饲料。湖泊、池塘等处水的深度应以鸭子能够觅食到水底的食物为宜,水流不能过急。

3.放牧方法

常用的放牧方法有"放田"和"撑江"两种。放田是指将鸭群赶入返青后至抽穗扬花期的稻田或收割后的稻茬田放牧;撑江是指撑着小船在河浜、湖荡等水域放牧。大群放牧时,每群以600～1000只为宜,由3～4人管理。仔鸭在放牧时,往往向前直闯,因此要有人在前面带队,并训练好头鸭,使全群跟着缓慢前进;后面也要有人管理,防止鸭群走散。放田时,放牧人员分前、中、后三段,赶着鸭群循序渐进;当鸭觅食时,三人站成三角形,勿使鸭乱窜和损坏庄稼。撑江时,一人撑船,两人在两岸手持竹竿指路,不让鸭上岸,使鸭群沿着河边慢慢前进。小群放牧由一人或另加一名小孩协助管理,每群以150～250只为宜,由头鸭引路,管理人员用竹竿(头端系红布或破扇)指路和引导鸭群觅食。在气温较高、牧食资源丰富的季节,水网地区可采用白天放牧、晚上露宿圈养的方法。

4.放牧时间

夏季放牧时,上午要早放早归,下午要迟放迟归,中午可在树荫、芦苇、蒿草处休息和采食。

5.放牧时的注意事项

(1)放牧前要选好放牧地,熟悉牧地情况,决定放牧路线,从何处开始,到何处休息,在何处收牧,都要心中有数。

(2)下河放牧时,上下坡度不宜太陡,不能走得太快太急,以免拥挤跌伤。要尽量避免逆水放牧,做到大风大雨不走江。

(3)放牧时为了减少鸭体力的消耗,不能过分延长距离强行放牧;热天夜晚露宿时,宜选择近河岸的安静地方。

(4)放牧时应掌握早上空腹快赶,下午饱腹慢赶,爬坡、过桥不急赶的原则。

(5)不到疫区放牧,如遇到灭螺、杀虫等而喷洒农药的田块、水域时,应绕道而行。

(6)育成鸭比较胆小、活跃、敏感,放牧时,当道路两旁有很多较高的树、建筑物、农作物、杂草时,有牛、马、羊、狗等动物时,有行进的交通工具时,有特殊的声响时,它们往往惊慌地看着而不敢前进,如果驱赶,则像受了惊一样做转圈运动,或互相挤压、践踏使鸭群受到损失。所以,在放牧过程中应尽量避免驱打、急赶、粗声吆喝等过激行为。

任务 7.3 蛋鸭生产

一、蛋鸭的生产特点与蛋鸭生产应具备的条件

(一)蛋鸭的生产特点

1.生产地域分布性较强

水禽蛋鸭的生产地主要集中在我国长江流域及其以南地区,其产量约占全国总产量的90%,尤以江苏、浙江、江西、安徽、福建等地最为发达。而我国南方其他地区(如四川、云南、贵州等),主要以当地麻鸭品种生产肉用仔鸭,利用孵化淡季或多余的种蛋作商品鸭蛋。

2.饲养方式相对粗放

在湖泊和水网地区,蛋鸭多采用带有投料场和水围的开放式简易鸭舍进行饲养;在水稻产区、丘陵和山区,多利用稻田、沟渠等进行放牧,采用补饲方式进行饲养;在沿海地区,则多利用滩涂进行放牧。

3.生产周期较长

蛋鸭的生产周期包括育雏期、育成期和产蛋期三个阶段。蛋鸭通常在150日龄左右达到50%左右的产蛋率,利用年限多为1.5~2年。

4.日粮中要求较高的粗蛋白质水平

小型蛋鸭品种产蛋量高,而且持久性好,产蛋率在90%以上的时间可持续20周左右,整个生产期产蛋率基本稳定在80%以上。因此,蛋鸭产蛋期喂料要求略高,特别要注意粗蛋白质、矿物质、维生素和能量等的供给,以满足高产、稳产的需要。

(二)蛋鸭生产应具备的条件

1.选择优秀的蛋鸭品种

不同的蛋鸭品种由于其遗传结构的差异,常导致其产蛋率、产蛋周期、蛋的大小等指标

有较大差异。在从事蛋鸭生产前，首先要选好蛋鸭品种，如绍兴鸭、金定鸭、连城白鸭、攸县麻鸭等。

2.进苗时雏鸭的质量要好

蛋鸭场在买进鸭苗时要求雏鸭体质健康、健壮，脐部收缩良好，无伤残，外貌特征符合本品种要求。作为商品蛋鸭生产的要全留母鸭，雏鸭出壳后及时进行雌雄鉴别，淘汰公鸭。

3.满足蛋鸭产蛋期的营养需要

蛋鸭的饲料要求营养全面，适宜的钙、磷比例是(3～4)∶1，否则影响产蛋率或发生营养缺乏症。蛋鸭的营养成分需要量如表7-3-1所示。

表7-3-1　蛋鸭的营养成分需要量

营养成分	0～2周龄	3～8周龄	9～18周龄	产蛋期
代谢能/(MJ/kg)	11.059	11.506	11.297	11.088
粗蛋白质/%	20	18	15	18
可利用赖氨酸/%	1.1	0.85	0.7	1.0
精氨酸/%	1.20	1.00	0.70	0.80
蛋氨酸/%	0.40	0.30	0.25	0.33
蛋氨酸+胱氨酸/%	0.70	0.60	0.50	0.65
赖氨酸/%	1.20	0.90	0.65	0.90
钙/%	0.90	0.80	0.80	2.50～3.50
有效磷/%	0.50	0.45	0.45	0.50
钠/%	0.15	0.15	0.15	0.15
维生素A/(IU/kg)	6000	4000	4000	8000
维生素D_3/(IU/kg)	600	600	500	800
维生素E/(mg/kg)	20	20	20	20
维生素B_1/(mg/kg)	4	4	4	4
维生素B_2/(mg/kg)	8	5	5	8
烟酸/(mg/kg)	60	60	60	60
维生素B_6/(mg/kg)	6.6	6.0	6.0	9.0
维生素K/(mg/kg)	2	2	2	2
生物素/(mg/kg)	0.1	0.1	0.1	0.2
叶酸/(mg/kg)	1.0	1.0	1.0	1.5
泛酸/(mg/kg)	15	15	15	15
氯化胆碱/(mg/kg)	1800	1800	1100	1100
锰/(mg/kg)	100	100	100	100
锌/(mg/kg)	60	60	60	80

续表

营养成分	0～2 周龄	3～8 周龄	9～18 周龄	产蛋期
铁/(mg/kg)	80	80	80	80
铜/(mg/kg)	6	6	6	6
碘/(mg/kg)	0.5	0.5	0.5	0.5
硒/(mg/kg)	0.1	0.1	0.1	0.1

注:拌料时不能将氯化胆碱直接加入维生素和矿物质添加剂中,而应单独加入。

4.做好环境控制

产蛋鸭最适宜的环境温度是13～20℃,在该温度范围内,产蛋率、饲料利用率最高。气温过高或过低,均会导致蛋鸭产蛋率显著下降。光照可促进鸭生殖器官的发育,使青年鸭适时开产,提高产蛋率。产蛋期的光照强度以10～15lx为宜,光照时间保持在16～17h/d。

5.做好疾病预防控制

蛋鸭生产周期长,要使蛋鸭发挥出最大的生产能力,必须要有健康的鸭场。鸭场要建立完善的消毒制度和防疫措施,严格执行鸭场卫生管理制度。搞好环境卫生,做好主要传染病的防疫工作,减少疾病发生概率。蛋用种鸭的参考免疫程序参见表7-3-2。

表 7-3-2 蛋用种鸭的参考免疫程序

接种日龄	免疫项目	疫苗名称	接种方法
7	鸭病毒性肝炎(DHV)	DHV 弱毒苗	颈部皮下注射
10	鸭传染性浆膜炎、大肠杆菌病	鸭疫里默氏杆菌病-大肠杆菌病多价二联苗	皮下注射
30	鸭瘟	鸭瘟弱毒苗	肌肉注射
45	禽流感	禽流感油乳剂灭活苗	肌肉注射
60	禽霍乱	禽霍乱油乳剂灭活苗	肌肉注射
90	鸭病毒性肝炎(DHV)	DHV 弱毒苗	肌肉注射
100	禽霍乱	禽霍乱油乳剂灭活苗	肌肉注射
120	鸭病毒性肝炎(DHV)、禽流感	DHV 弱毒苗、禽流感油乳剂灭活苗	肌肉注射
240	鸭病毒性肝炎(DHV)	DHV 弱毒苗	肌肉注射

二、商品蛋鸭圈养场地的要求与产蛋期的饲养管理

蛋鸭育雏期、育成期饲养管理可参考“任务7.2 肉用仔鸭生产”相关内容。商品蛋鸭产蛋期的饲养方式主要有半舍饲、全舍饲、放牧等。过去,商品蛋鸭多采用放牧饲养方式,这种方式可充分利用天然饲料,节省饲料成本。随着蛋鸭饲养数量的不断增多,放牧场地越来越受到限制,商品蛋鸭目前多采用半舍饲、全舍饲的饲养方式。

(一)商品蛋鸭圈养场地的要求

商品蛋鸭圈养需要在地势干燥、靠近水源的地方修建鸭舍,要求鸭舍采光和通风良好,

鸭舍朝向以朝南或朝东南为宜。饲养密度以舍内面积5～6只/m^2计算。在鸭舍前面应有一块比舍内宽约20%的陆地运动场，供鸭吃食和休息。陆地运动场外侧连接水面的地方，是鸭群上岸、下水之处，其坡度不宜过大，一般为20°～30°，做到既平坦又不积水，以方便鸭群活动。水上运动场应有一定深度而又无污染的活水。

(二)商品蛋鸭产蛋期的饲养管理

根据蛋鸭的产蛋性能，在正常饲养管理条件下，商品蛋鸭150日龄时群体产蛋率可达50%，至200日龄时产蛋率可上升到90%以上，产蛋高峰期可持续到450日龄左右，之后逐渐下降。因此，商品蛋鸭产蛋期的饲养管理可分为四个时期进行：产蛋初期(150～200日龄)、产蛋前期(201～300日龄)、产蛋中期(301～400日龄)、产蛋后期(401～500日龄)。

1.产蛋初期与产蛋前期的饲养管理

蛋鸭150日龄开产后产蛋量逐渐增加，直至达到产蛋高峰。因此，蛋鸭日粮中的营养水平特别是粗蛋白质水平要随着产蛋率的提高而逐渐增加，促使鸭群尽快达到产蛋高峰。当鸭群达到产蛋高峰期后，饲养种类和营养水平要尽量保持稳定，促使产蛋高峰时间尽可能长久。采取自由采食方式进行喂料，每只蛋鸭每天喂料约150g。每天喂料4次，通常白天喂料3次，晚上喂料1次。

在做好喂料的同时，要特别做好光照的管理，蛋鸭开产后，逐渐增加光照时间，达到产蛋高峰时，使光照时间达到15～16h/d，以后保持光照时间的恒定。此外，在产蛋前期，还要注意抽测蛋鸭体重，若蛋鸭体重在标准体重的±5%以内，表明饲养管理正常；若蛋鸭体重超过或低于标准体重的±5%，则要查明原因，调整蛋鸭喂料量和日粮营养水平。

2.产蛋中期的饲养管理

该时期蛋鸭已达产蛋高峰期，并持续高强度产蛋，因此对蛋鸭的体况消耗很大，是蛋鸭饲养的关键时期，应对蛋鸭进行精心管理，尽可能延长高峰期产蛋时间。此时期蛋鸭日粮的营养水平应在前期的基础上适当提高，日粮中粗蛋白质水平应保持在20%左右，并注意添加钙和多种维生素。由于日粮中钙过量会降低饲料的适口性，影响蛋鸭采食量，可在日粮中添加1%～2%的贝壳粉，也可单独喂给。

此时期光照时间应保持在16～17h/d，并注意观察蛋鸭的精神状况是否良好、蛋壳质量有无明显变化、产蛋时间是否集中、洗浴后羽毛是否沾湿等，如果发现异常应及时采取措施加以解决。

3.产蛋后期的饲养管理

蛋鸭经过连续的高强度产蛋后，体况消耗很大，产蛋率将有所下降。因此，产蛋后期的饲养管理重点是根据鸭群的体重和产蛋率的变化调整日粮的营养水平和喂料量，尽量减缓产蛋率下降的幅度，使该时期的产蛋率保持在75%～80%。如果发现蛋鸭体重增加较大，应适当降低日粮能量水平，或适当减少喂料量；如果发现蛋鸭体重降低而产蛋量有所下降，应适当提高日粮中蛋白质的水平，或适当增加喂料量。产蛋后期还应加强蛋鸭选择，注意及时淘汰低产蛋鸭，以提高饲养效果。

4.其他管理要求

鸭群富于神经质，在日常的饲养管理中切忌使鸭群受到突然的惊吓和干扰，受惊后鸭群容易发生拥挤、飞扑等现象，可导致产蛋量的减少或软壳蛋的增加。

任务7.4　肉用仔鹅与种鹅生产

一、鹅的繁殖特性与生产特点

(一)鹅的繁殖特性

1.产蛋季节性强

绝大多数鹅种在气温升高、日照延长的6—9月,其卵泡生长和排卵停止,进入休产期,一直到秋末气温转低时才开产。因此,冬、春季节是鹅的繁殖季节,夏、秋季节为休产期,鹅的产蛋季节性强。

2.多数品种有很强的抱性

抱性又称就巢性,表现为在一个繁殖周期中,种鹅每产一窝蛋后就要停产抱窝。因此,在养鹅生产中如果进行人工孵化,应注意选择抱性不强或较弱的(如四川白鹅等)品种进行饲养,以提高种鹅的繁殖率。

3.择偶性强,繁殖利用时间较长

据观察,鹅群中40%的母鹅和22%的公鹅是单配偶,因此公、母鹅具有固定配偶进行交配的习惯,同时,母鹅的产蛋量随着年龄的增大而逐渐提高,通常在第2个产蛋年和第3个产蛋年产蛋量达到最高,第4个产蛋年后开始下降。因此,种鹅繁殖利用时间较长,母鹅繁殖利用年限可达4~5年,公鹅也可达3年。

(二)鹅的生产特点

1.鹅属于草食性家禽,具有耐粗饲的特点

从解剖结构看,鹅具有强健的肌胃、比躯体长10倍的消化道和发达的盲肠,对青草粗纤维的消化率为40%~50%,能充分利用草山、草坡和其他放牧场地的青绿饲料,属节粮型家禽。因此,在放牧条件良好的情况下,肉用仔鹅到上市体重时每增重1kg,仅需消耗精料500g左右。

2.鹅的生产季节性强,但肉鹅生产快、饲养周期短

由于鹅的生产季节性强,故肉用仔鹅的生产具有明显的季节性,多集中在每年的上半年。我国南方气候温和、雨水充足,放牧养鹅占有很大比重,每年5月进入上市旺季,这为肉用仔鹅的生产及产品加工提供了极为有利的条件。

鹅的生长速度快。据测定,我国鹅种中的小型鹅种60~70日龄体重为2.5~3.0kg;中型鹅种70~80日龄体重为3.0~4.0kg;大型鹅种90日龄体重可达5.0kg。因此,肉鹅生产周期短,资金周转快。

3.养鹅生产投资少,效益高

鹅产品主要包括鹅肉、鹅肝及鹅羽三大类,产品用途广。鹅最适宜的饲养方式是放牧饲养,其生产过程不需要过多功能设备,只需要简易的棚舍供晚间过夜使用,可充分利用天然的放牧场地放养。养鹅具有投资少、生产成本低、经济效益高等特点。近年来,养鹅生产逐

渐向专业化、规模化方向发展，并取得了明显的经济效益。

二、鹅的营养需要

目前，国内外关于鹅的营养需要的研究较少，表7-4-1为美国NRC(1994)建议的鹅的营养成分需要量。

表7-4-1 美国NRC(1994)建议的鹅的营养成分需要量

营养成分	雏鹅(0～4周龄)	生长期鹅(4周龄后)	种鹅
代谢能/(MJ/kg)	12.13	12.55	12.13
粗蛋白质/%	20	15	15
可利用赖氨酸/%	1.10	0.85	0.70
蛋氨酸+胱氨酸/%	0.60	0.50	0.50
赖氨酸/%	1.00	0.85	0.60
钙/%	0.65	0.60	2.25
非植物磷/%	0.30	0.30	0.30
维生素A/(IU/kg)	1500	1500	4000
维生素D_3/(IU/kg)	200	200	200
胆碱/(mg/kg)	1500	1000	—
烟酸/(mg/kg)	65	35	20
泛酸/(mg/kg)	15	15	15
维生素B_2/(mg/kg)	3.8	2.5	4.0

三、种鹅的饲养管理

种鹅是肉鹅生产的重要生产资料，其质量的好坏直接关系到肉鹅生产质量的高低和生产鹅苗数量的多少。饲养种鹅的目的是为了提供优质的种蛋和雏鹅，因此，在种鹅饲养管理中，重点是保持良好的种用体况和旺盛的繁殖能力，以确保种鹅能够尽可能多地生产合格的种蛋，提高种蛋受精率、孵化率和健雏率。

根据种鹅的生长发育规律和生理特点，通常种鹅的饲养分为以下几个阶段进行：育雏期(0～4周龄)、育成期(5周龄～产蛋)、产蛋期。

(一)种鹅育雏期(0～4周龄)的饲养管理

该阶段雏鹅体温调节功能差、消化道容积小、消化吸收能力差、抗病能力差等，因此雏鹅的培育是养鹅生产中的一个重要环节。此期间，饲养管理的重点是培育出生长发育快、体质健壮、成活率高的雏鹅。

1.雏鹅的选择与运输

(1)雏鹅的选择。种用雏鹅在育雏前必须进行严格的选择。雏鹅的选择最好在出壳后12～24h进行。健雏的判断标准是：品种特征明显，出壳时间正常，体质健壮，体重大小符合品种要求，群体整齐；脐部收缩良好，脐部被绒毛覆盖，腹部柔软；绒毛洁净而富有光泽；握在手中挣扎有力，感觉有弹性。弱雏则表现为：体重过小；脐部突出，脐带有血痕；腹部较大，卵黄吸收不良，腹部有硬块；绒毛蓬乱无光泽，两眼无神，站立不稳，挣扎无力。在购买鹅苗时，必须询问清楚，如有种蛋来自未经小鹅瘟疫苗免疫过的母鹅群，必须在雏鹅出壳后24～48h内注射小鹅瘟高免血清。

(2)雏鹅的运输。盛放雏鹅的用具必须清洁，要选用专用纸箱、塑料运雏箱或竹筐。运雏用具应先进行曝晒和消毒。装运时，防止每筐装得太多，严防拥挤，既要注意保温，又要注意通风。雏鹅的运输以在孵化后8～12h到达目的地最好，最迟不超过36h。在冬季的早春季节，运输途中应注意保温，勤检查雏鹅动态，防止雏鹅扎堆。夏季运输要防止日晒雨淋，防止雏鹅受热。运输途中不能喂食，如果路途距离较长，可中途让雏鹅饮水，饮水中加入电解多维(每千克水中加入1g)，以免引起雏鹅脱水而影响成活率。雏鹅运到后，让其先充分饮水后再开食。

2.雏鹅的育雏方式

根据雏鹅的保温方式和热源，雏鹅的育雏方式可分为自温育雏和平面供温育雏。

(1)自温育雏。其方法是将雏鹅放在箩筐内，箩筐内铺以垫草，利用雏鹅自身散发的热量来保持育雏的温度。通常室温在15℃以上时，白天可将1日龄的雏鹅放在柔软的垫草上，用30cm高的竹围篱围成直径1m左右的小栏，每栏养20～30只；晚上则将雏鹅放在育雏箩筐内。5日龄以后，根据气温的变化情况，逐渐减少雏鹅在育雏箩筐内的时间，7～10日龄以后，应让雏鹅就近放牧采食青草，并逐渐延长放牧时间。育雏期间注意保持筐内垫草的干燥。

(2)平面供温育雏。当育雏数量较大或规模化育雏时，常采用平面供温育雏。该法通常采用地面或者网上平养，其热源依靠人工控制，主要供温方式有伞形育雏器育雏、红外线灯育雏、烟道式育雏、火坑式育雏等。

3.雏鹅的饲养管理技术

(1)先饮水后开食

雏鹅出壳后的第一次饮水又称“潮口”。雏鹅出壳时，腹腔内尚有部分未利用完的卵黄，但雏鹅出壳后体内水分损失很大，运输过程中也容易造成大量失水，加上腹腔内卵黄利用也需要水分，因此雏鹅应先饮水后开食。如果喂水过晚或先开食后饮水，容易造成干爪鹅，影响雏鹅的生长发育。

雏鹅饮水最好使用小型饮水器或使用水盘，盘中水深不超过1cm，以雏鹅绒毛不湿为原则。1～3日龄，最好在饮水中加入电解多维(每千克水中加入1～2g)，也可饮0.1%高锰酸钾溶液。

(2)做好雏鹅的开食与饲喂

①适时开食。适时开食是指雏鹅第一次吃料。初生雏鹅及时开食，有利于提高雏鹅成活率。开食时间通常在雏鹅出壳后12～24h进行，可将饲料撒在浅食盘或塑料布上，让其啄食。如用颗粒料开食，应将料磨破，以便雏鹅采食。由于雏鹅消化道容积小，喂料时应少喂勤添。

②开食饲料的要求。刚出壳的雏鹅消化能力较弱，可喂蛋白质含量高、易消化的饲料。雏鹅日粮中的饲料种类应多样搭配，最好采用全价配合日粮饲喂雏鹅。实践证明，颗粒料适口性好，增重快，饲喂效果好。因此，有条件的地方最好使用直径为2.5mm的颗粒料饲喂，

随着雏鹅日龄的增加，逐渐减少精料喂量，增加优质青绿饲料的喂料量，青绿饲料或青菜叶可以单独饲喂，但应切成细丝状。在减少精料的同时，应逐渐延长放牧时间。

③饲喂次数和方法。1～7 日龄，约每 3h 喂料 1 次，每天喂料 6～8 次；7 日龄后，随着雏鹅采食量增大，可达到每天喂料 5～6 次，其中夜间喂料 2 次。为了满足雏鹅的营养需要，喂料时可以把精料和青绿饲料分开，先喂精料再喂青绿饲料，以防止雏鹅专挑青绿饲料吃而影响精料的采食。随着雏鹅放牧能力的加强，可适当减少饲喂次数。

(3)做好雏鹅的适时放牧

适时放牧有利于提高雏鹅适应外界环境的能力，降低饲养成本。春季育雏，4～5 日龄后可开始放牧，选择晴朗无风的日子，喂料后将雏鹅放在育雏室附近的草场上放牧，让其自由采食青草。开始时，放牧的时间要短，以后随雏鹅日龄的增加而逐渐延长放牧时间。放牧要与放水相结合，放牧地要有水源或靠近水源，将雏鹅赶到浅水处让其自由下水、戏水，既可促进雏鹅生长发育，又利于羽毛清洁，提高抗病力。放水时切忌将雏鹅强迫赶入水中。

(4)做好育雏前期的温度控制

刚出壳的雏鹅绒毛稀短，体温调节功能差，抗寒能力较弱；直到 10 日龄后体温调节功能才逐渐完善。因此，育雏前期提供适宜的育雏温度，是促进雏鹅生长发育、提高雏鹅成活率的关键措施。

在育雏管理中，育雏温度是否适宜主要根据雏鹅的活动状态来判断。育雏温度过低时，雏鹅躯体卷缩，绒毛直立，互相拥挤成团，发出“叽叽”的尖叫声，严重时造成大量的雏鹅被压伤、踩死；育雏温度过高时，雏鹅表现为张口呼吸，精神不振，食欲减退，频频饮水，远离热源，多集中分布于育雏舍的门、窗附近，容易引起雏鹅的呼吸道疾病或感冒；育雏温度适宜时，雏鹅表现为活泼好动，呼吸平和，睡眠安静，食欲旺盛，均匀分布在育雏室内。在育雏期间，温度必须平稳下降，切忌忽高忽低、急剧变化。雏鹅育雏期的适宜温度如表 7-4-2 所示。

表 7-4-2　雏鹅育雏期的适宜温度与相对湿度

项目	1～5 日龄	6～10 日龄	11～15 日龄	16～20 日龄
温度/℃	27～28	25～26	23～24	20～22
相对湿度/%	60～65	60～65	65～70	65～70

随着雏鹅体温调节功能的逐渐完善，可逐步脱温。当外界气温较高或天气较好时，雏鹅在 3～5 日龄时可进行第一次放牧、下水，白天可停止加温，夜间气温低时再适当加温，即开始逐步脱温。在寒冷的冬季和早春季节，此时气温较低，可适当延长保温期，但也应在7～10 日龄开始脱温，到 10～14 日龄达到完全脱温。

(5)注意湿度和通风控制

育雏期间，在保温的同时还应注意控制湿度，防止育雏环境潮湿。雏鹅饮水时往往会弄湿饮水器或水槽周围的垫料；同时粪便、垫料的发酵容易导致室内湿度和有害气体(如氨气、硫化氢、二氧化硫等)浓度的升高。因此，育雏期间应注意室内的通风换气，保持室内垫料干燥、新鲜，地面干燥、清洁。雏鹅育雏期的适宜相对湿度如表 7-4-2 所示。

(6)饲养密度与分群饲养

雏鹅生长发育迅速，随着日龄的增长和体重的增加，在育雏期间应及时调整饲养密度，并按雏鹅体重强弱、个体大小及时分群饲养，有利于提高群体的整齐度。适宜的雏鹅饲养密度如表 7-4-3 所示。

表 7-4-3　适宜的雏鹅饲养密度　　(单位:只/m²)

鹅种类型	1 周龄	2 周龄	3 周龄	4 周龄
中小型鹅种	15～20	10～15	6～83	5～6
大型鹅种	12～15	8～10	5～8	4～5

(7)防御敌害

育雏期间，雏鹅体质较弱，对敌害无防御和逃避的能力，老鼠是雏鹅最危险的敌害，因此对育雏舍的墙角、门窗要仔细检查，堵塞鼠洞。此外，野外育雏还要防御黄鼠狼、猫、狗、蛇等危害。

(二)种鹅育成期(5 周龄～产蛋)的饲养管理

在雏鹅养至 4 周龄以后，即从 5 周龄至 30 周龄产蛋前这段时期，称为种鹅的育成期。

1. 育成鹅的生理特点和饲养要求

(1)育成期阶段是鹅骨骼、肌肉发育的关键时期，也是脱换旧羽、更换新羽的时期。该阶段如果补饲日粮的蛋白质和能量水平过高，会导致鹅体过大、过肥，促使母鹅开产时间提前，而鹅的骨骼尚未得到充分的发育，降低产蛋期产蛋量和种蛋质量。因此，种鹅的育成期应保持较低的补饲日粮的蛋白质和能量水平，减少补饲日粮的饲喂量和补饲次数，加强种鹅的放牧饲养，促进骨骼、肌肉、生殖器官和羽毛的充分发育，培育体格健壮、结实的后备种鹅。

(2)育成鹅消化道发达，耐粗放饲养。育成鹅的消化道极其发达，食道膨大部较宽大，富有弹性，一次可采食大量的青绿、粗饲料；肌胃肌肉厚实，收缩力强；消化道长度是躯体长度的 11 倍，有发达的盲肠，对饲料中粗纤维的消化率为 40%～50%。因此，在种鹅的育成期应利用其放牧能力强的特性，以放牧为主，锻炼种鹅的体质，降低饲料成本。

2. 做好育成鹅的限制饲养

(1)育成鹅限制饲养的目的。种鹅育成期间的饲养管理重点是对种鹅进行限制性饲养，限制饲养一般从 18 周龄开始到 22 周龄结束(即从 120 日龄开始至开产前 50～60 天结束)。限制饲养期持续 40～50 天。

限制饲养的目的：①控制育成鹅体重，防止体况过肥，保持后备鹅良好的种用体况；②做到适时开产，保证开产后种蛋质量和较高产蛋量，延长种鹅的有效期；③节省饲料，降低培育成本，提高种鹅饲养的经济效益。

(2)限制饲养的方法。种鹅限制饲养的方法主要有两种：一种是减少补饲日粮的饲喂量，实行定量饲喂；另一种是控制饲料的质量，降低日粮的营养水平，特别是蛋白质和能量水平。由于种鹅在育成期间以放牧饲养为主，故通过控制饲料的质量进行限制饲养在生产中更为常用，但限制饲养时要根据放牧条件、季节、育成鹅体质状况灵活掌握饲料配比和喂料量，达到维持种鹅正常体质、降低种鹅培育成本的目的。

限制饲养期间每日的喂料次数由 3 次改为 2 次，尽可能延长放牧时间，逐步减少每次的喂料量。限制饲养期间，母鹅的日平均饲料用量比生长阶段减少 50%～60%，饲料中可添加较多的填充粗料(如米糠、啤酒糟、曲酒糟等)。

(3)育成期喂料量的控制。种鹅育成期的喂料量应根据种鹅放牧时采食青绿饲料的情况,以及种鹅体重进行适当的调整。从8周龄开始,每周龄开始的第一天早上随机称测群体10%的个体求其平均体重,称重时应分公鹅和母鹅,然后用抽样平均体重与种鹅标准体重进行比较。如果种鹅平均体重在标准体重的±2%范围内,表明鹅群生长发育正常,则该周按标准喂料量饲喂;如果超过标准体重2%,表明鹅群体况偏肥,则该周每只每天减少5~10g喂料量;如果低于标准体重2%,则该周每只每天增加5~10g喂料量。种鹅育成期的标准体重如表7-4-5、表7-4-6所示。

表7-4-5　种鹅育成期的标准体重控制指标　(单位:kg)

周龄	小型鹅种		中型鹅种		大型鹅种	
	母	公	母	公	母	公
8	2.5	3.0	—	—	—	—
9	2.5	3.0	—	—	—	—
10	2.6	3.1	3.5	4.0	—	—
11	2.6	3.1	3.6	4.1	—	—
12	2.7	3.2	3.7	4.2	4.5	5.0
13	2.7	3.2	3.8	4.3	4.6	5.1
14	2.8	3.3	3.8	4.4	4.7	5.2
15	2.8	3.3	3.9	4.5	4.8	5.3
16	2.9	3.4	4.0	4.6	4.9	5.4
17	3.0	3.5	4.1	4.7	5.0	5.5
18	3.1	3.6	4.2	4.8	5.1	5.6
19	3.2	3.7	4.2	4.9	5.2	5.7
20	3.3	3.8	4.3	5.0	5.3	5.8
21	3.4	3.9	4.4	5.1	5.4	6.0
22	3.5	4.0	4.5	5.2	5.5	6.1
23	—	—	4.5	5.3	5.6	6.2
24	—	—	4.6	5.4	5.7	6.3
25	—	—	4.7	5.5	5.8	6.4
26	—	—	4.8	5.6	5.9	6.6
27	—	—	4.9	5.8	6.0	6.7
28	—	—	5.0	6.0	6.1	6.8
29	—	—	—	—	6.2	7.0
30	—	—	—	—	6.3	7.2

续表

周龄	小型鹅种		中型鹅种		大型鹅种	
	母	公	母	公	母	公
31	—	—	—	—	6.4	7.4
32	—	—	—	—	6.6	7.6
33	—	—	—	—	6.8	7.8
34	—	—	—	—	7.0	8.0
35	—	—	—	—	—	—
36	—	—	—	—	—	—

注:各周龄鹅群的整齐度应在80%以上。

表 7-4-6　天府肉鹅父母代的标准体重　(单位:kg)

周龄	母鸭	公鸭	周龄	母鸭	公鸭
7	1.88	3.08	19	3.35	4.53
8	1.94	3.21	20	3.44	4.68
9	2.20	3.32	21	3.52	4.75
10	2.37	3.43	22	3.60	4.90
11	2.49	3.50	23	3.67	5.08
12	2.60	3.61	24	3.73	5.15
13	2.78	3.67	25	3.80	5.20
14	2.93	3.81	26	3.85	5.24
15	3.07	3.95	27	3.91	5.29
16	3.16	4.10	28	3.94	5.34
17	3.21	4.24	29	3.99	5.39
18	3.26	4.38	30	4.05	5.44

限制饲养期间,每只鹅应保证有20～25cm槽位,保证鹅群采食均匀。每天的喂料量必须一次投喂,每天清晨先将饲料和饮水加好,然后再放鹅采食。

此外,经过限制饲养的种鹅在开产前60天左右进入恢复期饲养,逐步提高补饲日粮的营养水平,粗蛋白质水平控制在15%～17%为宜,并增加喂料量和饲喂次数,使后备鹅整齐一致进入产蛋期。

3.育成鹅的日常管理

(1)注意观察鹅群动态。在育成期间特别是限制饲养时,注意通过观察鹅群精神状态、采食情况、排粪情况、呼吸状况等判断鹅群健康状况,发现异常及时处理。

(2)选择放牧场地。应选择收割后的稻田、麦地以及水草丰富的草滩、丘陵等进行放牧。

(3)放牧过程中注意防暑。种鹅育成期往往处于5—8月,放牧时应早出晚归,避开中午酷暑,上午10点左右将鹅群赶回圈舍,或赶到阴凉的树林下让鹅群休息,休息场地最好有水源，便于鹅群饮水、洗浴。

(4)搞好鹅舍的清洁卫生工作。每天清洗食槽、水槽以及更换垫草，保持垫草和舍内干燥。

4. 做好育成期种鹅的选择

后备种鹅的选择是提高种鹅质量的一个重要生产环节。为了培育出健壮、高产的种鹅，保证种鹅的质量，后备种鹅需经过三次选择。

(1)第一次选择。在4周龄育雏结束时进行，公鹅选择的重点是体重大，母鹅要求具有中等体重。淘汰体重偏小的、伤残的、有杂色羽毛的个体，淘汰鹅转入肉用种鹅进行育肥饲养。

(2)第二次选择。在70～80日龄时进行，主要根据生长发育情况、羽毛生长情况以及体形、外貌等进行选择，淘汰生长速度慢、体形较小、腿有伤残的个体。

(3)第三次选择。在150～180日龄时进行，应选择品种特征典型、生长发育良好、个体符合品种要求、健康状况良好的鹅留作后备种鹅。公鹅要求雄性特征明显，并注意检查生殖器，淘汰生殖器发育不好或有缺陷的公鹅；母鹅要求体重中等，颈细长而清秀，体形长而圆，两腿间距宽。

鹅经三次选择后公母配种比例为：大型鹅种1∶(3～4)、中型鹅种1∶(4～5)、小型鹅种1∶(6～7)。

(三)种鹅产蛋期的饲养管理

种鹅产蛋期饲养管理的目的是提高种鹅合格种蛋的数量，保证每只种母鹅生产出更多的合格雏鹅。根据种鹅的产蛋规律和生理特点，种鹅产蛋期的饲养管理可分为产蛋前期、产蛋期和休产期三个阶段进行。

1. 产蛋前期的饲养管理

后备种鹅进入产蛋前期时，其骨骼、肌肉、内部器官和生殖器官已基本发育成熟，母鹅体态丰满，羽毛富有光泽，食欲旺盛，性情温驯，若有衔草做窝行为，则表明种鹅临近产蛋期。

种鹅从第26周起由育成期饲料改为产蛋前期饲料，饲料更换要逐步进行。每周增加日喂料量25g，约用4周时间过渡到自由采食，不再限量，为产蛋积累营养物质。

管理上仍然要注意充分放牧，但放牧路程要缩短，不能急赶、久赶。还应对种鹅进行一次驱虫，并在开产前注射一次小鹅瘟疫苗。

2. 产蛋期的饲养管理

(1)适时提高日粮水平

育成期以放牧饲养为主，日粮营养水平较低。种鹅开产后，由于连续产蛋的需要，消耗的营养物质特别多，尤其是蛋白质、钙、磷等营养物质。因此，后备鹅群在开产前1个月应将日粮中的粗蛋白质水平调整到15%～16%，待产蛋率达到30%～40%时，将粗蛋白质水平增加到18%～19%，以满足母鹅的产蛋需要。为了防止出现软壳蛋，日粮中还要注意钙的补充，产蛋期钙的水平应保持在2.25%～2.50%。

产蛋期种鹅一般每日补饲3次，早、中、晚各一次，补饲的总量控制在150～200g。

(2)保持适宜的公母配种比

适宜的公母配种比有利于提高种蛋受精率。适宜的公母配种比例为：大型鹅种1∶

(3～4)、中型鹅种 1∶(4～5)、小型鹅种 1∶(6～7)。

(3)采取科学的光照控制

光照对种鹅产蛋量影响很大，必须根据鹅群生长发育的不同阶段制订合理的光照方案。

育雏期：0～7 日龄，每天 23h 或 24h 的光照时间；8 日龄以后，从 24h 光照逐渐过渡到只利用自然光照时间。

育成期：只利用自然光照时间，但临近开产前，用 6 周的时间逐渐增加每日的人工光照时间，使种鹅的光照时间(自然光照＋人工光照)达到 16～17h。

产蛋期：当光照时间增加到 16～17h/d 时，保持恒定并维持到产蛋结束。

(4)加强产蛋期管理

①提供洗浴条件。良好的洗浴有利于提高种蛋受精率。早晨和傍晚是种鹅洗浴、配种的高峰期，每天早晚将种鹅赶入有良好水源的水池中洗浴、戏水，以满足种鹅高峰配种的需要。同时，水池应有一定深度和宽度。

②放牧管理。产蛋期种鹅通常采用放牧与补饲相结合的饲养方式，每天大部分母鹅产完蛋后就应外出放牧，晚上赶回圈舍过夜。放牧前，要熟悉当地的草地和水源情况；放牧时，应选择路近而平坦的草地，路上慢慢驱赶，上下坡时不可让鹅拥挤，以免跌伤。

③防止窝外蛋。母鹅有择窝产蛋的习惯，在开产前应设置产蛋箱，让母鹅熟悉环境并在固定地方产蛋，母鹅的产蛋时间多集中在凌晨至上午 10 点左右，个别鹅在下午产蛋，产蛋鹅上午 10 点以前不能外出放牧。放牧时如果发现有母鹅神态不安、有急欲找窝的表现，应将母鹅送到产蛋箱产蛋。

3. 休产期的饲养管理

种鹅的产蛋期一般只有 7～8 个月，产蛋末期产蛋量明显下降，且畸形蛋增多，公鹅的配种能力下降，种蛋受精率降低，大部分母鹅羽毛干枯，种鹅进入持续时间较长的休产期。休产期的饲养管理重点如下。

(1)人工强制换羽

人工强制换羽的目的：母鹅自然换羽所需时间较长，且换羽有早有迟，强制换羽可以缩短换羽时间，换羽后产蛋比较整齐。

人工强制换羽的方法：通过改变种鹅的饲养管理，促使其换羽。强制换羽前清理淘汰产蛋性能低的母鹅以及多余的公鹅，停止人工光照。停料 3～4 天，只提供少量的青绿饲料，并保证充足的饮水；第 4 天开始喂给由青绿饲料加糠麸、糟渣等组成的青粗饲料；第 10 天试拔主翼羽和副主翼羽，如果试拔不费劲，羽根干枯，可逐根拔除，否则应隔 3～5 天后再拔一次，最后拔掉主翼羽；拔羽当天应将鹅群圈养在运动场内喂料、喂水，不能让鹅群下水，防止细菌污染，引起毛孔发炎；拔羽后一段时间内，其适应性较差，应防止雨淋和曝晒。

(2)做好休产期的选择组群

一般到每年的 4—5 月，种鹅开始陆续停产换羽，进入休产期。种鹅的繁殖利用时间较长，每年休产期内要对种鹅进行选择淘汰，同时按公母配种比例补充新的后备种鹅，重新组群，淘汰种鹅转入育肥鹅群育肥。组群时还应考虑鹅群年龄结构，一般种鹅群合理的年龄结构是 1 岁鹅占 30%，2 岁鹅占 30%，3 岁鹅占 20%，4～6 岁鹅占 20%。

四、肉用仔鹅的生产

肉用仔鹅是指雏鹅育雏结束后转入育肥饲养的中雏鹅。

(一)网用仔鹅的育肥模式

肉用仔鹅具有早期生长速度快的特点，通过短期育肥可以快速增膘长肉、沉积脂肪，增加体重，改善肉的品质，达到上市体重出栏。根据肉用仔鹅饲养管理的特点，其育雏模式可分为三种：放牧育肥法、舍饲育肥法和人工填饲育肥法。目前，我国肉鹅生产多采用放牧育肥法。

1.放牧育肥法

(1)放牧育肥的特点

放牧育肥是传统的育肥方法，该法主要是利用草山草坡、湖渠沟塘、农作物收割后的麦地和水田等进行充分放牧达到育肥的目的。肉鹅放牧育肥不仅使鹅获得多种多样、营养丰富的青绿饲料，充分利用各地丰富的草地资源，而且满足肉鹅觅食青草的生活习性和生理需要，可节约大量的精饲料，具有养殖成本低、经济效益高的特点。

(2)放牧育肥的饲养要求

放牧饲养早期，由于肉鹅生长发育快，需要充足的营养物质，因此放牧时选择的牧地要有充足的青绿饲料，牧草应较嫩并富有营养。在放牧的同时，应根据放牧情况适当补饲全价配合日粮，促进鹅体的生长发育，特别是促进骨骼发育。

肉鹅放牧时间随日龄增加而延长，直至过渡到全天放牧。一般 40 日龄左右可每天放牧 4～6h，50 日龄左右可进行全天放牧。具体放牧时间可根据鹅群状况、气候及青绿饲料等情况而定。一般可在放牧前和放牧后进行补饲精料，注意放牧前喂七八成饱，放牧后喂饱过夜。补饲次数和补饲量应根据日龄、增重速度、牧草质量等情况而定。

(3)肉用仔鹅的放牧管理

①搭好鹅棚。可因地制宜、因陋就简搭建临时性鹅棚。鹅棚多用竹制的高栏围成，上罩渔网防兽害。除下雨外，棚顶不加盖芦席等物。场地要求高燥，以防鹅受寒可引起烂毛。

②选好放牧场地。要求选择有丰富牧草、草质优良并靠近水源的地方放牧，农村的荒山草坡、林间地带、果园堤坡、沟渠塘旁及河流湖泊退潮后的滩涂地，均是良好的放牧场地。开始放牧时应选择牧草较嫩、离鹅舍较近的牧地，随日龄的增加，可逐渐远离鹅舍。放牧场地要合理利用。

③做好分群。为了保证放牧鹅群的生长发育和群体整齐度，鹅群的大小要适宜，通常根据放牧场地大小、青绿饲料生长情况、草质、水源情况、鹅群的体质状况和放牧人员的技术经验来确定放牧鹅群的大小。对草多、草好的草山、草坡，果园和谷物残留较多的麦田、稻田，可采取轮流放牧方式，以 250～300 只为一群比较适合。如果农户利用田边地角、沟渠道旁、林间小块草地放牧养鹅，则以 30～50 只为一群比较适合。放牧前可按体质强弱、批次分群，保证放牧群中个体大小基本一致。

④管好鹅群。鹅的合群性强，对周围环境变化十分敏感。在放牧初期，应根据鹅的行为习性调教鹅的出牧、归牧、下水、休息等行为，放牧人员加以一定的信号，使鹅群建立起相应的条件反射，养成良好的生活规律，提高放牧管理效率。在放牧过程中，放牧场地小、草料丰

盛时，鹅群赶得拢些；放牧场地大、草料欠丰盛时，鹅群赶得散些。驱赶少数离群鹅时，动作要和缓，以防惊群而影响采食。放牧期间还应做好疫苗接种工作，不到疫区放牧，防止农药和化肥中毒。

2.舍饲育肥法

(1)舍饲育肥的特点

肉用仔鹅养到60日龄时，由放牧饲养转为舍饲育肥。舍饲育肥主要依靠配合饲料达到育肥的目的，也可喂给高能量的日粮，适当补充一部分蛋白质饲料，同时限制肉用仔鹅的活动。这种育肥方法的饲养成本高于放牧育肥，但育肥鹅的均匀度良好，提高了产品的等级标准，缩短了鹅群育肥周期，生产效益高，适用于集约化批量饲养肉用仔鹅或放牧条件较差的地区。

(2)舍饲育肥的饲养要求

①选好场地。选择河边半水半陆处筑建围栏，每栏分为游水处、休息处和采食处三部分，以每栏 $100m^2$ 的陆地面积饲养育肥仔鹅500只。

②选好育肥仔鹅。育肥仔鹅必须健康，羽毛丰满、整齐，剔除残、弱、病、伤鹅，按膘情和体重分级、分群育肥。

③日粮配合与饲喂。要求日粮营养充分、全价，饲料品质新鲜且种类多样化。育肥前期，青绿饲料、糠麸类饲料、精饲料分别占20%、30%、50%；育肥后期，三者分别占10%、10%、80%。每只育肥仔鹅每天喂饲料250g。

④加强饲养管理。设专用食槽，每天喂2次。青草、蔬菜应切碎后拌入混合料中饲喂。一般育雏前期为7天，育雏后期为10天。少喂勤添，保证每只鹅吃饱、吃好。谷粒饲料应泡透浸软，在采食中间放水一次，然后赶回继续采食，放水时间不宜过长。尽量减少应激，严防惊群。

⑤注意清洁卫生。场地与食槽要保持清洁，定期消毒，严禁使用对鹅有害的消毒药品。经常查看粪便，防止传染病发生，严格剔除病鹅。

(二)肉用仔鹅的上市体重

肉用仔鹅的上市体重和产肉性能受品种、饲养方式、管理条件等因素的影响。为了提高肉用仔鹅的生产经济效益，当达到适宜上市体重后要及时出栏。在放牧补饲条件下，大型鹅种体重达到5.0～5.5kg、中型鹅种达到3.5～4.0kg、小型鹅种达到2.5～3.0kg就应及时上市屠宰。

任务7.5 活拔绒羽与肥肝生产

一、鹅活拔绒羽

羽绒是水禽生产的重要产品之一，主要由鹅、鸭生产。其中鹅羽绒质量最好，其质地柔软，富有弹性，具有良好的保暖防湿性能，是羽绒制品工业的重要原料。活拔绒羽是在不影响鹅生长和生产性能的情况下，利用鹅羽绒自然脱落和再生的生物学特性，人工强制从活鹅身上直接拔取羽绒的技术。

(一)鹅活拔绒羽的优点

鹅活拔绒羽可以提高羽绒产量和质量。传统采集羽绒的方法多为宰杀取绒，一次性宰杀取绒则养一只鹅只能提供一次羽绒，产量有限；同时宰杀取绒烫毛时温度太高，使羽绒内的脂肪流失，羽绒弹性和蓬松度降低；羽绒干燥过程易使绒羽飘失，混入杂质，若不及时干燥，湿羽绒还易成团结块，甚至腐败变质。活体拔羽则养一只鹅可以多次生产羽绒，在不增加饲养量的前提下，羽绒产量却可成倍增加；同时可避免传统宰杀取绒造成的羽绒质量差等问题，提高羽绒质量，从而提高养鹅的经济效益。

此外，对休产期的母鹅采取活拔绒羽，不仅能增加出售羽绒的收入，还能促进母鹅提早恢复产蛋，充分发挥鹅群的生产性能，促进养鹅产业的发展。

(二)活拔绒羽的鹅的选择

任何品种的鹅都可以进行活拔绒羽，但体形较大的鹅，如狮头鹅、溆浦鹅、皖西白鹅、四川白鹅、浙东白鹅等产绒量多，更适宜活拔绒羽。白色羽绒比有色羽绒市场价格高，因此，白鹅拔羽效益更好，是适宜的拔羽对象。

活拔绒羽时要注意：处于产蛋期的鹅不宜拔羽；老弱病残的鹅不宜拔羽；换羽期的鹅血管丰富，含绒量少，拔羽易损伤皮肤，不宜拔羽。

(三)活拔绒羽的部位与次数

活拔鹅绒羽主要用作羽绒服装或卧具的填充物，需要的是含绒朵量最高的羽绒和一部分长度较短的片绒。因此，活拔绒羽的主要部位应集中在胸部、腹部、体侧等。

种鹅育成期可拔羽2次，种鹅休产期可拔羽2～3次，成年公鹅常年可拔羽7～8次。

(四)活拔绒羽的操作要点

1.拔羽前的准备

(1)拔羽鹅只的准备。在开始拔羽绒的前几天，对鹅只进行抽样检查。如果绝大部分的绒羽毛根已经干枯，用手试拔绒羽容易脱落，说明绒羽已经成熟，正是拔绒羽时期；否则就要再养成一段时间，等到羽绒成熟时再拔。拔绒羽前一天晚上要停止喂料和喂水，以便排空粪便，防止拔绒羽时鹅粪的污染。如果鹅群羽绒很脏，可在清晨让鹅群下水洗澡，随即赶上岸让鹅理干羽绒后再进行拔绒羽。检查时，将体质瘦弱、发育不良、体形明显较小的弱鹅剔除。

(2)场地和用具的准备。选择天气晴朗、温度适中的天气拔绒羽。选择向阳、背风的场地，将地面打扫干净。准备好围栏、消毒剂、放鹅绒的容器和其他用具等。

2.保定鹅体

可按以下方法对鹅体进行保定：

(1)双腿保定法。操作者坐在板凳上，用绳捆住鹅的双脚，将鹅头朝向操作者，鹅背置于操作者腿上，用双腿夹住鹅只，然后拔羽。该法较为常用。

(2)半站立式保定法。操作者坐在板凳上，用手抓住鹅颈上部，使鹅呈站立姿势，然后用双脚踩在鹅两脚的趾和蹼上面，使鹅向操作者前倾，然后拔羽。该法比较省力、安全。

(3)卧地式保定法。操作者坐在板凳上，右手抓鹅颈，左手抓住鹅的两脚，将鹅伏着横放在操作者前的地面上，左脚踩在鹅颈肩交界处，然后拔羽。该法保定牢固，但掌握不好易造成鹅体损伤。

3. 拔羽操作

生产中常采用毛绒分拔法，该法可以分级销售，按质计价。具体操作是：先用三指（拇指、食指、中指）将鹅体表的毛片轻轻地由上向下全部拔光，装入专用容器中；然后再用拇指、食指平放紧贴鹅的皮肤，由上向下将留在皮肤上的绒朵轻轻拔下，放在另一只专用容器中。拔羽过程中，拔羽方向可顺拔也可逆拔，但以顺拔为主。如果不小心将鹅的皮肤拔伤，要立即在伤处涂抹消毒药水（如紫药水、碘酊等）。

4. 羽绒的包装与储藏

羽绒包装多采用双层包装，即内衬厚塑料袋、外套塑料编织袋。包装时要尽量轻拿轻放，包装后分层用绳子扎紧，然后置于干燥、通风的室内保存。保存时，要防霉、防潮、防蛀、防热等。

（五）活拔绒羽后鹅的饲养管理

活拔绒羽对鹅来说是一个较大的外界刺激，为确保鹅群健康，使其尽快恢复羽毛生长，必须加强饲养管理。拔羽后鹅体裸露，3 天内不要在强烈阳光下放养，7 天内不要让鹅下水或淋雨，铺以柔软干净的垫草。饲料中应增加蛋白质的含量，补充微量元素，适当补充精料。种鹅拔羽后应分开饲养，停止交配。

二、鹅肥肝生产

（一）肥肝及其营养价值

肥肝包括鸭肥肝和鹅肥肝，通常采用人工强制填饲方式使鸭、鹅的肝在短期内大量积蓄脂肪等营养物质，体积迅速增大，肥肝重量比普通肝脏重 5～6 倍，甚至十几倍。鹅肥肝属世界三大美味（鹅肥肝、松茸蘑、鲟鱼籽）之一，富含不饱和脂肪酸、卵磷脂，具有降胆固醇、降血脂、延缓衰老、预防心血管病等功效，是欧美许多国家的美味佳肴。

（二）鹅品种的选择与杂交优势的利用

1. 鹅品种的选择

鹅品种是影响肥肝生产的首要因素，不同鹅品种其肥肝性能差异较大。朗德鹅为法国培育的专门生产肥肝的品种，肥肝重 700～900g，引进后对我国生态条件适应良好，是发展肥肝生产的首选品种。我国鹅种资源丰富，大型品种（如狮头鹅等）、中型品种（如永康灰鹅、溆浦鹅、五龙鹅等）的肥肝性能优良。

2. 杂交优势的利用

朗德鹅是世界上最优秀的肥肝鹅品种，但其产蛋较少，多作杂交父本；我国品种鹅繁殖性能良好，多作杂交母本。有关资料显示，以朗德鹅作父本，与我国中等体格及以上鹅品种（如皖西白鹅、永康灰鹅、溆浦鹅、狮头鹅等）杂交，杂一代既能保证肥肝达到要求，又能提高产肉性能。

（三）填饲技术

1. 填饲肥肝的适宜周龄、体重和季节

（1）鹅填饲的适宜周龄和体重。鹅填饲的适宜周龄和体重随品种和饲养条件的不同而不同，通常在骨骼、肌肉生长基本成熟后进行填饲效果较好。一般选择15～16周龄、体重4.0～5.0kg的仔鹅进行填饲。

(2)填饲季节。填饲季节最适宜的温度为10～15℃，20～25℃尚可，超过25℃则很不适宜。因此，肥肝生产不宜在炎热的季节进行。相反，填饲鹅对低温的适应性较强，4℃气温条件对肥肝生产无不良影响。

2.填饲饲料的选择与调制

(1)填饲饲料的选择

据试验，玉米所含能量高，容易转化为脂肪储积在肝脏中，是最佳的填饲饲料。配方为：蒸煮玉米，2.5%鹅脂肪(或其他禽脂肪、牛脂肪、大豆油等)、1.6%食盐、0.01%～0.02%复合维生素添加剂。同时要慎用抗生素添加剂，以防残留超标，特别注意不能添加禁用添加剂。

(2)填饲饲料的调制

玉米加工调制主要有以下四种方法：

①干炒法。将除去杂质的玉米倒入铁锅里用文火不停地翻炒，但切忌炒焦，因玉米表皮过度焦硬会造成填饲时无法恢复软化，容易使鹅食道损伤，也很难消化吸收，一般要求八成熟，以炒至玉米粒呈深黄色为宜。炒完后风冷至室温，装袋密封备用。填饲前用温水浸泡炒好的玉米粒，需用时1～1.5h，原则上以玉米粒表皮泡展为度。沥干水分后加入0.5%～1%的食盐，拌匀后填饲。

②浸泡法。将玉米粒置于冷水中浸泡8～12h，捞出沥去水分；然后加一定量的油脂、矿物质、维生素和食盐，充分搅匀，待供填饲用。

③蒸煮法。该方法源于法国西南部民间传统调制法。选用优质玉米粒，称重后倒入沸水锅里，水面要浸过玉米5～10cm，煮沸3～5min，将玉米捞出沥干，使每千克玉米经煮过后，重量增至1.2～1.3kg。然后趁热按玉米的重量加入0.3%～1%食盐、1%～2%油脂，如气温较低，用植物油较好。为了减少应激因素，还可以加入禽用复合维生素。

④微生物技术法。该方法是目前耗能最少、操作最简便、利用率最高的一种填饲玉米调制法。该方法的技术要点是在于微生物添加剂的配方设计，所用的添加剂主要由鹅必需微量元素及微生物制剂组成，主要作用是调节鹅消化道的蠕动功能，帮助鹅对玉米的吸收，抑制抗营养因子，预防消化不均衡，减少填饲鹅的应激反应，参与肝细胞膜的保护。每批鹅准备填饲前，填饲者根据鹅的品种、生长状况制订填饲方案，确定玉米粒、玉米粉和微生物添加剂在填饲过程中不同天数的使用比例；在以后每次填饲前，只需按比例加入玉米、添加剂、水等原辅饲料，充分混合即可填饲，不用做其他预处理，相当简便。

3.填饲方法与填饲量

填饲方法分为手动填饲和机械填饲。目前，已采用填饲机填饲代替手工强制填饲，大大提高了劳动生产率，采用该法填饲量多而均匀，适宜批量生产的需要。

每组两人配合，将鹅固定在支架上，先取数滴食用油润滑填喂管外面，然后用左手抓住鹅头，右手帮助将口打开，两只手协作将鹅口移向填喂管，颈部拉直，小心将填喂管插入食道直至膨大部。操作者右手轻轻握住鹅嘴，接着开动填饲机，饲料由管道进入食道，当左手感觉到有饲料进入时，快速将饲料往下捋，同时使鹅头慢慢沿填喂管退出，直到饲料喂到比喉头低 1～2cm 处时即可关机。然后,右手握住鹅颈部(饲料的上方和喉头之间),快速将填喂管从鹅嘴取出。操作者应迅速用手闭住鹅嘴,并将颈部垂直地向上提,再以左手食指和拇指将饲料往下捋 3～4 次。填喂时操作部位和流量要掌握好,饲料不能过分结实地堵塞食道某处,否则易使食道破裂。

填饲前青年鹅应有 2～3 周作为预填期,使鹅群长势均匀整齐。刚填时填饲量宜少,第 3 天起增加,以后尽可能多填、填足。每天填饲 4～5 次,平均填饲量为小型鹅 500～650g、大中型鹅 750～1000g,全期填饲用料量平均每只 20～30kg,填饲期为 3～4 周。

4. 填饲期的管理

(1)提供良好的环境。圈舍要求冬暖夏凉,通气良好,空气新鲜,地面平坦,舍内适当添加垫草。保持清洁卫生,每次填饲完后应及时清扫。

(2)供应充足饮水。水盆或水槽要经常清洗,保持饮水清洁。但在填料后半小时内不能让鹅饮水,以减少它们甩料。

(3)保持适宜的密度和光照。舍内要围成小栏,每小栏养鹅不超过 10 只,每平方米可养鹅 2～3 只。舍内光线宜暗,保持环境安静。

(4)控制运动。填饲期禁止下水洗浴,限制运动,减少能量消耗,利于肥肝生长。驱赶应缓慢,防止挤压和碰撞,防止惊吓。捕捉鹅时应格外小心,轻提轻放。

(5)注意观察鹅群。填饲 10 天后,应仔细观察鹅群的精神状况,成熟一批,屠宰一批。成熟鹅的特征为:体态肥胖,腹部下垂,两眼无神,精神萎靡,呼吸急促,行动迟缓,步态蹒跚,跛行,甚至瘫痪,羽毛潮湿而零乱,出现积食和腹泻等消化不良症状,此时应及时屠宰取肝。对精神好、消化能力强、还未充分成熟的鹅继续填饲,待充分成熟后屠宰取肝。

(四)屠宰取肝

成熟鹅屠宰前 12h 停止填饲,但不停水。屠宰时将鹅体倒挂,颈动脉放血,放血后把鹅浸入 68～73℃热水中 3～5min,然后取出拔毛。拔毛时动作要轻,防止肝脏破裂。将净毛后的屠体置 0～5℃冷库预冷 10～18h,再用刀在龙骨末端至泄殖腔前缘切开皮肤,肥肝从腹腔中即可剥离出来。操作时不能划破肝脏,应保持肝脏的完整性。

将新鲜的鹅肥肝清理干净后放入 4%～6%盐水中浸泡 10min,捞出后称重、分级、真空包装,同时注入氮气或二氧化碳等气体,置 2～4℃冷藏保鲜。如放于－18℃冷库保存,则可保鲜半年左右。

◇复习思考题

1. 什么是快速生长型肉用仔鸭?其生产特点表现在哪些方面?
2. 简要说明雏鸭的育雏方式,并对其优缺点进行评价。
3. 育雏实践中怎样判断育雏温度是否合理?
4. 简要说明鹅的生产特点和育雏方式。
5. 简要说明鹅活拔绒羽的操作要点。
6. 怎样对鹅进行填饲?

【技能实训 15】　鹅肥肝生产填饲技术

一、目的要求

1. 了解填饲肥肝鹅的适宜周龄、体重和季节。
2. 掌握填饲饲料的选择和调制技术。
3. 掌握填饲技术。

二、仪器设备与材料

填饲鹅、填饲饲料(包括玉米、维生素和矿物质等添加剂)、填饲机、盘秤。

三、方法与步骤

(一)填饲方法

每组两人配合,将鹅固定在支架上,先取数滴食用油润滑填喂管外面,然后用左手抓住鹅头,右手帮助将口打开,两只手协作将鹅口移向填喂管,颈部拉直,小心将填喂管插入食道直至膨大部。操作者右手轻轻握住鹅嘴,接着开动填饲机,饲料由管道进入食道,当左手感觉到有饲料进入时,快速将饲料往下捋,同时使鹅头慢慢沿填喂管退出,直到饲料喂到比喉头低 1～2cm 处时即可关机。然后,右手握住鹅颈部(饲料的上方和喉头之间),快速将填喂管从鹅嘴取出。操作者应迅速用手闭住鹅嘴,并将颈部垂直地向上提,再以左手食指和拇指将饲料往下捋 3～4 次。填喂时操作部位和流量要掌握好,饲料不能过分结实地堵塞食道某处,否则易使食道破裂。

(二)屠宰与宰后处理

鹅填饲 3～4 周后即可屠宰。当鹅体饱满,步态蹒跚,两眼无神,并有呼吸急促、消化不良等症状时,即可屠宰取肝。

1. 屠宰

屠宰前 12h 停止填饲,但需供应足够的饮水;填饲后期鹅体很弱,肥肝脆嫩极易破裂,整个屠宰过程的所有动作都要敏捷,以免鹅体和肥肝受损。宰杀时,放血需充分,以防血淤积肝中而影响质量。

2. 人工拔毛

放血充分后立即用 68～73℃热水烫羽毛,浸烫 3～5min 后即可人工拔毛。浸烫时注意不能挤压鹅体,以免损伤肥肝。

3. 预冷

拔毛后将鹅倒挂于 0～5℃冷藏室或冷库里存放 10～18h 预冷,使肥肝变硬,再剖腹取肝。预冷后腹内脂肪以及肥肝变硬又不冻结,否则由于脂肪熔点为 32～38℃,很容易使脂肪流失,也容易抓碎。

4. 取肝

小心取肝,不能划破肥肝和胆囊,保持肥肝完整,肥肝取出后要进行修整。取出后放在新鲜的稀盐水中浸泡10min后捞出，然后称重、分级、真空包装，同时注入氮气或二氧化碳等气体，置2～4℃冷藏保鲜。如放于－18℃冷库中保存，则可保鲜半年左右。

⇨实训报告

1.说明填饲饲料的营养特点及加工要点。

2.简要说明鹅填饲的方法及注意事项。

【技能实训16】 鹅活拔绒羽技术

一、目的要求

1.掌握鹅活拔绒羽的操作技术。

2.掌握鹅的选择、鹅的保定、活拔绒羽操作、羽绒的包装保存。

二、仪器设备与材料

供拔羽鹅若干只、消毒用药水、药棉、板凳、秤、围栏、装羽绒的容器。

三、方法与步骤

(一)活拔绒羽鹅的选择

可选用狮头鹅、四川白鹅、浙东白鹅等产绒量多的品种，拔羽个体为处于休产期的种鹅。以下情况不能人工拔羽：产蛋期的鹅、老弱病残的鹅、换羽期的鹅。

(二)活拔绒羽的操作要点

1.拔羽前的准备

(1)拔羽鹅只的准备。在开始拔羽绒的前几天，对鹅只进行抽样检查。如果绝大部分的羽绒毛根已经干枯，用手试拔羽绒容易脱落，说明羽绒已经成熟，正是拔羽绒时期；否则就要再养成一段时间，等到羽绒成熟时再拔。拔羽绒前一天晚上要停止喂料和喂水，以便排空粪便，防止拔羽绒时鹅粪的污染。如果鹅群羽绒很脏，可在清晨让鹅群下水洗澡，随即赶上岸让鹅理干羽绒后再进行拔羽绒。检查时，将体质瘦弱、发育不良、体形明显较小的弱鹅剔除。

(2)场地和用具的准备。选择天气晴朗、温度适中的天气拔羽绒。选择向阳、背风的场地，将地面打扫干净。准备好围栏、消毒剂、放鹅绒的容器和其他用具等。

2.保定鹅体

可按以下方法对鹅体进行保定：

(1)双腿保定法。操作者坐在板凳上，用绳捆住鹅的双脚，将鹅头朝向操作者，鹅背置于操作者腿上，用双腿夹住鹅只，然后拔羽。该法较为常用。

(2)半站立式保定法。操作者坐在板凳上，用手抓住鹅颈上部，使鹅呈站立姿势，然后用双脚踩在鹅两脚的趾和蹼上面，使鹅向操作者前倾，然后拔羽。该法比较省力、安全。

(3)卧地式保定法。操作者坐在板凳上，右手抓鹅颈，左手抓住鹅的两脚，将鹅伏着横放在操作者前的地面上，左脚踩在鹅颈肩交界处，然后拔羽。该法保定牢固，但掌握不好易造

成鹅体损伤。

3.拔羽操作

生产中常采用毛绒分拔法，该法可以分级销售，按质计价。具体操作是：先用三指（拇指、食指、中指）将鹅体表的毛片轻轻地由上向下全部拔光，装入专用容器中；然后再用拇指、食指平放紧贴鹅的皮肤，由上向下将留在皮肤上的绒朵轻轻拔下，放在另一只专用容器中。拔羽过程中，拔羽方向可顺拔也可逆拔，但以顺拔为主。如果不小心将鹅的皮肤拔伤，要立即在伤处涂抹消毒药水（如紫药水、碘酊等）。

4.羽绒的包装与储藏

羽绒包装多采用双层包装，即内衬厚塑料袋、外套塑料编织袋。包装时要尽量轻拿轻放，包装后分层用绳子扎紧，然后置于干燥、通风的室内保存。保存时，要防霉、防潮、防蛀、防热。

（三）活拔绒羽后鹅的饲养管理

活拔绒羽对鹅来说是一个较大的外界刺激，为确保鹅群健康，使其尽快恢复羽毛生长，必须加强饲养管理。拔羽后鹅体裸露，3天内不要在强烈阳光下放养，7天内不要让鹅下水或淋雨，铺以柔软干净的垫草。饲料中应增加蛋白质的含量，补充微量元素，适当补充精料。种鹅拔羽后应分开饲养，停止交配。

⇨实训报告

1.对学生在拔羽时鹅的保定、拔羽操作、羽绒分装等进行考核。

2.学生根据拔羽操作过程、测定毛片和羽绒的重量与比例等写出实训报告。

项目八　养禽场的综合性卫生防疫

☞ **教学目标**

1. 了解健康鸡与患病鸡表征上的区别。

2. 了解养禽场常用的消毒方法和消毒药物，针对不同的消毒对象正确选择相应的消毒方法。

3. 掌握鸡的免疫接种方法和免疫程序的制定。

4. 掌握鸡的用药特点和用药方法。

5. 了解养禽场污染物的种类及其处理方法。

♠ **技能目标**

1. 能正确实施养禽场消毒操作，掌握安全用药、疾病净化。

2. 熟悉免疫接种的方法，能正确稀释疫苗，并能熟练进行各种操作。

♣ **案例导入**

对于规模化的禽类养殖场来说，疾病防控在某种程度上显得更为重要。如某一规模化养鸡场，对疫苗的使用明显存在随意性，没有严格科学的免疫程序和规范的疫苗使用操作方法，养殖场的消毒经常出现不到位的现象，因此发病率明显增多，成活率降低，直接影响其经济效益。面对如此的管理模式，请你设计一个科学的免疫程序及规范的疫苗使用操作章程，同时制定一套严格的消毒制度。

任务 8.1　综合防疫措施

综合防疫措施是养禽场的安全屏障。任何养禽场要想达到应有的生产水平，取得应有的经济效益，必须严格执行综合防疫措施。综合防疫措施是一项全面、系统防治疾病的常年全场性任务。有时在防疫方面出现的失误，将会给养禽场带来非常惨重的损失。综合防疫措施必须在建场之前即预作考虑，建场前如筹划不当，投产后将为此长期付出代价。

一、综合防疫的基本原则

建立安全的隔离条件；防止外界病源传入场内，防止各种传染媒介与禽体接触或造成危害；减少敏感家禽；消灭可能存在于场内的病原；保持禽体的抗病能力；保持禽群的健康。

二、综合防疫措施的基本内容

综合防疫措施的基本内容包括：场地选址、生产制度确定、消毒、每日鸡群的检查、对场内人员的要求、免疫程序、主要传染病的监测和家禽废弃物的管理等。在日常的饲养管理中也有许多事项与防疫防病有关，如外来人员及车辆消毒等。因此，严格执行综合防疫措施和搞好饲养管理两者要相互配合，只有这样，才有可能既搞好防疫也搞好生产。

三、禽场的消毒

消毒是指在家禽体外彻底消灭病原体或使其失去活性。消毒剂是指消灭病原体或使其失去活性的一种药剂或物质。消毒作用是指消灭病原体的活动和过程。清洁卫生是消毒的前奏，一般不能消灭但能减少微生物的数量，并防止其增殖。

（一）消毒方法

消毒方法通常分为物理消毒法、化学消毒法和生物消毒法三种。

1. 物理消毒法

物理消毒法是指通过机械性清扫、冲洗、通风换气、高温、干燥、照射等物理方法，对环境和物品中的病原体进行清除或杀灭。

（1）机械性清扫、冲洗。通过机械性清扫、冲洗等手段清除病原体是最常用的消毒方法，也是日常的卫生工作之一。采用清扫、冲洗等方法，可以除去禽舍地面、墙壁以及家禽体表污染的粪便、垫草、饲料等污物，随着这些污物的清除，大量病原体也被清除。对清扫不彻底的鸡舍进行化学消毒，即使用高于规定的消毒剂量，效果也不显著，因为消毒剂即使接触少量的有机物也会迅速丧失杀菌作用。必要时舍内外的表层土也要一起清除，以减少污染疫病的概率。

（2）紫外线和其他射线的辐射。日光消毒是一种最经济、有效的消毒方法，通过其光谱中的紫外线以及热量和干燥等因素的作用能够直接杀灭多种病原微生物。在日光直射条件下，经过几小时日晒可杀死病毒和非芽孢性病原菌。因此，日光消毒对病原体污染的牧场、草地、圈舍外运动场、用具和物品等具有重要的实际意义。

（3）高温灭菌。高温灭菌是通过热力作用导致病原微生物中的蛋白质和核酸变性，最终使病原体失去活性的过程，它通常分为干热灭菌法和湿热灭菌法，主要利用火焰、煮沸与蒸汽等形式灼烧灭菌。

2. 化学消毒法

在疫病防治过程中，常常利用各种化学消毒剂对病原微生物污染的场所、物品等进行清洗、浸泡、喷洒、熏蒸，以此来达到杀灭病原体的目的。消毒剂是消灭病原体或使其失去活性的一种药剂或物质。各种消毒剂对病原微生物具有广泛的杀伤作用，但有些也可能会破坏宿主的组织细胞。因此，消毒剂通常仅用于环境的消毒。

（1）消毒剂的作用机理

作用机理即杀菌方式，最基本的有以下三种：①破坏细菌壁，就是将菌体的细胞壁或细胞膜的外壁破坏穿孔，导致细菌死亡；②使菌体蛋白质变性，用消毒剂使菌体蛋白质变性，因灭活而死亡；③包围菌体表面阻碍其呼吸，使菌体不能进行气体交换等代谢活动而死亡。

（2）消毒剂的选择

临床上常用的消毒剂种类很多，根据其化学特性分为酚类、醛类、醇类、酸类、碱类、氯制剂、碘制剂、染料类、重金属类和表面活性剂类等，进行有效而经济的消毒需认真选择合适的消毒剂。优质消毒剂应符合以下各项要求：①消毒能力强，药效迅速，短时间即可达到预定的消毒目标，如灭菌率达到99%以上，且药效持续时间长；②消毒作用广泛，可杀灭细菌、病毒、霉菌、藻类等微生物；③可用各种方法进行消毒，如饮水、喷雾、洗涤、冲刷等；④渗透力强，能透入裂隙及鸡粪、蛋的内容物、尘土等各种有机物内杀灭病原体；⑤易溶于水，不因水质硬度和环境汇总酸碱度的变化而影响药效；⑥性质稳定，不受光、热影响，长期储存效力不减；⑦对人禽安全，无臭，无刺激性，无腐蚀性，无毒性，无副作用；⑧经济，低浓度也能保证药效。

(3)保证消毒效果的措施

保证消毒效果最重要的是用有效浓度的消毒剂直接与病原体接触。一般的消毒剂会因有机物的存在而影响药效，因此，消毒之前必须尽量去掉有机物等。为此，需采取以下措施：

①清除污物。当病原体所处的环境中含有大量的有机物(如粪便、浓汁、血液及其他分泌物、排泄物等)时，由于病原体受到有机物的机械性保护，大量的消毒剂与这些有机物结合，从而使消毒效果大幅度降低，所以，在对病原体污染场所、污物等进行消毒时，要求首先清除环境中的杂物和污物，经彻底冲刷、洗涤完毕后再使用化学消毒剂。

②消毒剂的浓度要适当。在一定范围内，消毒剂的浓度愈大，其消毒作用愈强，如大部分消毒剂在低浓度时只具有抑菌作用，浓度增加才具有杀菌作用。但消毒剂的浓度增加是有限度的，盲目增加其浓度并不一定能提高消毒效力，如70%乙醇溶液的杀菌作用比无水乙醇强。如稀释过量，达不到应有的浓度，则消毒效果不佳，甚至起不到消毒的作用。

③针对微生物的种类选用消毒剂。微生物的形态结构及代谢方式不同，对消毒剂的反应也有差异，如革兰氏阳性菌较易与带阳离子的碱性染料类、重金属盐类消毒剂结合而被灭活；细菌的芽孢不易渗入消毒剂，其抵抗力比繁殖体明显增强等。各种消毒剂的物化性质不同，对微生物的作用机理及其代谢过程的影响也有明显差异，因此消毒效果也不一致。

④消毒温度与时间要适当。温度升高可以增强消毒剂的杀菌能力，而缩短消毒作用的时间。如当环境温度提高10℃，酚类消毒剂的消毒速度增加8倍以上，重金属盐类消毒剂的消毒速度增加2～5倍。当其他条件都相同时，消毒剂与被消毒对象的作用时间愈长，消毒的效果愈好。

⑤控制环境湿度。熏蒸消毒时，湿度对消毒效果的影响很大，如用过氧乙酸及甲醛熏蒸消毒时，环境的相对湿度以60%～80%为佳，湿度过低会大大降低消毒效果。多数环境下，环境湿度过高会影响消毒液的浓度，一般应在冲洗、干燥后喷洒消毒液。

⑥消毒液酸碱度要合适。碘制剂、酸类、来苏尔等阴离子消毒剂在酸性环境中的杀菌作用增强，而阳离子消毒剂(如新洁尔灭等)则在碱性环境中杀菌作用增强。

3.生物消毒法

生物消毒法是指通过堆积发酵、沉淀池发酵、沼气池发酵等方式产热或产酸，以杀灭粪便、污水、垃圾及垫草等内部病原体的方法。在发酵过程中，由于粪便、污物等内部微生物产生的热量可使温度上升至70℃以上，经过一段时间后便可杀死病毒、细菌、寄生虫卵等病原体，从而达到消毒的目的。同时由于发酵过程还可改善粪便的肥效，所以生物消毒法在生产中的应用非常广泛。

(二)消毒程序

根据消毒的类型、对象、环境温度、病原体性质以及传染病流行特点等因素，将多种消毒方法科学地加以组合而进行的消毒过程称为消毒程序。

1. 禽舍消毒

禽舍消毒是清除前一批家禽饲养期间累积污染最有效的措施，并可缩短禽舍空闲的时间，使下一批家禽生活在一个洁净的环境。以全进全出制生产系统中的消毒为例，空栏消毒的程序通常为粪污清除、高压水枪冲洗、消毒剂喷洒、干燥后熏蒸消毒或火焰消毒、再次喷洒消毒剂、清水冲洗、晾干后转入鸡群。

(1)粪污清除。家禽全部出舍后，先用消毒液喷洒，再将舍内的禽粪、垫草、顶棚上的蜘蛛网、尘土等扫出禽舍。平养地面黏着的禽粪，可预先洒水待其软化后再铲除。为方便冲洗，可先对禽舍内部进行喷雾，湿润舍内四壁、顶棚及各种设备的外表。

(2)高压水枪冲洗。冲洗的目的是将清扫后舍内剩下的有机物去除，以提高消毒效果。冲洗前先将非防水灯头的灯用塑料布包严，然后用高压水枪冲洗舍内所有表面，不留残存物，彻底冲洗可显著减少细菌数。

(3)干燥。喷洒消毒剂一定要在冲洗并充分干燥后再进行。干燥可使舍内冲洗后残留的细菌数进一步减少，同时避免在湿润状态下使消毒剂浓度变稀而有碍药物的渗透和灭菌效果的发挥。

(4)喷洒消毒剂。用压力达 3.1MPa 的电动喷雾器喷洒消毒剂，消毒时应将所有门窗关闭(见图 8-1-1)。

图 8-1-1　禽舍消毒系统

(5)甲醛(福尔马林)熏蒸。禽舍干燥后进行熏蒸。熏蒸前将舍内所有的孔、缝、洞、隙用纸糊严，否则会影响熏蒸效果。每立方米空间用福尔马林溶液 20mL、高锰酸钾 10g 进行熏蒸，相对湿度达 70%，密闭 24h。

经上述消毒过程后，进行舍内采样细菌培养，灭菌率要达到 99%以上；否则应重复进行药物消毒—干燥—甲醛熏蒸过程。

育雏舍的消毒要求更加严格。平网育雏时，在育雏舍冲洗晾干后用火焰喷枪灼烧平网、围栏与铁料槽等，然后再进行药物消毒，必要时需清水冲洗、晾干后再转入雏禽。

2. 设备用具消毒

(1)料槽、饮水器。塑料制成的料槽与饮水器，可先用水冲刷，洗净晾干后用 0.1%新洁尔灭溶液刷洗消毒，然后再与禽舍一起熏蒸消毒。

(2)蛋箱、蛋托。反复使用的蛋箱与蛋托，特别是送到销售点又返回的蛋箱，感染病原体的概率很大，必须严格消毒。用 2%氢氧化钠溶液浸泡与洗刷，晾干后再送回禽舍。

(3)运鸡笼。运送肉鸡到屠宰场的运鸡笼，最好在屠宰场消毒后再运回，否则肉鸡场应在场外设消毒点，将运回的鸡笼冲洗、晾干再消毒。

3. 环境消毒

(1)消毒池。大门前通过的消毒池宽 2m、长 4m、水深 5cm 以上；人与自行车通过的消毒池宽 1m、长 2m、水深 3cm 以上。池液可用 2%氢氧化钠溶液，每天换一次；也可用 0.2%新洁尔灭溶液，每3天换一次。

(2)禽舍内的隙地。每季度先用小型拖拉机耕翻，将表面土翻入地下，然后用火焰喷枪对表层喷火烧去各种有机物，定期喷洒消毒剂。

(3)生产区的道路。每天用0.2%次氯酸钠溶液等喷洒一次，若当天运家禽，则在车辆通过后再消毒。

4. 带鸡消毒

鸡体是排出、附着、保存、传播病菌和病毒的根源，是污染源，也会污染环境，因此，需经常消毒。带鸡消毒多采用喷雾消毒的方式。

(1)喷雾消毒的作用。杀死和减少空气中飘浮的尘埃，使机体体表(如羽毛、皮肤等)清洁。沉降鸡舍内飘浮的尘埃，抑制氨气的发生和吸附，使鸡舍内较为清洁(见图8-1-2)。

图8-1-2 带鸡消毒

(2)喷雾消毒的方法。消毒药品的种类和浓度与鸡舍内消毒时相同，操作时使用电动喷雾装置，每平方米地面喷洒60～80mL，每1～2天喷一次，对雏鸡喷雾，药物溶液的温度要比育雏器供温的温度高3～4℃。当鸡群发生传染病时每天消毒1～2次，连用3～5天。

任务8.2 免疫技术

免疫接种是激发家禽机体产生特异性免疫力，使易感动物转化为非易感动物的重要手段，是预防和控制疾病的重要措施之一。为了家禽场的安全，必须制定适宜的免疫程序，并进行必要的免疫检测，及时了解群体的免疫水平。

一、家禽免疫接种的方法

家禽免疫接种的方法可分为群体免疫法和个体免疫法。群体免疫法是针对群体进行的，主要有经口免疫法(拌料免疫法、饮水免疫法)、气雾免疫法等。这类免疫法省时省力，但有时效果不够理想，免疫效果参差不齐，特别用于雏禽时更为突出。个体免疫法是针对每只禽逐个进行的，包括点眼法、滴鼻法、涂擦法、刺种法、注射法等。这类免疫法效果好，但费时费力，劳动强度大。

不同种类的疫苗，接种途径(方法)有所不同，要按照疫苗说明书进行，不要擅自改变。一种疫苗有多种接种方法时，应根据具体情况决定接种方法，既要考虑操作简单、经济合算，更要考虑疫苗的特性和保证免疫效果。只有正确地、科学地使用和操作，才能获得预期的免疫预防效果。各种接种方法分述如下。

(一)滴鼻、点眼法

用滴管或滴注器,也可用带有16～18号针头的注射器吸取稀释好的疫苗,准确无误地滴入鼻孔或眼球上1～2滴。滴鼻时,应用手指压住另一侧鼻孔使疫苗得以吸入(见图8-2-1)。点眼时,要等待疫苗扩散后才能放开禽只(见图8-2-2)。本法多用于雏禽,尤其是雏鸡的初免。为了确保效果,一般采用滴鼻、点眼相结合,适用于新城疫Ⅱ系和Ⅳ系疫苗、传染性支气管炎疫苗和传染性喉气管炎弱毒疫苗的接种。

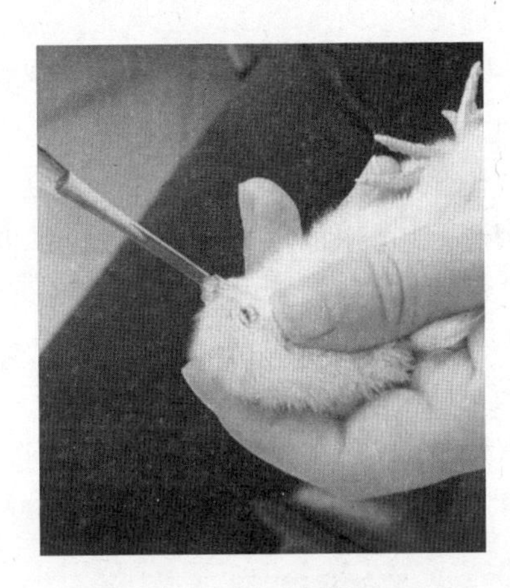

图8-2-1　滴鼻法

图8-2-2　点眼法

(二)刺种法

刺种法常用于鸡痘疫苗的接种。接种时先按规定剂量将疫苗稀释好,用接种针、大号缝纫机针头或沾水笔蘸取疫苗,在鸡翅膀内侧无血管处的翼膜刺种,每只鸡刺种1～2下。接种后一周左右可见刺种部位的皮肤上产生绿豆大小的水疱,以后逐渐干燥结痂并脱落。若接种部位不发生这种反应,表明接种不成功,应重新接种。

(三)涂擦法

涂擦法主要用于鸡痘和特殊情况下的鸡传染性喉气管炎强毒的免疫。在禽痘接种时,先拔掉禽腿的外侧或者内侧羽毛5～8根,然后用无菌棉签或毛刷蘸取已稀释的疫苗,逆着羽毛生长的方向涂擦3～5下;接种鸡传染性喉气管炎强毒疫苗时,应将泄殖腔黏膜翻出,用无菌棉签或小软刷蘸取疫苗,直接涂擦在黏膜上。

不管是哪种方法,接种后禽体都应有反应。毛囊涂擦鸡痘疫苗后10～20天,局部会出现同刺种一样的反应;擦肛后4～5天可见泄殖腔黏膜潮红。否则,应重新接种。

(四)注射法

这是最常用的免疫接种方法。根据疫苗注入的组织部位,注射法又分为皮下注射和肌肉注射。注射法多用于灭活疫苗(包括亚单位苗)和某些弱毒疫苗的接种。

1.皮下注射法

现在广泛使用的马立克氏病疫苗宜用颈背皮下注射法接种,用左手拇指和食指将头颈后的皮肤捏起,局部消毒后,针头近于水平刺入,按量注入即可。

2. 肌肉注射法

肌肉注射的部位有胸部肌肉、腿部肌肉和肩关节附近或尾部两侧。胸肌注射时，应沿胸肌45°斜向刺入，避免向胸部垂直刺入而误伤内脏。胸肌注射法多用于较大的家禽。

免疫用的注射器、针头要洗净、消毒，针头一禽一换。断喙、转群要和疫苗接种错开进行。

(五)经口免疫法

1. 饮水免疫法

饮水免疫法常用于预防新城疫、传染性支气管炎以及传染性法氏囊病的弱毒疫苗的免疫接种。为使饮水免疫法达到应有的效果，必须注意以下几点：①用于饮水免疫法的疫苗必须是高效价的。②在饮水免疫前、后的24h内不得使用任何消毒药液，且最好先将2%脱脂奶粉或脱脂鲜奶加入饮水中搅匀后，再加入疫苗。③稀释疫苗用的水最好是蒸馏水，也可用深井水或冷开水，不可使用有漂白粉等消毒剂的自来水。④根据气温、饲料等的不同，免疫前雏禽要停止供水，冬季停水4～6h；夏季最好夜间停水，清晨进行饮水免疫。育成鸡也要适当控制供水(见图8-2-3)。⑤为保证每只家禽都能饮到疫苗水溶液，饮水器必须洁净且数量充足，保证3/4家禽能同时饮水，并在半小时之内饮完，一般不超过2h。然后停水、停料1h，使饮入禽体内的疫苗充分吸收。大群免疫时，要在第二天以同样方法补饮一次。

图8-2-3 雏鸡控水后进行传染性法氏囊病疫苗的饮水免疫

2. 喂食免疫法(拌料免疫法)

免疫前应停喂半天，以保证每只家禽都能摄入一定的疫苗量。稀释疫苗的水温以不超过舍温为宜，然后将稀释好的疫苗均匀地拌入饲料，家禽通过吃食而获得免疫。已经稀释好的疫苗进入禽体内的时间越短越好，因此，必须有充足的饲具并放置均匀，保证每只家禽都能吃到。

(六)气雾免疫法

用特制专用气雾喷枪，将稀释好的疫苗溶液汽化喷洒在高度密集的禽舍内，使禽吸入气化疫苗而获得免疫。气雾免疫时，使家禽相对集中，关闭门窗及通风系统。幼龄鸡初免或针对致病力较强的疫病免疫时，用80～120μm雾粒；老龄鸡群或加强免疫时，用30～60μm雾粒。

二、紧急免疫接种

紧急免疫接种是指在某些传染病暴发时，为了迅速控制和扑灭该病的流行，对疫区和受威胁区的家禽进行的应急性免疫接种。紧急免疫接种应根据疫苗或抗血清的性质、传染病发生及流行特点进行合理的安排。

接种后能够迅速产生保护力的一些弱毒苗或高免血清，可以用于急性病的紧急免疫接种，因为此类疫苗进入机体后往往经过3～5天便可产生免疫力，而高免血清则在注射后能够迅速分布于机体各部位。

由于疫苗接种能够激发处于潜伏期感染的动物发病，且在操作过程中容易造成病原体在感染动物和健康动物中直接传播，因此，为了提高免疫效果，在进行紧急免疫接种时应首先对动物群进行详细的临床检查和必要的实验室检验，以排除处于发病期和感染期的动物。

在传染病暴发或流行的早期，紧急免疫接种可以迅速建立动物机体的特异性免疫，使其免遭相应疾病的侵害。但在紧急免疫接种时需要注意：

(1)必须在疾病流行的早期进行；

(2)尚未感染的动物既可使用疫苗，也可使用高免血清或其他抗体预防，但感染或发病动物则最好使用高免血清或其他抗体进行治疗；

(3)必须采取适当的防治措施，防止操作过程中由人员或器械造成的传染病蔓延和传播。

三、预防接种免疫程序的制定

(一)免疫程序制定的原则

免疫程序是指根据一定地区或养殖场内不同传染病的流行状况及疫苗特性，为特定动物群制定的疫苗接种类型、次序、次数、途径及间隔时间。制定免疫程序应遵循以下原则。

1.免疫程序是由传染病的分布特征决定的

由于畜禽传染病所在地区、时间和动物群的分布特点和流行规律不同，它们对动物造成的危害程度也会随之发生变化，一定时期内兽医防疫的重点就有明显的差异，需要随时调整。有些传染病流行时具有持续时间长、危害程度大等特点，应制定长期的免疫防治对策。

2.免疫程序是由疫苗的免疫学特性决定的

疫苗的种类、接种途径、产生免疫力需要的时间、免疫力的持续期等是影响免疫效果的重要因素。因此，在制定免疫程序时要根据这些特性的变化进行充分的调查、分析和研究。

3.免疫程序应具有相对的稳定性

如果没有其他因素的参与，某地区或养殖场在一定时期内动物传染病分布特征是相对稳定的。因此，若实践证明某一免疫程序的应用效果良好，则应尽量避免改变这一免疫程序。如果发现该免疫程序在执行过程中仍有某些传染病流行，则应及时查明原因(如疫苗、接种时机或病原体变异等)，并进行适当的调整。

(二)免疫程序制定的方法和程序

目前仍没有一个能够适合所有地区或养禽场的标准免疫程序，不同地区或部门应根据传染病流行特点和生产实际状况，制定科学合理的免疫接种程序。对于某些地区或养禽场正在使用的程序，也可能存在某些防疫上的问题，需要不断进行调整和改进。因此，了解和掌握免疫程序制定的步骤和方法具有非常重要的意义。

1. 掌握威胁本地区或养禽场传染病的种类及其分布特点

根据疫病监测和调整结果，分析该地区或养禽场内常见多发传染病的危害程度以及周围地区威胁性较大的传染病流行和分布特征，并根据动物的类别确定哪些传染病需要免疫或终生免疫，哪些传染病需要根据季节或日(周)龄进行免疫防治。

2. 了解疫苗的免疫学特性

由于疫苗的种类、适用对象、保存、接种方法、使用剂量、接种后免疫力产生需要的时间、免疫保护效力及其持续期、最佳免疫接种时机及间隔时间等疫苗特性是免疫程序的主要内容，因此，在制定免疫程序前，应对这些特性进行充分的研究和分析。一般来说，弱毒疫苗在接种后5～7天、灭活疫苗在接种后2～3周可产生免疫力。

3. 充分利用免疫监测结果

由于分布较广的传染病需要终生免疫，因此，应根据定期测定的抗体消长规律确定初免日龄和加强免疫的时间。初次使用的免疫程序应定期测定免疫动物群的免疫水平，发现问题要及时进行调整并采取补救措施。动物的免疫接种应首先测定其母源抗体的消长规律，并根据其半衰期确定首次免疫接种的日龄，以防止高滴度的母源抗体对免疫力产生的干扰。

4. 根据传染病发病及流行特点决定是否进行免疫接种、接种次数及时机

主要发生于某一季节、某一日(周)龄段的传染病，可在流行季节到来前2～4周进行免疫接种，接种的次数则由疫苗的特性和该病的危害程度决定。

总之，制定不同动物或不同传染病的免疫程序时，应充分考虑本地区常见多发或威胁大的传染病的分布特点、疫苗类型及其免疫效果、母源抗体水平等因素，这样才能使免疫程序具有科学性和合理性。

四、造成免疫失败的原因分析

只要养鸡场参照免疫接种的具体办法执行，一般都能取得预期效果。但是在实际工作中，部分养鸡场免疫失败的惨痛事例仍时有发生。

(1)雏鸡体内的母源抗体或鸡只前次接种疫苗后的残余抗体未下降到适当水平而过早接种或补种，疫苗(抗原)被抗体中和(可通过免疫监测指导免疫接种，或结合接种油乳剂灭活疫苗来解决)；前次接种后未及时加强免疫，鸡体的免疫力已不足以抵御传染病的侵袭。

(2)疫苗稀释过度或接种量不足，使鸡只不能产生足够的免疫力。

(3)接种疫苗时，有的只给母鸡接种，而不给公鸡接种，结果公鸡发了病，母鸡也受到野毒的侵袭，使免疫期缩短。

(4)饲养管理条件突变、环境变化恶劣、寄生虫感染、营养不良、断喙、转群、过热、过冷等不良应激作用，使鸡群免疫应答的能力减弱。

(5)接种方法不当。如传染性喉气管炎强毒疫苗只能通过擦肛或滴肛的方法接种，若疫苗经呼吸道或眼结膜进入体内，则会导致严重反应或发病，酿成重大损失；再如对3周龄以内的雏鸡用新城疫弱毒疫苗进行新城疫初免时，规定只能用滴鼻法、点眼法、饮水法、气雾法

免疫，若采用注射法免疫，则会导致大部分疫苗被雏鸡血液中的残留抗体消耗掉，且未产生局部免疫。

(6)多种原因造成疫苗失效或使用假疫苗。例如，某些生产者置国家法令于不顾，把不合格无批准文号的疫苗推向市场；疫苗保存不当（如温度过高、日光直接照射、封口不严、冻干苗失真空等）；稀释后未及时使用，放置时间过长；弱毒疫苗中加入了消毒剂等。

(7)鸡马立克氏病免疫失败的事例屡见不鲜，究其原因主要有：①疫苗质量差。目前，预防鸡马立克氏病多用火鸡疱疹病毒冻干疫苗，而有的疫苗的蚀斑单位不够或过期使用，以致不能产生理想的免疫应答。②疫苗的保存及运输不当。如细胞结合性疫苗需在液氮罐内贮存及运输，火鸡疱疹病毒冻干疫苗需冷冻保存，常温保存和运输会使疫苗失效。③疫苗的稀释和接种方法不当。例如，未用马立克氏病疫苗专用稀释剂，稀释倍数过高，注射拖时太长，注射速度过快，注射剂量不足，打空针漏防。④免疫抑制因子的影响。鸡感染了传染性法氏囊病、呼肠孤病毒或霉菌毒素中毒、应激等均可造成本病的免疫抑制。⑤母源抗体的干扰。用接种种鸡的同一类型病毒疫苗接种其子代雏鸡时，由于母源抗体的影响，免疫应答反应常不理想，若有野毒感染，仍可发生马立克氏病。故应采用世代交替免疫程序，即选择与亲代种鸡接种的疫苗不同血清型的疫苗接种雏鸡，也可适当增加疫苗剂量。⑥早期感染或其他病原体的影响。接种马立克氏病疫苗后要经两周左右才能产生有效的免疫保护作用。在这之前，若有野毒存在即可感染。雏鸡发生了新城疫、白痢，尤其是传染性法氏囊病时，鸡体抵抗力下降，免疫器官系统受到损害，则直接影响包括马立克氏病疫苗在内的多种疫苗的免疫应答。⑦超强毒马立克氏病毒的侵袭。马立克氏病单价疫苗一般抵挡不住超强毒的侵袭，故在马立克氏病多发区或怀疑有超强毒存在时，可选用二价苗或三价苗，最好选用“988”细胞结合性疫苗。

(8)若接种某种疫苗前鸡就感染了某种传染病，此时接种疫苗（如弱毒、中毒疫苗等），就会引起感染鸡急性死亡。针对这种情况，在实际生产中我们可采用紧急接种。

(9)在鸡发生了传染性法氏囊病后，再给病鸡注射新城疫Ⅰ系、Ⅱ系、Ⅳ系弱毒疫苗，或者加入传染性法氏囊病弱（中）毒疫苗，结果将会造成作用彼此抵消，贻误治疗，造成更大损失。

(10)不可错误地认为弱毒疫苗（主要指新城疫）用的次数越多、间隔的时间越短，效果就会越好。如此频繁地使用疫苗，反而会出现免疫抑制，形成免疫空白，新城疫野毒乘虚而入，造成新城疫发生。

(11)若只用新城疫弱毒疫苗免疫鸡新城疫，而从来不用灭活疫苗，则结果会使鸡抗体效价上不去，发生大疫情；或雏鸡初免时，仅用弱毒疫苗，而不用灭活苗，则雏鸡一旦患传染性法氏囊病，鸡新城疫就有可能伴随发生，不仅造成死亡损失，而且给重新免疫带来困难。

(12)某些疫苗的使用方法不当。如鸡新城疫弱毒疫苗和鸡传染性支气管炎弱毒疫苗，应联合使用或彼此需间隔10天左右，否则鸡传染性支气管炎疫苗会干扰鸡新城疫疫苗血凝抑制抗体的产生，即影响鸡新城疫的免疫效果。

(13)采用饮水或气雾免疫法时，若疫苗在水、雾中分布不均匀，家禽的摄入量差别就较大。或采用滴鼻、注射法时出现漏滴、漏针等操作，都将影响预防效果。

(14)鸡只感染了传染性法氏囊病、马立克氏病、黄曲霉毒素中毒等具有免疫抑制作用的疾病，不仅会降低抗病力，而且可使其对疫苗的应答力减弱或丧失，对疫苗不起反应。特别是在传染性法氏囊病未痊愈的情况下，对与其相伴发生的球虫病、伤寒、鸡新城疫等其他几种疾病的防治可造成困难。

(15)接种疫苗前后2～3周内，如果疏于饲养管理，缺乏蛋白质、维生素和微量元素等的供给，都会影响抗体的产生。

(16)所用疫苗抗原和鸡只需要抵御的毒株的抗原类型或血清型不符。例如在传染性法氏囊病的预防上屡有问题出现，而使用由本地发生的传染性法氏囊病囊源加工而成的囊毒灭活疫苗免疫则无此问题，原因即属于此。

(17)生产者没有对其弱毒疫苗进行严密的安全检验，混入野毒(如肾型传染性支气管炎毒、减蛋综合征毒等)，或者加工灭活疫苗时未灭活或灭活不彻底，鸡群接种后即可引起该种传染病暴发。

(18)盲目选用疫苗。如当地没有发生传染性喉气管炎而给鸡只接种传染性喉气管炎疫苗，结果会因带毒、排毒鸡的出现，造成场地污染，反而撒播了疫情。

(19)发生疫情时，使用某些有治疗作用的生物制剂(如高免血清、高免蛋黄注射液等)不及时、剂量不足、次数太少，没有起到应有的作用。

(20)用药物防治某些细菌性传染病(如鸡霍乱、鸡白痢等)时，没有合理用药，频繁更换疫苗，剂量过大或过小，都会造成恶性后果。

(21)过分相信免疫效果，放松或忽视对病禽的剔除、消毒工作，从而造成疾病的蔓延。

任务8.3　药物使用

鸡的解剖结构和生理代谢与其他家禽有许多不同点，会影响到药物的使用和效果。掌握鸡的用药特点，可以合理、经济地用药，提高用药效果，减少药物浪费和药物残留。

一、鸡的用药特点

(一)鸡对某些药物比较敏感而易中毒

鸡对有机磷酸酯类药物特别敏感，如敌百虫等一般不能用作驱虫药内服，外用杀虫时也要严格控制剂量以防中毒。鸡对食盐反应较为敏感，雏鸡饮水中食盐含量超过0.7%、产蛋鸡饮水中食盐含量超过1%、日粮中食盐含量超过0.5%即可引起不良反应。鸡对某些磺胺类药物反应较敏感，尤其雏鸡易出现不良反应，产蛋鸡易引起产蛋量下降。鸡对链霉素反应也比较敏感，用药时应慎重，不宜剂量过大或用药时间过长。

(二)鸡的生理特性影响药物的选用

鸡舌黏膜的味觉乳头较少，味觉反应极弱，食物在口腔内停留时间短，喜甜不喜苦。故当鸡消化不良时，不宜使用苦味健胃药。龙胆末等药物的苦味不能刺激鸡的味觉感受器，也就不能引起反射性健胃作用，因而应选用其他助消化物，如大蒜、醋酸等。

鸡无逆动作，所以鸡服药物或其他毒物而中毒时，不能使用催吐药物(如硫酸铜、阿扑吗啡等)排毒,而应采用嗉囊切开手术,及时排除未被吸收的毒物。

鸡同其他家禽一样,在呼吸系统中具有其他动物没有的气囊,它能增加肺通气量,在呼气、吸气时增加肺的气体交换。同时,鸡的肺不像哺乳动物的肺那样扩张和收缩,而是气体经过鸡肺运行,并随肺内管道进出气囊。鸡呼吸系统的这种结构特点,可促进药物增大扩散面积,从而增加药物的吸收量。喷雾法是适用于鸡的有效用药方法之一。

二、鸡的用药方法

用于鸡病防治的药物种类很多,各种药物由于性质的不同,而有不同的使用方法。要根据药物的特点和疾病的特性选用适当的方法,以发挥最好的药效。

(一)拌料给药

拌料给药就是将药物均匀地拌入饲料中,让鸡在采食时吃进药物。这种方法方便、简单,应激小,不浪费药物。它适用于长期用药、不溶于水的药物及加入饮水内适口性差的药物。但对于病重或采食量过少的情况,此法不宜应用。颗粒料因不宜将药物混匀,也不主张经料给药。链条式送料时,因颗粒料易被鸡啄食而造成先后采食的鸡只摄入的药量不同,也应注意慎用此法。

1.准确掌握拌料浓度

拌料给药时应按照拌料给药的剂量,准确、认真计算出所用药物的剂量并混入饲料内。若按重量给药时,应严格按照鸡群鸡只总体重,计算出药物用量并拌入全天饲料内。

2.药物混合均匀

拌料时为了使鸡只吃到的药物数量大致相等,药物和饲料要混合均匀,尤其是一些安全范围较小和用量较少的药物(如喹乙醇、呋喃唑酮等),以防采食不均。混合时切忌把全部量一次加入所需饲料中进行搅拌,这样不易搅拌均匀,造成部分鸡只药物中毒而大部分鸡只吃不到药物,达不到防治疾病的目的或耽误病情。可采用逐级稀释法,即把全部用量的药物加到少量饲料中,充分混合后,再加到一定量饲料中,再充分混匀,经过多次逐级稀释扩充,可以保证充分混匀。

3.注意不良反应

有些药物混入饲料后可与饲料中的某些成分发生拮抗作用。例如,饲料中长期混入磺胺类药物,就容易引起维生素 B 和维生素 K 缺乏。

(二)饮水给药

饮水给药就是将药物溶解于水中让鸡只自由饮用。此法适合于短期用药、紧急治疗、鸡只不能采食但尚能饮水时,易溶于水的药物应用此法的效果较好。饮水给药时,应根据药物的用量,事先配成一定浓度的药液,然后再加入饮水器中,让鸡只自由饮用。

1.注意药物的溶解度和稳定性

对于油剂(如鱼肝油等)及难溶于水的药物(如制霉菌素等),不能采用饮水给药。对于一些微溶于水的药物(如呋喃唑酮等)和水溶性较差的药物(如土霉素、金霉素等)可以采用适当加热、现用现配、及时搅拌等方法,促进药物溶解,以达到饮水给药的目的。饮水的酸碱度及硬度(金属离子的含量)对药物有较大的影响,多数抗生素在偏酸或偏碱的水溶液中稳定性较差，金属离子也可因络合而影响药物的疗效。

2. 根据鸡可能的饮水量认真计算药液量

为保证绝大部分鸡只在一定时间内都能饮到一定量的药物水，不至于因剩水过多造成摄入鸡体内的药物剂量不够，或加水不足造成饮水不均匀而影响药物效果，应根据鸡群的饮水量，按照药物浓度，准确计算药物用量。先用少量水溶解全部药物，待药物完全溶解后才能混入全部水中。鸡的饮水量与鸡的品种、饲料种类、饲养方法、舍内温湿度、药物有无异味等因素密切相关，生产中应予以综合考虑。为准确了解鸡群的饮水量情况，每栋鸡舍最好能安装一个水表。

3. 注意饮水时间和配伍禁忌

药物在水中的时间与药效关系极大。有些药物在水中不受时间限制，可以全天饮用，如人工合成的抗生素、磺胺类药物等。有些药物在水中必须在短时间内用完，如天然发酵抗生素、多西环素、活疫苗等，一般需断水 2～3h 后给药，让鸡只在一定时间内充分饮到药水。多种药物混合时，一定要注意药物之间的配伍，避免出现毒性增加或发生中和、分解、沉淀而使药物失效的情况。

(三)经口投服

经口投服适用于个别病鸡治疗，如鸡群中出现维生素 B_2 缺乏的鸡只，需个别投药治疗。群体较小时，也通常采用此法。这种方法虽费时费力，但剂量准确，疗效较好。

(四)气雾给药

气雾给药是指使用能使药物气雾化的器械，将药物分散成一定直径的微粒，弥散在空气中，让鸡只通过呼吸道吸入体内或作用于鸡只羽毛及皮肤黏膜的一种给药方法，也可用于鸡舍、孵化器以及种蛋的消毒。使用这种方法时，药物吸收快，出现作用迅速，节省人力，尤其适用于大型现代化养鸡场，但需要一定的气雾设备，且鸡舍门窗需密闭。同时，将此法用于鸡只时，不应使用刺激性药物，以免引起鸡只呼吸道感染。气雾给药时应注意如下事项。

1. 恰当选择气雾用药，充分发挥药物效能

为了充分发挥气雾给药的优点，应恰当选择所用药物。同时，还应根据不同用药目的选用不同吸湿性的药物，若欲使药物作用于肺部，则应选用吸湿性较差的药物；若欲使药物主要作用于上呼吸道，则应选用吸湿性较强的药物。

2. 准确掌握气雾剂量，确保气雾用药效果

在应用气雾给药时，不能随意套用拌料给药或饮水给药。使用气雾给药前，应按照鸡舍空间情况、气雾设备要求，准确计算出用药剂量，以免剂量过大而造成不应有的损失。

3. 严格控制雾粒大小，防止不良反应的发生

在应用气雾给药时，雾粒直径大小与用药效果有直接关系。气雾微粒直径越小，越容易进入肺泡内，但肺泡面的黏着力小，容易随呼气排出，影响药效。若雾粒直径过大，则不易进入鸡的肺部，容易落在鸡舍内或停留在鸡的上呼吸道黏膜，也不能产生良好的用药效果，同时还容易引起鸡的上呼吸道感染。如用鸡新城疫Ⅰ系弱毒疫苗进行预防免疫时，气雾微粒直径大小不适当就容易诱发鸡传染性喉气管炎。此外，还应根据用药的目的，适当调节气雾微粒直径大小。如要使所用药物到达肺部，就应使用雾粒直径小的雾化器；反之，要使药物

主要作用于上呼吸道，就应选用雾粒直径较大的雾化器。大量实验证实，进入肺部的微粒直径以 0.5～5μm 为宜。雾粒直径大小主要由气雾设备的设计功效和用药距离所决定。

(五)体内注射

对于难被肠道吸收的药物，为了获得最佳的疗效，常选用注射法。注射法分为皮下注射和肌肉注射两种。这种方法的特点是药物吸收快而完全，剂量准确，药物不经胃肠道而进入血液中，可避免消化液的破坏，适用于不宜口服的药物和紧急治疗。

(六)体表用药

如鸡患有虱、螨等体外寄生虫，或发生啄肛和啄脚等外伤，可在体表涂抹或喷洒药物。

(七)蛋内注射

此法是把有效药物直接注射入种蛋内，以消灭某些能通过种蛋垂直传播的病原微生物，如鸡白痢沙门氏菌、鸡败血霉形体等。也可用于孵化期间胚胎注射维生素 B_1，以降低或完全防止种鸡因缺乏维生素 B_1 而造成的后期胚胎死亡。蛋内注射也可用于马立克氏病疫苗的胚胎免疫。

(八)药物浸泡

浸泡种蛋用于消除蛋壳表面的病原微生物，药物可以渗透到蛋内，杀灭蛋内的病原微生物，以控制和减少某些经蛋传播的疾病。常用的方法是变温浸蛋法。即把种蛋的温度在 3～6h 内升到 37～38℃，然后趁热浸入 4～15℃的抗生素药液中，保持 15min，利用种蛋与药液之间的温差造成的负压使药液进入蛋内。这种种蛋的药物处理方法常用于控制鸡白痢沙门氏菌、鸡败血霉形体、大肠杆菌等病原微生物。

(九)环境用药

在饲养环境中季节性定期喷洒杀虫剂，以控制体外寄生虫及蚊蝇等。为防止传染病，必要时可喷洒消毒剂，以杀灭环境中存在的病原微生物。

任务 8.4 污物处理

人类社会对环境污染问题越来越重视，而大规模集约化的家禽生产会产生大量易于形成公害的各种废弃物，因此，家禽场的废弃物管理就变得越来越重要。如何使这些废弃物既不对场内形成危害，也不对场外环境造成污染，同时能够适当地得以利用，这是家禽场必须妥善解决的一项重要任务。

一、家禽场废弃物的种类

家禽场除了一些带有臭味、含有灰尘或粉尘的污浊空气，噪声，场内滋生的昆虫等会形成公害，需要防范或治理外，还有一些废弃物（如孵化废弃物、禽粪、死禽与污水等）也需要得到很好的管理与治理。

二、孵化废弃物的管理

孵化废弃物包括无受精蛋、死胚、毛蛋、蛋壳等。孵化废弃物在炎热天气时很容易招惹蚊蝇，有些蝇类甚至在其上繁殖，因此，应尽快处理。未受精蛋常用于加工食品；死胚、毛蛋、死雏等可制成干粉，其蛋白质含量达22%～32%，可替代肉骨粉与豆粕；蛋壳为含有少量蛋白质的钙质饲料。利用这些废弃物时必须进行高温灭菌，没有条件做高温灭菌处理或加工成副产品的小型孵化厂，每次孵化产生的废弃物必须尽快做深埋处理。

三、禽粪的收集与利用

(一)禽粪的收集

1. 干粪收集系统

高床鸡舍多采用干粪收集系统，采用该系统平时不需清粪，鸡群淘汰或转群后一次性清除积粪。此系统要求强制通风，有的装设来回移动的齿耙状的松粪机，使得下部的积粪水分蒸发多，易于干燥。这种系统能防止潜在的水污染，减轻或消除臭味，不需要经常清粪，减少了不必要的劳动量。重点要求：地面处理要好，要能防止水分渗漏；供水系统不能漏水或溢水；必须设置良好的通风系统，使气流能够均匀地通过积粪的表层，以免清粪时粪尘飞扬。

2. 稀粪收集系统

如设有地沟和刮粪板的鸡舍，或者设有粪沟，用水冲洗的鸡舍等都属稀粪收集系统。稀粪可以通过管道或抽送设备运送，所需人力较少。如有足够的农田需要施肥，则采用这一系统会比较经济。但应用该系统会有臭味，禽舍内易产生氨气和硫化氢等有害气体，还可能污染地下水，含水量高的稀粪处理时耗能较多。

比较起来，干粪收集系统对禽舍内环境造成的不良影响要小。这种收集系统只要进行有效管理即可使有害气体与臭味的发生率降低，也能很好地控制蚊蝇等的繁殖，对家禽的卫生有利，同时能减少公害的发生。

(二)禽粪的利用

1. 禽粪的肥效

禽粪中的氮素以尿酸形态为主，尿酸盐不能直接被作物吸收利用，且对植物根系生长有害，因此禽粪必须腐熟后才能施用。

2. 禽粪的产量

家禽鲜粪的产量相当于其每天采食量的110%～120%，其中含有固体物25%左右。每只蛋鸡每年约产生鲜粪45.6吨，约34.7m^3。

3. 禽粪的干燥

禽粪用搅拌机自然干燥或用干燥机烘干制成干粪，可作为果树、蔬菜的优质粪肥或家畜的添加饲料。目前国内已研制出多种干粪处理办法，生产出多种型号的干燥机，既改善了养禽场的环境条件，又为养禽场增加了收入。

4. 禽粪的饲用价值

干鸡粪含有约33.3%的粗蛋白质、22.5%的无氮浸出物、26%的粗灰分和10%的粗纤维，且含有多种必需氨基酸(以胱氨酸、亮氨酸等为多)。鸡粪可用来喂牛、羊等反刍动物家畜，因这类家畜可将鸡粪中的非蛋白氮在瘤胃中经微生物分解利用，合成菌体蛋白，然后再为家畜消化吸收后利用。饲喂肉牛与乳牛时，可在饲料中加入23%～25%鸡粪与垫料的混合物。但是由于禽粪中存在抗生素、重金属等残留问题，加上对一些疾病在畜种间传递存在担忧，目前国际上对于将禽粪用作饲料仍比较谨慎。

四、污水处理

家禽场每天会产生大量污水，如水槽末端排放的混浊水、冲刷禽舍的污水和孵化场流出的污水等。这些污水中含有10%～20%的固形物，如果任其流淌，特别是直接流入阴沟等，会导致臭味四散，污染环境或地下水。对于此类污水，应进行适当的处理。

1. 沉淀法

试验证明，若将含10%～33%鸡粪的粪液放置24h，其中80%～90%的固体物会沉淀下来。

2. 生物滤塔过滤法

生物滤塔是依靠滤过物质附着在多孔性滤料表面所形成的生物膜来分解污水中的有机物。通过这一过程，污水中的有机物得到了过滤和分解，浓度大大降低，可得到比沉淀法更好的净化效果。

◇复习思考题

1. 常用的消毒方法有哪几种?
2. 禽舍的消毒程序是什么?
3. 家禽的免疫接种方法有哪些?
4. 免疫程序制定的原则是什么?
5. 如何制定科学的免疫程序?
6. 紧急免疫接种应注意哪些问题?
7. 如何提高养禽场废弃物处理的生态效益和经济效益?

【技能实训17】　家禽的免疫接种技术

一、目的要求

1. 熟悉疫苗的保存、运输和使用前的检查方法。
2. 掌握免疫接种的操作技术。

二、材料和用具

雏鸡、疫苗、稀释液(生理盐水)、金属注射器、玻璃注射器、针头、胶头滴管、刺种针、煮沸消毒锅、气雾发生器、空气压缩机等。

三、内容与方法

(一)疫苗的保存、运输与使用前检查

1. 疫苗保存

各种疫苗均应保存在低温、阴暗和干燥的场所，灭活苗应在2～8℃条件下保存，防止冻结，活疫苗应在－15～－10℃条件下保存。

2. 疫苗运输

应注意包装严密，尽量缩短运输时间。疫苗由于种类不同，在运输和保存过程中，对其温度要求也不同。疫苗在运输和保存过程中应避免强光、暴晒、高温造成损坏。应使用正规疫苗运输工具，或装入有冰块的保温瓶(或桶)内将疫苗运到目的地。运输途中应避免日光暴晒或其他高温。

3. 疫苗使用前检查

各种疫苗使用前应检查疫(菌)苗的名称、编号、类型、规格、生产厂名和有效期、批号等。同时，还要认真阅读说明书，明确使用方法、剂量及其他注意事项。

(二)免疫接种方法

免疫技术主要有以下几种方法：饮水免疫法，气雾免疫法，注射免疫法，点眼、滴鼻免疫法，刺种免疫法，拌料免疫法，涂肛或擦肛免疫法等。

1. 饮水免疫法

饮水免疫法是指将可供口服的疫苗溶于水中，家禽通过饮水，疫苗病毒经腭裂、鼻腔和肠道而获得局部、全身免疫的方法。优点：省时省力，操作简单，应激小。不足：每只禽饮入的疫苗量不一，免疫效果参差不齐。

饮水免疫法要达到最佳的免疫效果应符合以下要求：

(1)疫苗要求。疫苗必须高效价且适于饮水免疫，一般为规定用量的2倍即可。

(2)水质要求。洁净凉爽，pH值适中。即饮水中不含任何对疫苗有害的物质，水温为18～22℃，pH以6.8～7.4为宜。

(3)停水要求。免前适时停水，一般春秋季停水＜5h，炎夏停水＜3h，冬季停水时间可稍长些。停水时间应视季节、气温和饲料干温度灵活掌握，以便禽只能尽快而又一致地饮用到疫苗溶液。但若气温过高又是高峰期产蛋鸡，则不宜停水。

(4)水量要求。饮水免疫的用水量一般为禽群在断水后1.5h左右能够饮用完毕的水量。

(5)器具要求。①清洁，不含消毒剂和洗涤剂。②非金属制品，可用塑料或陶瓷容器。③数量充足，以使所有禽只能在短时间内同时饮到足够的免疫量。一般，每50～100只鸡应有一个饮水器。④禽群大，饮水器不足时可分批进行。

(6)操作要求。①疫苗溶液必须充分混匀。②疫苗稀释不得暴露在阳光下。③冰冻疫苗令其自然融化，不能用火烤，或用温水、光照加温。④疫苗溶液应尽量装满饮水器，以增加对禽鼻腔、眼的免疫概率。⑤炎热季节饮水免疫应在清晨或傍晚进行。

(7)时间要求。从稀释疫苗起到饮用完毕控制在1～2h。

2.气雾免疫法

气雾免疫法是指通过气雾发生器将稀释的疫苗喷射出去，使疫苗雾化粒子均匀地悬浮于空气中，家禽通过呼吸将雾化粒子吸入肺内获得免疫的方法。气雾免疫不仅可诱导鸡的呼吸道局部免疫，还可引起全身性的免疫应答，且产生免疫力的时间要比其他方法快。对某些与呼吸道有亲嗜性的疫苗效果最好，如鸡新城疫各系疫苗、传染性支气管炎弱毒疫苗等。气雾免疫尤其适用于大群免疫。缺点是对禽群有一定干扰，往往会加剧慢性呼吸道病及大肠杆菌引起的气囊炎，对操作技术要求比较严格，操作不当时往往达不到预期的免疫效果甚至可引起免疫失败。

气雾免疫法要达到最佳的免疫效果应符合以下要求：

(1)疫苗要求。选用安全性高的高效价弱毒疫苗，一般为规定用量的2～3倍。

(2)气雾喷枪要求。气雾喷枪应符合使用要求，各种性能经测试均合格。喷雾前后均应以无消毒剂的清水充分清洗内桶、喷头和输液管。每次使用前用定量的清洁水进行试喷，确定喷雾器的流量、雾粒大小及喷雾免疫时来回走动的速度。

(3)雾粒要求。气雾喷枪产生的雾粒大小应合适且均一，80%以上的雾粒大小应在要求范围内。一般成鸡雾粒的直径应为5～10μm，雏鸡为30～50μm。雾粒过大，停留于空气中的时间过短，且易被黏膜阻止不能进入呼吸道；雾粒太小，则吸收的雾粒又易随呼吸排出体外或被咳出(细小的雾滴往往容易引起呼吸道的不良反应，尤其是对1月龄以下的小鸡)。压力为5个大气压左右。

(4)水质要求。采用气雾免疫法时，其对水质的要求较饮水免疫高。应该用注射用水、蒸馏水或去离子水。稀释液中不含任何盐类。加入0.1%的脱脂奶粉对疫苗活力有较好的保护作用。

(5)水量确定。根据饲养方式、鸡的日龄及雾滴大小来确定水量。①1月龄以下的平地圈养雏鸡，如用粗雾滴喷雾，则每1000只需用疫苗稀释液300～500mL。②1月龄以上的笼养蛋鸡和种鸡或在气雾前已预先被赶入适当栏圈内，使之较为密集的平养肉鸡、种鸡或后备鸡，如使用雾滴直径在30μm以下的喷雾，则每1000只需用疫苗稀释液150～300mL。

(6)温度要求。气雾免疫时较合适的温度是15～25℃，温度再低些也可以进行，但一般不要在环境温度低于4℃的情况下进行。如果环境温度高于25℃，雾滴会迅速蒸发而不能进入鸡的呼吸道。如果要在高于25℃的环境中进行气雾免疫，则可以先在舍内喷水以提高舍内空气的相对湿度后再进行。在天气炎热的季节，气雾免疫应在早晚较凉爽时进行。

(7)相对湿度。喷雾时要求相对湿度在70%以上，若低于此湿度，则可在鸡舍内洒水或喷水。

(8)操作要求。①实施气雾免疫前，关闭所有门窗、排风设备及通道风口(至少30min)，以减少空气流动。②喷雾时，喷枪头在鸡群上空对准鸡头来回移动喷雾至少2次。如选用直径为50μm以下的细雾滴喷雾，喷雾枪口应在鸡头上方约30cm处喷射，使鸡体周围形成一个良好的雾化区，并且雾滴粒子不立即沉降而在空间悬浮适当时间；如用粗雾滴对雏鸡进行气雾免疫时，喷雾枪口可在鸡头上方0.8～1m处喷射。喷雾时，以鸡群在气雾后头背部羽毛略有潮湿感觉为宜；要注意遮蔽直射阳光，最好在夜间鸡群密集时进行，同时应关灯以防止惊群。③喷雾速度以工作人员手持喷雾器，自鸡舍或鸡笼的一端走向另一端时，恰好能将所需要的疫苗溶液喷完为宜(可反复试喷清水来摸索较为准确的行进和喷雾速度)。④在喷雾喷完后15～20min 再开启门窗。

3.注射免疫法

注射免疫法是指将疫苗注射到禽体的肌肉或皮下组织中的免疫方法。疫苗经皮下或肌肉注射后,可被迅速吸收而使家禽很快产生免疫力。一般油乳剂疫苗、新城疫Ⅰ系疫苗选择肌注,部位常取胸部、翅膀、肩关节附近的肌肉或腿部外侧的肌肉。马立克氏病疫苗常取颈部皮下注射,也可腿部皮下注射。该法常用于种禽群、产蛋禽群开产前接种各种灭活疫苗和紧急免疫等。

注射免疫法的要求包括:

(1)免前准备充分。基于注射免疫的应激较大,因此首先要在注射疫苗前一天及之后几天用维生素 C、强效多维或速补-14 饮水等,以缓解禽群应激;其次要做好人员培训,使防疫和保定人员动作熟练、正确;再次是免疫器具到位,消毒严格;最后若群体过大,可先将大群分隔成一个个小栏,以避免捕捉时相互践踏造成死亡。

(2)免中操作规范要求。①部位准确。胸部肌肉注射时,于胸部上 1/3 处与胸肌呈 30°～40°刺入,不可垂直刺入以免误伤内脏。腿部肌肉注射时,因大腿内侧神经、血管丰富,容易刺伤甚至引起死亡,故应在大腿外侧接种。皮下注射时,操作者一手握住小鸡,使其头朝前、腹朝下,食指与拇指提起头颈部背侧皮肤,另一手持注射器由前向后从皮肤隆起处刺入皮下,注入疫苗。②剂量足够。足够的疫苗剂量是确保免疫效果的根本,应根据禽种、日龄灵活掌握剂量。在用连续注射器注射油乳剂疫苗时,应注意剂量是否达到规定用量,因为疫苗黏稠且用连续注射器注射的速度快,药液回流时很难达到规定量,因此应放慢注射速度或适当调大刻度。③操作细心。疫苗注射人员要认真、负责,操作动作要迅速、准确、熟练、轻柔,以减少对禽体的损伤和应激。确保疫苗按剂量注射进入家禽体内,避免将疫苗注射到腹腔、胸腔,或从针孔中溢出等,避免因操作失误造成家禽免疫应答性差、产蛋率下降、注射部位化脓性肿块、跛行甚至死亡。

4.点眼、滴鼻免疫法

点眼、滴鼻免疫法是指让疫苗通过眼结膜和呼吸道进入体内以获得免疫的方法。对于雏禽来说,此法可避免或减少疫苗病毒被母源抗体中和,保证每只鸡得到免疫且剂量一致,对产生局部免疫作用很大。因此,点眼、滴鼻免疫法是鸡疫苗接种的最佳方法,尤其适用于鸡新城疫初免。

(1)操作方法。将免疫剂量的疫苗用一定量的生理盐水稀释,充分摇匀,操作者左手握住鸡体,用拇指和食指夹住其头部,右手持滴管将疫苗滴入眼、鼻各一滴,待疫苗进入眼、鼻后(另一侧鼻孔用手按住),将鸡放开即可。

(2)注意事项。①滴管要清洁,不沾对疫苗有害的物质。②进行滴液的容积测定,一般选择 1mL 20 滴的滴管。③按滴液的容积确定稀释液的量,进行疫苗稀释。

5.刺种免疫法

刺种免疫法是指用特定的接种针蘸取疫苗,刺种于鸡翅内侧无血管处的翼膜内,以刺激机体产生免疫力的方法。该法一般适用于鸡痘疫苗的接种。操作时将免疫剂量的疫苗稀释于一定量的生理盐水中,摇匀。助手一手握住鸡双脚,另一手握住一翅,托住背部,使其仰卧;操作者左手握住另一翅尖,右手持针蘸取疫苗刺种。小鸡1针,大鸡2针。刺种后5～10天检查,若无结痂,则应重新刺种。

6.涂肛或擦肛免疫法

涂肛或擦肛免疫法仅用于接种传染性喉气管炎强毒疫苗。操作时,按瓶签标明剂量将疫苗用生理盐水稀释,充分摇匀。助手将鸡倒提,用手握腹,使肛门黏膜翻出;操作者将一滴疫苗或用去尖毛笔蘸取疫苗涂擦肛门。

(三)免疫接种前的检查及接种后的注意事项

1.接种前的检查

在注射疫苗之前,要注意观察禽群的健康状况,只有健康的家禽才可以接种疫苗。家禽在非健康状态下接种疫苗不但不会产生好的免疫应答,而且往往会引起家禽发病死亡。

禽群不适宜免疫的情况:①日龄过小,免疫器官尚未成熟时。②雏鸡母源抗体很高时。③病弱家禽、怀疑有病的家禽及疾病处于潜伏期时。④呼吸道黏膜受损害,不利于疫苗中的病原体繁殖时。因此,除非紧急接种,其余时间进行接种免疫前都要检查禽群的健康状况。

2.接种后的护理与观察

在免疫接种过程中,应激是免不了的,如出现断水、捕捉、惊吓、注射及疫苗反应等应激。应激会影响免疫力,主要表现在以下三个方面:①免疫器官萎缩,淋巴细胞减少,对疫苗的应答力下降。②肾上腺皮质激素分泌增多,淋巴细胞的免疫功能降低。③甲状腺皮质激素分泌增多,免疫应答力受到抑制。

因此,禽群接种免疫后,应进行全面观察,观察期一般不少于1周。如发现异常要及时查找原因,了解疫苗情况和使用方法。

⇨实训报告

1.试述免疫接种的方法及注意事项。

2.分析造成养禽场免疫失败的原因。

项目九　养禽场的经营管理与产品质量控制

☞ **教学目标**

1. 熟悉经营与管理的概念及两者的关系。
2. 理解家禽生产的成本分析和养禽场的经济效益分析。
3. 掌握养禽场的经济核算方法。

♠ **技能目标**

1. 明确养禽场工作人员职责，能熟练、正确实施养禽场的日常管理工作。
2. 能够编制养禽场生产计划和禽群周转计划。
3. 能对养禽场的经济效益进行分析。

♣ **案例导入**

某规模化蛋鸡养殖场经常由于饲料变质而不能满足生产需要，库存的兽药与疫苗出现大量过期失效的现象，造成生产计划混乱，有时空栏过多，有时高密度饲养，缺乏市场的抗风险能力，造成严重的亏损。请你对该养禽场进行调研，制定一个完善的管理制度，编制养禽场生产计划和禽群周转计划。

要办好一个养禽场，除了依靠优良的品种、全价营养的饲料和做好疾病有效防治外，还必须具有科学完善的经营管理制度。在市场经济条件下，一个企业的领导者和组织者如果没有科学的经营管理方法，最终想获得良好的经济效益是非常困难的。此外，养禽场生产出无公害的禽产品也是市场经济的必然需要。所以，家禽生产从业人员必须学习和掌握养禽场的经营管理与产品质量控制技术。

任务 9.1　养禽场经营管理

经营管理是家禽生产的重要组成部分，掌握养禽场经营管理的基本方法是获得良好经济效益的关键。家禽生产一是靠先进的生产技术和现代化的饲养设备，二是靠科学的经营管理，经营管理贯穿于家禽生产的全过程。所以，在学习和掌握家禽生产基本技术的同时，必须学习和掌握养禽场的经营管理。

一、经营与管理的概念

经营与管理是两个不同的概念。所谓经营，是指在国家法律、法规所允许的范围内，面对市场需要，根据企业内外环境条件，合理地选择生产，对产、供、销各环节进行合理分配和组合，使生产适应社会需要，以求用最少的人、财、物消耗取得最多的物质产出和最大的经济效益（即利润）。企业要根据内部条件和外部环境，搞好市场调查、预测和决策，确定企业的发展和产品的种类，科学地组织生产，努力降低成本，搞好产品营销。这一系列活动都属于经营活动，其目的是以最少的投入取得最大的经济效益。

所谓管理，是指根据企业经营的总目标，对企业生产过程的经营活动进行计划、组织、指挥、控制、监督和协调等工作。管理体现在所有经营活动中，具有明确的目的性，特定的范围、权限、管理主体和管理中心。管理适用于一切社会组织，其目的是为了提高生产效益。

二、经营与管理的联系与区别

经营与管理有着密切的联系，是生产活动中的统一体，两者不可截然分开。经营与管理的区别与联系：①经营主要是确定方向、目标的经济活动，管理则是执行性的活动；②经营面向的是社会、市场，与社会再生产紧密联系，管理则是面向企业内部人与人、人与物之间的联系；③管理是经营的基础和手段，而经营要通过合理的管理才能达到预定的目标。

一个企业如果没有明确的经营目标和正解的决策，生产就会陷入盲目性，管理也会失去目标，其生产、交换、分配活动就会发生混乱和中断，经营目标也就难以实现。只有在善于经营的前提下，加上科学的管理，才能取得良好的经济效益。管理为适应经营的需要而产生，经营借助于科学的管理而实现。

由此可见，经营与管理是紧密联系的，两者共存于各种经营组织中。假若只重视经营而忽视管理，那么这种经营就得不到最好的效果；假若只重视管理而忽视经营，那么这种管理就是一种无目的的管理。因此，我们把企业生产经营与管理的全部内容统称为经营管理。

三、搞好经营管理的意义

经营管理是养禽生产的重要组成部分，无论大场还是小场都应研究经营管理。实践证明，没有经营管理的科学化、生产手段和科学技术的现代化，养禽生产就很难获得高的经济效益。管理适应经营需要而产生，经营借助管理而实现。随着社会主义市场经济体制的日益完善，养禽业面临着严峻的挑战，市场竞争日趋激烈，科学的经营管理愈显重要。

（一）搞好经营管理，才能实现养禽场的决策科学化

养禽业的产品多为鲜活商品，它具有间歇性和饲养管理连续性的特点，一般生产周期较长，而市场瞬息万变，只有及时、准确地掌握经济信息，进行科学的经营预测，把握正确的经营方向，选择合适的经营方式，确定适宜的生产规模、合理的鸡群结构、适当的上市时间，才能使产品符合市场需求，获取较高利润。

（二）搞好经营管理，才能最大限度地调动职工的劳动积极性，提高劳动效率

养禽业不同于其他行业，它的劳动对象是有生命的动物，它的生产过程是人的经济再生产与动物的自然再生产的有机结合。因此，人的因素在养禽业中比其他企业更为重要。在经营管理过程中，要明确每个人的职责，制定合理的技术指标和劳动定额，建立完善的评估、奖惩机制，严格考核，充分发挥人的主动性，让企业的生产“机器”得以最有效地利用。

（三）搞好经营管理，才能有效地组织生产，实现最优化生产

养禽生产的各个环节、各项业务，在时间和空间上纵横交错，只有周密计划、严格控制、

适时落实，才能使各个生产要素形成一个有机的整体，使生产经营活动协调统一。

(四)搞好经营管理，才能不断提高养禽场的技术水平

严格进行生产信息记录，及时反馈生产信息，不断修正管理方案，总结规律，改进养禽场的饲养管理技术，促进养禽场的管理上水平、上台阶。

(五)搞好经营管理，才能提高家禽生产的经济效益

做好成本预测，加强成本分析，准确进行成本核算，实现成本控制，降低投入，增加产出，不仅可以直接提高经济效益，还可增强产品的竞争力。

任务 9.2　养禽场日常管理工作

养禽场的日常管理工作主要包括制定各种规章制度和方案作为生产过程中管理的纲领或依据，使生产能够达到预定的指标和水平。

一、制定技术操作规程

技术操作规程是指养禽场按照科学的管理要求制定出日常工作的技术规范。养禽场的各项技术措施和管理都要通过技术操作规程加以执行。不同饲养阶段的禽群，按生产周期制定不同的技术操作规程，如育雏期(或育成期、产蛋期)技术操作规程。技术操作规程通常包括以下主要内容：对饲养管理任务提出具体的生产指标，使饲养人员有明确的目标；指出不同饲养阶段禽群的饲养管理要点；按不同的操作内容分段列条，提出切合实际的要求；应采用先进的技术和成功的经验；条文要具体、明了。

技术操作规程要经过认真研究、讨论、分析，并结合生产实际做必要的修改。只有根据本场实际情况制定出切实可行的技术操作规程，这样各项技术操作才有可能得到贯彻执行。

二、制定工作日程

禽舍的饲养管理工作应每日从早到晚按时间划分，规定每项的具体操作内容，使每日的饲养管理工作按部就班、准时完成。某笼养蛋鸡场的工作日程如表 9-2-1 所示。

表 9-2-1　某笼养蛋鸡场制定的工作日程

时间	工作内容
5:30	开灯；抽查触摸鸡只的嗉囊，以掌握消化情况
6:30	喂料；观察鸡群采食、饮水、粪便情况；检查饲槽、饮水器情况；如有异常及时采取相应措施；记录室内温度；洗刷水槽，打扫室内外卫生等
7:30	早餐
9:30	匀料一次，检查饮水器供水情况；抓回地面和粪沟内的跑鸡
10:30	拣蛋
11:30	喂料；观察鸡群采食、饮水、粪便情况；检查食槽、饮水器情况

续表

时间	工作内容
12:00	午餐
14:00	检查食槽、饮水器情况
15:00	喂料;观察鸡群采食、饮水、粪便情况
17:00	拣蛋;打扫室内卫生、擦拭灯泡(每周一次);做好饲料消耗、产蛋量、死亡/淘汰鸡数记录工作
17:30	匀料一次,检查饮水器供水情况;抓回地面和粪沟内的跑鸡
18:00	晚餐;开灯
20:00	喂料,抽查触摸鸡只的嗉囊,以掌握采食情况
21:00	关灯

三、制定防疫制度

为了保证养禽场安全生产,提高养禽效益,养禽场必须制定严格的防疫制度,包括对进场的人员、车辆进行随时消毒,对养禽设备、场内环境进行定期的消毒,禽舍使用前必须进行清理、冲洗、消毒,家禽的免疫和种禽的检疫等。

(一)禽场卫生防疫制度

1.场区卫生防疫制度

(1)车辆和人员必须经消毒后方可进场。消毒可用3%火碱水,每周更换2次。

(2)场区道路要硬化,道路两旁植树绿化,设置排水沟,沟底硬化,不积水,有一定坡度,排水方向从清洁区流向污水区。

(3)生活管理区要求卫生、整洁,每月消毒2次。

(4)非工作人员不得进入生产区,工作人员必须经洗澡、更衣后方可进入。

(5)生产区净、污道分开,工作人员、饲料车走净道,出粪车、淘汰鸡、病死鸡处理走污道。

(6)生活区要求无杂草、无垃圾,不准堆放杂物,每月用3%热火碱水泼洒场区地面3次。

(7)禽场内禁止饲养其他畜禽。

2.舍内卫生防疫制度

(1)新建禽舍要求。屋顶墙壁和地面用消毒液消毒一次,饮水器、料桶、其他设备充分清洗消毒后,方可进鸡。

(2)旧禽舍要求。首先撤出舍内的养禽设备,包括饮水器、料桶等,彻底清扫禽舍地面粪便、羽毛以及窗台、屋顶每一个角落的尘土,然后用高压水枪由上到下、由内向外冲洗,要求无禽毛、禽粪和灰尘。待禽舍干燥后再用消毒液从上到下对整个禽舍喷雾消毒一次。撤出的饮水器、料桶、垫网等设备用消毒液浸泡30min,然后用清水冲洗,置阳光下暴晒2～3天,再搬入禽舍。进禽前6～7天,封闭门窗,调整舍内温、湿度,温度22～27℃、相对湿度75%～80%,每立方米空间用高锰酸钾21g、福尔马林42mL熏蒸24h后,打开门窗通风2天。

(3)禽舍门口设脚踏消毒池(长、宽、深分别为0.6m、0.4m、0.08m)和消毒盆,消毒液每天更换一次。工作人员进入禽舍前必须洗手,脚踏消毒液,穿工作服和工作鞋。工作服不能穿出禽舍,饲养期间每周至少清洗消毒一次。

(4)饲养人员不得互相串舍。禽舍内工具固定,不得互相串用,进禽舍的所有用具必须清洗消毒后方可进舍。

(5)及时拣出死禽、病禽、残禽、弱禽,做出诊断并采取相应措施。

(6)采取全进全出的饲养制度。

(二)家禽卫生防疫制度

根据家禽传染病流行情况制定符合本地区的免疫程序,严格做好各种疫苗接种工作。禽舍坚持每周带禽喷雾消毒2~3次,禽舍工作间每天清扫一次、每周消毒一次。

四、建立岗位责任制

在实际生产管理中,要使每一项生产工作都有人去做,并要求按时做好,使每个职工都能各司其职,并能够充分发挥主观能动性和聪明才智,因此就需要建立联产计酬的岗位责任制。

联产计酬岗位责任制的建立要领是责、权、利分明,内容包括:应承担的工作职责、产生任务或饲养定额;必须完成的工作项目或生产量(包括质量指标);规定奖罚细则等。

根据各地实践,对饲养员的承包实行岗位责任制大体有如下几种办法。

(一)完全承包法

对饲养人员停发工资及一切其他收入,每只禽按入舍数计算应交禽蛋数量,超出部分全部归己。育成禽、淘汰禽、饲料、禽蛋都按场内价格记账结算,经营销售由场部组织进行。本办法对经营者来说省时省力,且能充分发挥饲养人员的主观能动性,但对饲养人员来说风险是很大的。

(二)超产提成承包法

饲养人员的基本工资固定,确定各项承包指标(承包指标为平均先进指标,要经过努力才能超额完成),并根据指标完成情况确定奖罚。奖罚的比例以奖多罚少为原则。这种承包办法各种禽场都可以采用。

(三)有限奖励承包法

养禽场为防止饲养人员因承包超产获利过高,可以采用按百分比奖励的办法。如某鸡场对育成人员采取有限奖励承包法,20周龄育成率达90%,则日工资为120元;每超过一个百分点,日工资奖励8元;育成率最高达100%,日工资为200元(等同于封顶)。如果基数定得低了,那么奖励可以适当高一些。

(四)计件工资法

养禽场有很多工种可以采用计件工资的办法,如每加工1吨饲料、每鉴别一只母雏等,都可制定相应的工资报酬。对销售人员可取消其基本工资,按销售额提成支付报酬。只要指标定得恰当,就能更好地调动职工的主观能动性。

(五)目标责任制

现代化养禽企业已实现高度机械化和自动化,用人很少,生产效率高,工资水平也很高。在这种情况下可采用目标责任制,完成目标者即可拿工资,年终还有奖励可拿,不完成者则将面临被辞退。这种制度适用于私有现代化养禽企业。

承包办法必须按期兑现，由于生产成绩突出而获得的高额奖励，也必须如数付给。承包指标不应经常修改，每年年初确定指标后，场方与饲养人员签订合同，合同期至少为一年或一个生产周期。

建立岗位责任制后，还要通过各项记录资料的统计分析，不断进行检查，科学计算出每个职工、每个部门、每个生产环节的工作成绩和任务完成情况，并以此作为考核成绩及计算奖罚的依据。

五、养禽场的劳动定额

关于养禽场工作人员的劳动定额，应根据集约化养禽的机械化水平、管理因素、所有制形式、个人劳动报酬和各地区收入差异、劳动资源等综合因素进行考虑。就我国目前的饲养水平和自动化程度而言，表 9-2-2 所列的鸡场各项劳动定额可供参考。

表 9-2-2　鸡场的劳动定额

工种	内容	定额/(只/人)	操作方式
肉用种鸡开产前(平养)	一次性清粪	1800～3000	人工加料，自动供水
肉用种鸡开产前(笼养)	经常清粪，人工供暖	1800～3000	人工加料，自动供水
肉用种鸡两高一低(平养)	一次性清粪	1800～2000 3000	人工加料，自动供水，手工拣蛋； 机械供料，自动供水，手工拣蛋
肉用种鸡笼养	手工操作，人工输精	3000/2	人工加料，自动供水，两层笼养
肉用仔鸡	1 日龄至上市	5000 10000～20000	人工加料，自动供水，人工供暖； 机械供料，自动供水，集中供暖
蛋鸡 1～49 日龄	四层笼养，第 1 周值夜班，注射疫苗	6000/2	注射疫苗时防疫员尚需帮工
50～140 日龄育成鸡	三层育成笼，饲喂，清粪	6000	自动供水，人工饲喂，人工清粪
一段育成 1～140 日龄	机械化程度高，笼育、平面网上	6000	自动供水，人工饲喂，机械刮粪
蛋鸡笼养	手工饲喂、拣蛋	7000～12000	粪场位于 200m 以内，自动供水，机械饲喂，刮粪或一次性清粪
蛋种鸡笼养(祖代减半)	手工饲喂、人工授精	2000～2500	自动供水，采精、授精需要帮工
孵化	孵化操作与雌雄鉴别，注射疫苗	孵化器容量：每 4 万枚孵化蛋为 2～3 人	蛋车式，自动化程度较高
清粪		3 万～4 万只鸡的粪	工人由笼下刮出鸡粪再运走，粪场位于 200m 以内

根据定额，对工作人员的工作程序进行分解，并测定工作量如下：要求饲养人员到饲料库自己拖料，收蛋后装箱入库。例如，饲养4000只蛋鸡，日耗料500kg左右，产蛋3500个左右（产蛋高峰期），其中拖料60min，匀料45min，拣蛋100min，自动清粪60min，刷洗水槽40min，其他准备工作30min，即一般每天工作约5.5h即可完成每日的工作量。各鸡场应根据自身的生产模式和机械化程度因地制宜地进行测定。最后根据工作效益或经济效益与个人收入挂钩，对饲养人员进行不同形式的个人承包制，最大限度地发挥每个人的生产积极性。

任务9.3 家禽生产的成本分析

生产成本分析是指养禽场为生产产品所发生的各项费用，按用途、产品种类进行汇总、分配，计算出产品的实际总成本和单位产品的过程。生产成本分析是成本管理的重要组成部分，通过成本分析可以确定养禽场在本期的实际成本水平，准确反映养禽场生产经营的经济效益，以便为进一步管理、降低成本、增加赢利提供可靠的依据。

一、生产成本的构成

生产成本包括固定成本和可变成本。固定成本包括固定资产折旧、税收、贷款利息、职工基本工资等。可变成本也称流动奖金，是指生产过程中使用的消耗资金，包括饲料、种苗、兽药、能源、临时工工资及奖金等。在生产活动中必须尽最大努力降低生产成本，才能获得较高的效益。降低成本的关键在于按客观科学规律办事，最大限度地发挥品种资源的潜能，降低饲料消耗，提高育成率和产蛋率。压缩一切不必要的行政开支和非生产支出，提高人员的劳动效率，把有限的财力最大限度地投入到生产上去。

饲料费用一般占总成本的70%～80%，因此必须严把饲料采购的质量关、价格关，并加强饲料采购的透明度和监督机制，避免人为造成经济损失。同时，还需加强养禽场的卫生管理，建立科学的免疫程序和完善的卫生消毒制度，减少发病率，提高存活率。

二、支出项目的内容

根据养禽企业的生产特点，同时按照生产费用的经济性质，禽产品成本支出项目的内容可分为直接生产费用和间接生产费用两大类。

（一）直接生产费用

直接生产费用即直接生产禽产品所支付的费用。具体项目如下：

（1）饲料费。饲料费包括养禽场在生产过程中直接耗用自产和外购的各种饲料原料、预混料、饲料添加剂和全价配合饲料的费用及其运输费。

（2）禽病防治费。禽病防治费包括专家技术指导费、家禽防治的疫苗费、兽药费和检疫费等。

（3）工资和福利费。工资和福利费包括养禽生产人员的工资、津贴、奖金、福利等。

(4)种禽摊销费。种禽摊销费是指生产每千克体重或每千克禽蛋所分摊的种禽的费用。

$$种禽摊销费(元/kg)=\frac{种禽原值-种禽残值}{禽只产蛋重}$$

(5)固定资产修理费。固定资产修理费是指为保持禽舍和设备正常使用所发生的一切维修费用,一般占年折旧费的5%~10%。

(6)固定资产折旧费。固定资产折旧费是指禽舍和机械设备的折旧费。房屋等建筑物一般按10~15年折旧,养禽场机械设备一般按5~8年折旧。

(7)燃料及动力费。燃料及动力费是指用于养禽生产的燃料、动力、水电费等。

(8)低值易耗品费用。低值易耗品费用是指低价值的工具、材料、劳保用品等易耗品的费用。

(9)其他直接费用。其他直接费用是指凡不能列入上述各项而实际已经消耗的直接费用。

(二)间接生产费用

间接生产费用即间接为禽产品生产或提供劳务而发生的各种费用。间接生产费用包括经营管理人员的工资、福利费;生产经营中的折旧费、修理费、低值易耗品费用;经营中的水电费、办公费、差旅费、运输费、劳动保险费、体检费;季节性损失、修理期间损失、停工损失等。这些费用不能直接列入某种禽产品中,而需要采取一定的标准和方法,在养禽场内各产品之间进行分摊。

除了直接生产费用和间接生产费用外,禽产品的成本费用还包括期间费用。所谓期间费用,就是养禽场为组织生产经营活动发生的、不能直接归属于某种禽产品的费用,包括管理费、销售费和财务费。管理费、销售费是指养禽场为组织生产经营、销售活动所发生的各种费用,包括非直接生产人员的工资、办公费、差旅费和各种税金、产品运输费、产品包装费、广告费等。财物费主要是指贷款利息、银行及其他金融机构的手续费等。按照我国新的会计制度,期间费用不能计入成本,但是养禽场为了便于各群禽的成本核算,也为了便于横向比较,通常列入各种费用来计算单位产品的成本。

以上项目的费用构成了养禽场的生产成本。养禽场的生产成本就是按照成本支出项目来进行计算的。禽产品成本支出项目可以反映养禽场产品成本的结构,通过分析考核可以找出降低成本的途径。

由此可见,要提高养禽企业的经济效益,除了市场价格不能由人为因素决定外,成本控制则完全可以由企业自己控制。规模化、集约化养禽场首先应降低固定资产折旧费,尽量提高饲料费用在总成本中所占比重,提高每只禽的产蛋量和活重,并降低死亡率;其次是通过控制料蛋价格比、料肉价格比来控制企业成本。

任务9.4 养鸡场的经济核算方法

一、生产成本的计算方法

养鸡场生产成本的计算对象一般包括种蛋、种雏、肉用仔鸡和商品蛋等。

(一)种蛋生产成本的计算

$$每枚种蛋成本=\frac{种蛋生产费-副产品价值}{入舍种鸡出售种蛋数}$$

种蛋生产费是指每只入舍种鸡自入舍至淘汰期间的各种费用之和,其中入舍种鸡自身价值以种鸡育成费体现。副产品价值包括期内淘汰鸡、期末淘汰鸡、鸡粪等的收入。

(二)种雏生产成本的计算

$$种雏只成本=\frac{种蛋费+孵化生产费-副产品价值}{出售种雏数}$$

孵化生产费包括种蛋费、孵化生产过程的全部费用和各种摊销费、雌雄鉴别费、疫苗注射费、雏鸡发运费、销售费等。副产品价值主要是未受精蛋、毛蛋和公雏等的收入。

(三)雏鸡、育成鸡生产成本的计算

雏鸡、育成鸡的生产成本按平均每只每日饲养雏鸡、育成鸡的费用计算。

$$雏鸡(育成鸡)饲养只日成本=\frac{期内全部饲养费用-副产品价值}{期内饲养只日数}$$

$$期内饲养只日数=期初只数\times本期饲养日数+期内转入只数\times自转入至期末日数-死淘鸡只数\times自死淘日至期末日数$$

期内全部饲养费用是上述所列生产成本核算内容中 9 项费用之和,副产品价值是指鸡粪、淘汰鸡等的收入。雏鸡(育成鸡)饲养只日成本直接反映饲养管理水平,饲养管理水平越高,饲养只日成本越低。

(四)肉用仔鸡生产成本的计算

$$每千克肉用仔鸡成本=\frac{肉用仔鸡生产费用-副产品价值}{出栏肉用仔鸡总重(kg)}$$

$$每只肉用仔鸡成本=\frac{肉用仔鸡生产费用-副产品价值}{出栏肉用仔鸡只数}$$

肉用仔鸡生产费用包括入舍雏鸡鸡苗费与整个饲养期其他各种费用之和,副产品价值主要是指鸡粪等的收入。

(五)商品蛋生产成本的计算

$$每千克鸡蛋成本=\frac{蛋鸡生产费用-副产品价值}{入舍母鸡总产蛋量(kg)}$$

蛋鸡生产费用是指每只入舍母鸡自入舍至淘汰期间的所有费用之和。

二、总成本中各项费用的大致构成

(一)育成鸡的总成本构成

达 20 周龄育成鸡的总成本构成如表 9-4-1 所示。根据表 9-4-1,只要知道一项开支即可推算出总成本额。例如,知道饲料费开支,那么只要将饲料费除以 65%,即可推算出该鸡只养到 20 周龄时的总成本。

表 9-4-1　育成鸡(达 20 周龄)的总成本构成

项目	每项费用占总成本的比例/%
雏鸡费	17.5
饲料费	65.0
工资和福利费	6.8
疫病防治费	2.5
燃料水电费	2.0
固定资产折旧费	3.0
维修费	0.5
低值易耗品费用	0.3
其他直接费用	0.9
期间费用	1.5
合计	100

(二)蛋鸡的总成本构成

蛋鸡的总成本构成如表 9-4-2 所示。

表 9-4-2　蛋鸡的总成本构成

项目	每项费用占总成本的比例/%
后备鸡摊销费	16.8
饲料费	70.1
工资和福利费	2.1
疫病防治费	1.2
燃料水电费	1.3
固定资产折旧费	2.8
维修费	0.4
低值易耗品费用	0.4
其他直接费用	1.2
期间费用	3.7
合计	100

三、养鸡场盈亏平衡点分析

盈亏平衡点分析是一种动态分析,又是一种确定性分析,适合于分析短期问题。生产成本盈亏临界点又叫保本点,它是根据收入和支出相等(即保本生产)的原则而确定的,这一临界点就是养鸡场最终是赢利还是亏损的分界线。现举例说明。

(一)鸡蛋生产成本临界点

$$鸡蛋生产成本临界点=\frac{饲料单价\times日耗料量}{饲料费占总费用的百分比\times日产蛋量}$$

如某鸡场每只蛋鸡日均产蛋重为55g,饲料单价2.8元/kg,饲料消耗量110g/(天·只),饲料费占总成本的比例为70%,则该鸡场每千克鸡蛋的生产成本临界点为:

$$鸡蛋生产成本临界点=\frac{2.8\times110}{0.70\times55}=8.0(元/kg)$$

即表明当每千克鸡蛋平均市场销售价格达到8.0元时,鸡场可以保本,不亏不赢;当市场销售价格高于8.0元/千克时,该鸡场才能赢利。根据上述公式,如果知道市场蛋价,也可以计算鸡场最低日均产蛋重的临界点。鸡场日均产蛋重高于此点即可赢利,低于此点就会亏损。

(二)临界产蛋率分析

$$临界产蛋率=\frac{每千克蛋的枚数\times饲料单价\times日耗料量}{饲料费占总费用的百分比\times每千克鸡蛋价格}\times100\%$$

如果鸡群的产蛋率高于此临界点即可赢利,否则就要亏损,可考虑淘汰处理。

四、养鸡场经济效益分析的方法

经济效益分析是指对生产经营活动中已取得的经济效益进行事后的评价,一是分析在计划完成过程中,是否以较少的资金占用和生产消耗,取得较多的生产成果;二是分析各项技术组织措施和管理方案的实际成果,以便发现问题,查明原因,提出切实可行的改进措施和实施方案。养鸡场经济效益分析的方法常采用对比分析法。

对比分析法又叫比较分析法,它是把同种性质的两种或两种以上经济指标进行对比,找出差距,并分析产生差距的原因,进而研究改进的措施。比较时可利用以下方法。

(1)可以采用绝对数、相对数或平均数,将实际指标与计划指标相比较,以检查计划执行情况,评价计划的优劣,分析其原因,为制订下期计划提供依据。

(2)可以将实际指标与上期指标相比较,找出发展变化规律,指导以后的工作。

(3)可以将实际指标与条件相同的经济效益最好的养鸡场相比较,来反映在同等条件下所形成的各种不同经济效益及其原因,找出差距,总结经验教训,以不断改进和提高本场的经营管理水平。

采用比较分析法时,必须注意进行比较的指标要有可比性,即比较时各类经济指标在计算方法、计算标准、计算时间上必须保持一致。

五、养鸡场经济效益分析的内容

养鸡场经济效益的高低受经营活动中每个环节的影响,其中产品的产量(值)、鸡群的生产力、成本、利润、饲料消耗和职工的劳动生产率的影响尤为重要。下面就以上因素进行鸡场经济效益的分析。

(一)产品的产量(值)分析

(1)计划完成情况分析。通过分析产品的实际产量(值)完成情况,对养鸡场的生产经营状况做出概括评价及原因分析。

(2)产品产量(值)增长动态分析。通过对比历年产量(值)增长动态,查明是否发挥自身优势、是否合理利用资源,进而找出增产增收的途径。

(二)鸡群的生产力分析

鸡群生产力是评价养鸡场的生产技术、饲养管理水平、职工劳动质量的重要依据。鸡群生产力分析主要依据鸡的生产力、产蛋力、繁殖力和饲料报酬等指标进行计算比较。

(三)成本分析

产品成本直接影响着养鸡场的经济效益。进行成本分析,可弄清各个成本项目的增减及其变化情况,找出引起变化的原因,寻求降低成本的具体途径。

分析时应对成本数据加以检查、核实,严格划清各种成本费用的界限,统一计算口径,以确保成本资料的准确性和可比性。

(1)成本项目增减及变化分析。根据实际生产报表资料,与本年计划指标或先进的鸡场比较,检查总成本、单位产品成本的升降,分析构成成本的项目增减情况和各项目的变化情况,找出差距,查明原因。如成本项目增加了,要分析该项目增加的原因是管理因素,还是市场因素等。

(2)成本结构分析。分析各项生产成本占总成本的比例,并找出各饲养阶段的成本结构。成本构成中饲料成本占生产总成本比例最大,该项支出直接用于生产产品,因此,它占生产总成本比例的高低直接影响养鸡场的经济效益。对于相同条件的鸡场来说,饲料支出占生产总成本的比例越高,该鸡场的经济效益就越好。对于不同条件的鸡场来说,其饲料支出占生产总成本的比例对经济效益的影响不具有可比性。如家庭养鸡,各项投资少,其主要开支就是饲料;而种鸡场由于引种费用高,设备、人工、技术投入比例大,饲料费用占的比例就低。

(四)利润分析

利润分析是经济效益的直接体现,任何一个企业只有获得利润,才能生存和发展。养鸡场利润分析包括以下指标。

1.利润总额

利润总额=销售收入-生产成本-销售费用+营业外收支净额

营业外收支是指与鸡场生产经营无直接关系的收入或支出。如果营业外收入大于营业外支出,则收支相抵后的净额为正数,可以使养鸡场利润增加;如果营业外收入小于营业外支出,则收支相抵后的净额为负数,养鸡场利润就减少。

2.利润率

由于各个鸡场的生产规模、经营方向不同,利润额在不同鸡场之间不具有可比性,只有反映利润水平的利润率,才具有可比性。利润率一般表示如下:

$$产值利润率=\frac{年利润总额}{年产总额}\times 100\%$$

$$成本利润率=\frac{年利润总额}{年总成本额}\times 100\%$$

$$资金利润率=\frac{年利润总额}{年流动资金+年固定资金平均总值}\times 100\%$$

鸡场赢利的最终指标应以资金利润率作为主要指标，因为利润率不仅能反映养鸡场的投资状况，而且能反映资金的周转情况。资金在周转中才能获得利润，资金周转越快，周转次数越多，养鸡场的赢利就越大。

(五)饲料消耗分析

从养鸡场经济效益的角度来看，应从饲料消耗定额、饲料利用率和饲料日粮三个方面分析饲料消耗。先根据生产报表统计各类鸡群在一定时期内的实际耗料量，然后同各自的消耗定额对比，分析饲料在加工、运输、储藏、保管、饲喂等环节中造成的浪费情况及原因。此外，还要分析在不同饲养阶段饲料的利用率。生产单位产品耗用的饲料越少，说明饲料利用率就越高，经济效益就越好。

对日粮除了从饲料的营养成分、饲料利用率上进行分析外，还应从经济上进行分析，即从饲料利用率和饲料成本上进行分析，以寻找生产性能高、成本低、利用率高的日粮配方和饲喂方法，最终达到以同等的饲料消耗取得最大经济效益的目的。

(六)劳动生产率分析

劳动生产率反映了劳动者的劳动成果与劳动消耗量之间的对比关系，常用以下形式表示：

(1)全员劳动生产率。全员劳动生产率等于年总产值除以职工年平均人数。

(2)生产人员劳动生产率。生产人员劳动生产率等于年总产值除以生产工人年平均人数。

(3)每工作日产量。每工作日产量等于某种产品的产量除以直接生产所用工作日数。

以上指标表明，分析劳动生产率时，一是要分析生产人员和非生产人员的比例，二是要分析生产单位产品的有效时间。

任务 9.5 养禽场生产计划的制订

一、生产计划的制订

生产计划是养禽场全年生产任务的具体安排。制订生产计划要切合实际，只有这样才能很好地指导生产、检查进度、了解成效、圆满完成或超额完成生产计划。

(一)生产计划制订的根据

任何一个养禽场必须有详尽的生产计划，用以指导饲养管理的各个环节。养禽业的计划性、周期性、重复生产性较强，应不断修订、完善计划，提高生产效益。在制订生产计划时，应考虑以下几个因素。

1. 生产工艺流程

制订生产计划，必须以生产工艺流程为依据。生产工艺流程因企业生产的产品不同而异，例如综合性鸡场，从孵化开始，到育雏、育成、蛋鸡以及种鸡饲养，完全由本场解决。

各鸡群的生产流程顺序，蛋鸡场为：种鸡（舍）→种蛋（室）→孵化（室）→育雏（舍）→育成（舍）→蛋鸡（舍）。肉鸡场的产品为肉用仔鸡，多为全进全出生产模式。为了完成生产任务，一个综合性鸡场除了涉及鸡群的饲养环节外，还包括饲料的储存、运输、供电、供水、供暖，对病死鸡的防治处理，对粪便、污水的处理，成品储存与运输，行政管理和为职工提供的必备生活条件等。一个养鸡场通常包含两条主要的流程线：一条流程线为饲料（库）→鸡群（舍）→产品（库），另一条流程线为饲料（库）→鸡群（舍）→粪污（场）。

蛋鸡场和肉鸡场的生产周期不同，地方鸡种与现代鸡种的生产周期也不同。如蛋鸡场比肉鸡场生产周期（如日数）要长得多，饲养地方鸡种比现代鸡种生产周期（如日数）也要长。

2.经济技术指标

各项经济技术指标是制订生产计划的重要依据。制订生产计划时可参照鸡饲养管理手册上提供的指标，并结合本场近年来实际达到的水平，特别是近一两年来正常情况下场内达到的水平，这是制订生产计划的基础。

3.生产条件

将当前生产条件与过去的条件对比，主要在房舍设备、家禽品种、饲料和人员等方面比较，根据经验，酌情确定新计划的增减幅度。

4.创新能力

采用新技术、新工艺或开源节流、挖掘潜力等可能增产的数据，综合制订生产计划。

5.经济效益制度

效益指标常低于计划指标，以保证承包人完成指标留有余地；也可以两者相同，提高超产部分的提成，或适当降低计划指标。

（二）禽群周转计划

1.养鸡场生产计划的制订

鸡群一般分为肉用种鸡、蛋用种鸡、商品蛋鸡、育成鸡、肉用仔鸡、幼雏鸡、成年淘汰育肥鸡等几种类型。

鸡群周转计划是根据养鸡场的生产方向、鸡群构成和生产任务来编制的。养鸡场应以鸡群周转计划作为生产计划的基础，以此来制订引种、孵化、产品销售、饲料供应、财务收支等其他计划。在制订鸡群周转计划时要考虑鸡位、鸡位利用率、饲养日和平均饲养只数、入舍鸡数等因素，同时结合存活率、月死亡淘汰率等，便可较准确地制订出一个鸡场的鸡群周转计划。

（1）商品蛋鸡群的周转计划

商品蛋鸡原则上以养一个产蛋年为宜，这样比较合乎鸡的生物学规律和经济规律，特殊情况可实行强制换羽，延长产蛋期。

①根据鸡场生产规模确定年初、年末各类鸡的饲养只数。

②根据鸡场生产工艺流程和生产实际确定鸡群死淘率指标。

③计算每月各类鸡群淘汰数和补充数。

④统计全年总饲养只日数和全年平均饲养只数。

⑤入舍鸡数。一群蛋鸡 130 日龄上笼后，由 141 日龄起转入产蛋期，以后不管死淘数有

多少，都按141日龄时的只数统计产蛋量，每批鸡产蛋结束后，据此计算出每只鸡的平均产蛋量。国际上通用这种方法统计每只鸡的产蛋量。一个鸡场可能有几批日龄不同的鸡群，计算当年的入舍鸡数的方法是把入舍时(141日龄)的鸡只数乘以年底应饲养日数，各群入舍鸡饲养日累计被365除，就可求出每只入舍鸡的产蛋量。

计算公式如下：

$$全年总饲养只日数=\sum(1月+2月+\cdots+12月饲养只日数)$$

$$月饲养只日数=\frac{月初数+月末数}{2}\times本月的天数$$

$$全年平均饲养只数=\frac{全年总饲养只日数}{365}$$

例如，某父母代种鸡场年初饲养规模为10000只种母鸡和800只种公鸡，年终保持规模不变，实行全进全出的饲养制度，只养1年鸡，在11月大群淘汰。其周转计划见表9-5-1。

(2)雏鸡群的周转计划

专门的雏鸡场必须安排好本场的生产周期以及本场与孵化场鸡苗生产的周期同步，一旦周转失灵，衔接不上，就会打乱生产计划，造成经济上的损失。

①根据成鸡的周转计划确定各月份需要补充的鸡只数。

②根据鸡场生产实际确定育雏、育成期的死淘率指标。

③计算各月份现有鸡只数、死淘鸡只数及转入成鸡只数，并推算出育雏日期和育雏数。

④统计出全年总饲养只日数和全年平均饲养只数。

(3)种鸡群周转计划

①根据生产任务首先确定年初和年末饲养只数，然后确定鸡群年龄结构，再参考往年经验定出鸡群大批淘汰和各月份的死淘率，最后再统计出全年总饲养只日数和全年平均饲养只数。

②根据成鸡周转计划，确定需要补充的鸡只数和月份，并根据历年育雏成绩和本鸡种育成率指标，确定育雏数和育雏日期，再与祖代鸡场签订订购种雏或种蛋合同。计算出各月初现有只数、死淘只数及转成鸡只数，最后统计出全年总饲养只日数和全年平均饲养只数。

此外，在实际编制鸡群周转计划时还应考虑鸡的生产周期。一般蛋鸡的生产周期为育雏期42天(0～6周龄)、育成期98天(7～20周龄)、产蛋期364天(21～72周龄)，而且每批鸡生产结束后要留一定的时间用于清洗、消毒、准备等。不同经济类型的鸡群的生产周期不同，在编制计划时，要根据各类鸡群的实际生产周期，确定合适的鸡舍类型比例，只有这样才能保证工艺流程正常运行。实际生产中，育雏舍、青年鸡舍、产蛋鸡舍之间的比例按1∶2∶6设置较为合理，可以减少空舍时间，提高鸡舍利用率。

2. 养鸭场生产计划的制订

目前，我国鸭的生产经营多数比较分散，商品性生产和自给性生产并存，销售产品市场的需求影响很大。因此，发展养鸭生产时，要尽可能与当地有关部门或销售商签订购销合同，根据合同及自己的资源、经营管理能力，合理地组织人力、物力、财力，制订出养鸭的生产计划，进行计划管理，以减少盲目性。

(1)成鸭的周转计划

有的鸭场引进种蛋，也有的引进种鸭。某养鸭场现拟引进种鸭，年产3万只樱桃谷肉鸭，制订生产计划。

表 9-5-1　鸡群周转计划

群别		项目	月份												合计	全年总饲养只日数	全年平均饲养只数
			1	2	3	4	5	6	7	8	9	10	11	12			
一、成年鸡	1. 种公鸡	月初现有数/只	800	800	800	800	800	800	800	800	800	800	800	800		292000	800
		淘汰率/%										100			100		
		淘汰数/只										800			800		
		由雏鸡转入数/只										800			800		
	2. 一年种公鸡	月初现有数/只	10000	9800	9600	9400	9200	9000	8750	8500	8200	7900	7400			2825925	7742
		淘汰率/%	2.0	2.0	2.0	2.0	2.0	2.5	2.5	3.0	3.0	5.0	74.0		100		
		淘汰数/只	200	200	200	200	200	250	250	300	300	500	7400		10000		
	3. 当年种母鸡	月初现有数/只											10440	10231		623986	1710
		淘汰率(占转入数)/%											2.0	2.0	4.0		
		淘汰数/只											209	209	418		
二、雏鸡	1. 种公鸡	转入数(月底)/只					1800										
		月初现有数/只						1800	1620	1404	1381	1340				214255	587
		死淘率(占转入数)/%						10.0	12.0	1.3	2.3	30			55.6		
		死淘数/只						180	216	23	41	540			1000		
		转入当年种公鸡数/只										800			800		
	2. 种母鸡	转入数(月底)/只					12000									1661160	
		月初现有数/只						12000	11040	10800	10680	10560					4551
		死淘率(占转入数)/%						8.0	2.0	1.0	1.0	1.0			13.0		
		死淘数/只						960	240	120	120	120			1560		
		转入当年种母鸡数(月底)/只										10440			10440		

资料来源：丁国志，张绍秋. 家禽生产技术[M]. 北京：中国农业大学出版社，2007.

要想生产肉鸭，首先要饲养种鸭。年产3万只肉鸭，首先计算出种鸭数量时，要考虑公母鸭的比例、一只母鸭一年产种蛋数、种蛋合格率、受精率和孵化率、雏鸭成活率等。樱桃谷鸭在公、母比例为1∶5的情况下，种蛋合格率和受精率均为90%以上，受精蛋孵化率为80%～90%，每只母鸭年产蛋数量在200枚以上，雏鸭成活率平均为90%。为留余地，以上数据均取下限值。

生产3万只雏鸭，以育成率为90%计算：

最少要孵出的雏鸭数：30000÷90%≈33333(只)；

需要受精种蛋数：33333÷80%≈41666(枚)；

全年需要种鸭生产合格种蛋数：41666÷90%≈46296(枚)；

全年需要种鸭产蛋量：46296÷90%＝51440(枚)；

全年需要饲养的种母鸭只数：51440÷200≈257(只)。

考虑到雏鸭、肉鸭和种鸭在饲养过程中的病残、死亡情况，应留一些余地，可饲养母鸭280只。由于公母鸭配种比例约为1∶5，还需要养种公鸭60只。即共需饲养种鸭340只。

由于种母鸭在一年中各个月份的产蛋率不同，所以在分批孵化、分批育雏、分批育肥时，各批的总数就不相同。养鸭场在安排人力和场舍设施时，要与批次、数量相适应；同时，在孵化、育雏、育肥等方面，要做具体安排。

①孵化方面。当母鸭群进入产蛋旺季，产蛋率达70%以上时，280只母鸭每天可产约200枚种蛋，每7天入孵一批，每批入孵数约为1400枚种蛋，孵化期28天为机动，以30天计算，则在产蛋旺季，每月可入孵5批，孵化种蛋数量最多时可达约7000枚。养鸭场的孵化设备应具备完成孵化7000枚种蛋的能力，以后孵出一批，又入孵一批，流水作业。

②育雏方面。樱桃谷鸭种蛋受精率为90%，孵化率为80%～90%，7000枚种蛋最多可孵化出5670只雏鸭，平均一批约1134只。鸭的育雏期通常为20天，则养鸭场的育雏场舍、用具和育雏饲料应能承担同时培育3批雏鸭，即约3402只雏鸭的任务。育肥鸭场舍、用具和饲料也要与之相适应。

③育肥方面。以成活率均为90%计算，每批孵出的雏鸭约1134只，可得成鸭1020只(1134×90%≈1020)。鸭的育肥期通常为25天，则养鸭场的场舍、用具和育肥饲料应能完成同时饲养4批，即约4080只肉鸭的育肥任务。

通过以上计算，养鸭场要年产商品肉鸭3万只，每月孵化数最高时需要种蛋7000枚，饲养数量最高时，包括种鸭、雏鸭、育肥鸭在内，共计7822只，其中经常饲养种鸭340只，最多饲养雏鸭3402只、育肥鸭4080只。此外，考虑到种鸭的更新，还需饲养一些后备种鸭。

根据以上数据制订育雏鸭、育肥鸭的日粮定额，安排全年和各月份饲料计划。

(2)蛋用鸭生产计划

某养鸭场现拟引进种蛋，年饲养3000只蛋用鸭，制订生产计划的方法如下：要获得3000只蛋用鸭，需要购进多少枚种蛋？一般种蛋数与孵出的母雏鸭数比例约为3∶1，即在正常情况下，9000枚种蛋才能获得3000只蛋用鸭。现从种蛋孵化、育雏、育成、产蛋四个方面进行计算。

①孵化方面。现购进蛋用鸭种蛋9000枚进行孵化，能获得的雏鸭数如下。

破壳蛋数：种蛋在运输过程中，总会有一定数量的破损，破损率通常按1%计算。即破壳蛋数＝9000×1%＝90(枚)。

受精蛋数:种蛋受精率为90%以上。即受精蛋数＝8910×90%＝8019(枚)。

孵化雏鸭数:受精蛋孵化率为75%～85%,为留有余地取孵化率为80%。即孵化雏鸭数＝8019×80%≈6415(只)。

②育雏方面。育雏期通常为20天。育成的雏鸭数:雏鸭经过20天的培育,到育雏期末的成活率为95%。即育成的雏鸭数＝6415×95%≈6094(只)。

母雏数:公母雏的比例通常按1∶1计算。即母雏数＝6094÷2＝3047(只)。

③育成方面。对3047只选留下3000只母雏进行饲养,其余的淘汰。

④产蛋方面。如果在春季3月初进行种蛋孵化,由于蛋鸭性成熟早,一般16～17周龄开产,在饲养管理正常的情况下,20～22周龄产蛋率可达50%,即在当年7月下旬,每天可收获1500枚鸭蛋,母鸭可利用1～2年,以第1个产蛋年产蛋量最高。

二、产蛋生产计划的制订

不同经营方向的养禽场其产品也不一样,如肉鸡场的主产品是肉鸡,联产品是淘汰鸡,副产品是鸡粪;蛋鸡场的主产品是鸡蛋,联产品与副产品与肉鸡场相同。

产品生产计划应以主产品为主。如肉鸡以进雏鸡数的育成率和出栏时的体重进行估算;蛋鸡则按每饲养日每只鸡日产蛋重量估算出每日每月产蛋总重量,按产蛋重量制订出鸡蛋产量计划。

(1)根据种鸡的生产性能和鸡场的生产实际,确定月平均产蛋率和种蛋合格率。

(2)计算每月每只产蛋量和每月每只产种蛋数。

每月每只产蛋量＝月平均产蛋率×本月天数

每月每只产种蛋数＝每月每只产蛋量×月平均种蛋合格率

(3)根据鸡群周转计划中的月平均饲养母鸡数,计算月产蛋量和月产种蛋数。

月产蛋量＝每月每只产蛋量×月平均饲养母鸡数

月产种蛋数＝每月每只产种蛋数×月平均饲养母鸡数

根据以上数据就可以计算出每只鸡的产蛋个数和产蛋率。产蛋计划可根据月平均饲养产蛋母鸡数和历年的生产水平,按月规定产蛋率和各月产蛋数。例如,根据表9-5-1鸡群周转计划资料编制种蛋生产计划(见表9-5-2)。

表9-5-2　种蛋生产计划

月份	平均饲养母鸡数/只	平均产蛋率/%	种蛋合格率/%	平均每只产蛋量/枚	平均每只产种蛋数/枚	总产蛋量/枚	总产种蛋量/枚
1	9900	50	80	16	13	158400	128700
2	9700	70	90	20	18	194000	174600
3	9500	75	90	23	21	218500	199500
4	9300	80	95	24	23	223200	213900
5	9100	80	95	25	24	227500	218400

续表

月份	平均饲养母鸡数/只	平均产蛋率/%	种蛋合格率/%	平均每只产蛋量/枚	平均每只产种蛋数/枚	总产蛋量/枚	总产种蛋量/枚
6	8875	70	95	21	20	186375	177500
7	8625	65	95	20	19	172500	163875
8	8350	60	95	19	18	158650	150300
9	8050	60	90	18	16	144900	128800
10	7650	60	90	19	17	145350	130050
11	14036	50	90	15	14	210540	196504
12	10127	70	90	22	20	222794	202540
全年总计概数	9434	65.8	91.25	242	223	2262709	2084669

注:月平均饲养母鸡数为鸡群周转计划中(月初现有数+月末现有数)/2。

三、种禽场孵化计划的制订

种鸡场应根据本场的生产任务和外销雏鸡数,结合当年饲养品种的生产水平、孵化设备及技术条件等情况,并参照历年孵化成绩,制订全年孵化计划。

(1)根据鸡场孵化生产成绩和孵化设备条件等确定月平均孵化率。

(2)根据种蛋生产计划,计算每月每只母鸡提供雏鸡数和每月总出雏数。

每月每只母鸡提供雏鸡数=平均每只产种蛋数×平均孵化率

每月总出雏数=每月每只母鸡提供雏鸡数×平均饲养母鸡数

根据表9-5-1鸡群周转计划资料,假设在鸡场全年孵化生产的情况下,编制孵化计划(见表9-5-3)。

表 9-5-3　孵化计划

月份	平均饲养母鸡数/只	入孵种蛋数/枚	平均孵化率/%	每只母鸡提供雏鸡数/只	总出雏数/只
1	9900	128700	80	10.4	102960
2	9700	174600	80	14.4	139680
3	9500	199500	85	17.9	170050
4	9300	213900	86	19.8	184140
5	9100	218400	86	20.6	187460
6	8875	177500	85	17.0	150875
7	8625	163875	84	16.0	138000
8	8350	150300	82	14.8	123580

续表

月份	平均饲养母鸡数/只	入孵种蛋数/枚	平均孵化率/%	每只母鸡提供雏鸡数/只	总出雏数/只
9	8050	128800	80	12.8	103040
10	7650	130050	80	13.6	104040
11	14036	196504	78	10.9	152992
12	10127	202540	76	15.2	153930
全年总计	9434	2084669	81.8	183.4	1710748

一般要求的孵化技术指标是:全年平均受精率,蛋用鸡种蛋为85%～90%,肉用鸡种鸡为80%以上;受精蛋孵化率,蛋用鸡种蛋为88%以上,肉用鸡种鸡为85%以上。出壳雏鸡的健雏率为96%以上。

四、饲料供应计划的制订

饲料是家禽生产的基础。饲料计划一般根据每月各饲养阶段禽只数乘以各自的平均采食量,求出每月的全价配合饲料需要量,然后根据饲料配方中各种饲料的配合比例,算出每月所需各种饲料的数量。

(1)根据鸡群周转计划,计算月平均饲养鸡只数。月平均饲养成鸡数为种公鸡、一年种母鸡和当年种母鸡的月平均数之和;月平均饲养雏鸡数为母雏、公雏的月平均饲养数之和。

(2)根据鸡场生产记录及生产技术水平,确定各类鸡群每只每月饲料消耗定额。

(3)计算每月饲料消耗量。

每月饲料消耗量=每只每月饲料消耗定额×平均饲养鸡只数

每个养禽场年初都必须制定所需全价配合饲料的数量和各种原料的详细计划,防止饲料不足而影响生产的正常进行。其目的在于合理利用饲料,既要喂好禽只,又要获得良好的主副产品,节约饲料。

饲料费用一般占养禽生产总成本的70%～80%,所以在制订饲料计划时要特别注意饲料价格,同时又要保证饲料质量。饲料计划应按月制订,不同品种、不同饲养阶段禽只所需饲料量差异很大。例如,每只鸡不同饲养阶段需要的全价配合饲料量为:肉用仔鸡4～5kg,雏鸡1kg,育成鸡8～9kg,蛋用型成年鸡39～42kg,肉用型成年母鸡40～45kg。据此可推算出,每天、每周及每月养鸡场饲料需要量。

如果当地饲料供应充足且质量稳定,那么每次购进饲料一般以不超过3天用量为宜。如果养禽场自制全价配合饲料,还需按照上述禽只的饲料需要量和饲料配方中各种原料所占比例折算出各原料用量,并依市场价格情况和禽场资金实际,做好原料的订购和储备工作。拟定饲料计划时,可根据当地饲料资源灵活掌握。但饲料计划一旦确定,一般不要轻易变动,以确保全年饲料配方的稳定性,维持正常生产。

此外,编制饲料计划时还应考虑以下因素:

(1)禽的品种、日龄。不同日龄的禽只,饲料需要量各不相同,在确定禽只的饲料消耗定额时,一定要严格对照品种标准,结合本场生产实际,决不能盲目照搬,否则将导致计划失败，造成严重经济损失。

(2)饲料来源。禽场如果自配饲料，还需按照上述计划中各类禽群的饲料需要量和相应的饲料配方中各种原料所占比例折算出原料用量，另外增加10%～15%的保险量；如果采用全价配合饲料且质量稳定、供应及时，每次购进饲料一般以不超过3天用量为宜。饲料来源要保持相对稳定，禁止随意更换，以免使禽群产生应激。

(3)饲养方案。采用分段饲养，在编制饲料计划时还应注明饲料的类别，如雏鸡料、育成鸡料、产蛋鸡料等。

任务9.6　无公害禽产品质量控制

养禽业在生产与加工过程中造成的产品质量问题，引起了国内外消费者的高度重视，人们期望获得无公害禽产品。所谓无公害禽产品，就是指养禽业生产的无污染、无残留，对人体健康无害的禽产品。随着人民生活水平的提高和环保意识的不断增强，广大消费者对食品质量的要求越来越高，越来越关注禽产品的新鲜度以及兽药、农药、饲料激素残留等质量问题。因此，必须根据国内外对禽产品的质量要求，搞好标准化、规范化养禽业生产。

一、无公害禽蛋质量控制

禽蛋生产的安全是关系消费者切身利益的重大问题，也是我国现阶段养禽业必须解决的问题，更是关系到禽蛋业长远发展、不断壮大的重要问题。为确保禽蛋生产过程的安全，养禽场应从隔离、消毒、防疫安全管理、药理使用管理、环保及无害化管理和生产管理等多方面进行禽蛋生产安全管理，以保证生产出符合国家禽蛋产品质量安全标准的无公害产品。

(一)卫生消毒

洁净环境和有效消毒是抑制、杀灭病原，切断传播途径的有效手段，是养好蛋禽的关键，因此所有在场人员都要切实注意搞好环境卫生，搞好消毒，使禽群有一个干净的生长环境。

1.环境卫生

生活区要保持清洁整齐，定期除草，每天打扫公共卫生，生活垃圾要及时处理；生产区要搞好规定区域内的清洁卫生，定期清理野草、垃圾，定期疏通水沟，定期做好灭鼠、灭蚊、灭蝇等工作。

2.进场消毒

禽场门口消毒池内要经常保持50～80cm深度的有效消毒液，有专人负责定期更换药液，每天更换一次；凡进入场内的车辆必须保持对车身、车厢进行喷雾消毒5min；进入场区内的人员要洗手、消毒、换鞋，经紫外线照射消毒后进入。

3.生产区内消毒

生产人员应定期进行健康检查，传染病患者不得从事养禽业工作；所有人员进入生产区要洗澡、换本场工作服、消毒，所有工作服每天消毒一次；每隔2天对生产区的地坪进行冲洗，每天要清除粪道的积粪，以免造成氨气浓度过大；用过的废弃物(如针头、药瓶、疫苗瓶等)要集中处理；每天用过的纱布、试管、受精器具等要清洗干净，有专人进行统一高压蒸煮消毒；发生疾病或重大疫情时应加强消毒。

4.空舍消毒

每栋禽舍必须做到全进全出，转过群的禽舍先用清水冲洗干净，不留死角；消毒前要修理好笼位、料槽、水槽、水帘降温系统、地坪等设施、设备；封闭好门窗、风扇，用2%～4%火碱水喷洒地面，再用高锰酸钾及甲醛进行熏蒸消毒；熏蒸前把所有转群后所需的物品一并放入禽舍；在转群前提前两天把禽舍打开通风，等待转群。

5.带禽消毒

做到每周2次带禽喷雾消毒，在特殊疫情或禽群发病时加强消毒；接种禽群防疫冻干苗的前、后两天不能进行喷雾消毒及饮水消毒，灭活苗可进行正常消毒。

6.出入禽舍消毒

禁止随意串区、串舍。进入禽舍要穿胶鞋、过消毒垫或脚踏消毒水盘，以消毒药水洗手，防止将病原体带入鸡舍；保持消毒水的有效浓度，每天进行更换；杜绝其他职工及闲杂人员随意进入生产区和禽舍，因工作需要必须进入禽舍的，要经洗澡、更换本场工作服、消毒后方可进入。

(二)兽医生物药品保管

(1)认真做好生物药品的订购、保管工作，根据饲养量、防疫要求正确制订月计划及季度计划。

(2)根据各药品及疫苗的特性，在规定的温度下按品种、有效期、用途等分别存入与使用。

(3)各种疫苗按批号存放，做好领取及使用详细记录。

(4)使用前要由兽医及防疫人员认真核对制品种类、外观等质量情况。出现没有瓶签或瓶签损坏、不清、变色、发霉、混有杂质、恶臭等异常现象，或药品过期，则严禁使用。

(5)疫苗的稀释比例、剂量、免疫方法等应按照规定使用，不得随意更改，以免影响效果。

(6)防疫用具应进行严格消毒，稀释的疫苗应尽快用完。

(7)防疫注射后，应将防疫日期、只数、疫苗种类、批号、厂家、有效期等有关事项写在防疫卡上，并登记造册以备审查。

(8)在使用疫苗的前后，原则上停止使用抗生素5～7天，尤其是活菌苗，以免影响免疫效果。疫苗接种后，应加强饲养管理，认真观察，发现问题及时处理，或向有关部门汇报、反映。

(三)严格用药管理

(1)严格按照兽药标签规定用药，不滥用药物，不随意加大剂量。

(2)严禁使用违禁药品和未经兽药行政部门批准的产品，严格剔除高残兽药(见表9-6-1、表9-6-2)。

表 9-6-1　蛋鸡治疗用药(必须在兽医指导下使用)

类别	药品名称	剂型	用法与用量(以有效成分计)	休药期/d	用途	注意事项
抗寄生虫药	盐酸氨丙啉	可溶性粉	混饮：48g/L 水，连用 5～10 天	1	预防球虫病	饲料中维生素 B_1 含量在 10mg/kg 以上时明显拮抗
	盐酸氨丙啉＋磺胺喹恶啉钠	可溶性粉	混饮：0.5g/L 水。治疗：连用 3 天，停 2～3 天，再用 2～3 天	7	抗球虫病	
	越霉素 A	预混剂	混饲：0.5～10g/1000kg 饲料，连用 8 周	3	抗蛔虫病	
	二硝托胺	预混剂	混饲：125g/1000kg 饲料	3	抗球虫病	
	芬苯达唑	粉剂	口服：10 ～ 50mg/kg 体重		抗线虫和绦虫病	
	氟苯咪唑	预混剂	混饲：8g/1000kg 饲料，连用 4～7 天	14	驱除胃肠道线虫及绦虫	
	潮霉素 B	预混剂	混饲：8～12g/1000kg 饲料，连用 8 周	3	抗蛔虫病	
	甲基盐霉素＋尼卡巴嗪	预混剂	混饲：(24.8＋24.8)～(44.8＋44.8)g/1000kg 饲料	5	抗球虫病	禁止与泰妙菌素、竹桃霉素并用；高温季节慎用
	盐酸氯苯胍	片剂	口服：10～15mg/kg 体重	5	抗球虫病	影响肉质品质
		预混剂	混饲：3～ 6g/1000kg 饲料			
	磺胺喹恶啉＋二甲氧苄啶	预混剂	混饲：(100 ＋ 20) g/1000kg 饲料	10	抗球虫病	
	磺胺喹恶啉钠	预混剂	混饮：50～300mg/L 水，连续饮用不超过 5 天	10	抗球虫病	
	妥曲珠利	溶液	混饮：7mg/kg 体重，连用 2 天	21	抗球虫病	
	硫酸铵普霉素	可溶性粉	混饮：25～500mg/L 水，连用 5 天	7	预防大肠杆菌、沙门氏菌及部分支原体感染	
	亚甲基水杨酸杆菌肽	可溶性粉	混饮：50～100mg/L 水，连用 5～7 天(治疗)	0	预防治疗慢性呼吸道病；提高产蛋率，提高产蛋期饲料利用率	每日新配
	甲磺酸达氟沙星	溶液	混饮：20～50mg/L 水，每日 1 次，连用 3 天	1	预防细菌和支原体感染	

表 9-6-2 产蛋期用药(必须在兽医指导下使用)

药品名称	剂型	用法与用量(以有效成分计)	弃蛋期/d	用途
氟苯咪唑	预混剂	混饲:30g/1000kg 饲料,连用4～7天	7	驱除胃肠道线虫及绦虫
土霉素	可溶性粉	混饮:60～250mg/L 水	1	抗革兰式阳性菌和阴性菌
杆菌肽锌	预混剂	混饲:15～100g/1000kg 饲料	0	促进畜禽生长
牛至油	预混剂	混饲:22.5g/1000kg 饲料,连用7天(治疗)	0	治疗大肠杆菌、沙门氏菌所致下痢
复方磺胺氯哒嗪钠粉(磺胺氯哒嗪钠＋甲氧苄啶)	粉剂	内服:20mg/kg 体重,连用 3～6天	6	预防大肠杆菌和巴氏杆菌感染
妥曲珠利	溶液	混饮:7mg/kg 体重,连用 2 天	14	抗球虫病
维吉尼亚霉素	预混剂	混饲:20g/1000kg 饲料	0	抑菌、促生长

(3)对产蛋禽尽量不使用药物,必须治疗时要严格执行休药期,用药期间的禽蛋不能用于食用。

(4)做好兽药购进及使用登记,相关档案应保存 2 年以上。

(5)依照国家药残检测标准,保质保量地完成检测任务。

(四)疫病防疫

(1)制定并执行科学合理的免疫程序,特别是按国家规定做好新城疫、禽流感等一类传染病的免疫接种工作。

(2)免疫接种所用兽用疫苗,应全部来自各级动物防疫部门;不使用无批准文号或过期失效疫苗。同时,应做好疫苗的低温运输和保管工作,确保安全有效。疫苗的管理必须有各类疫苗的领用记录,存放妥当,无过期药物和疫苗。

(3)严格按照动物疫苗接种操作规程实施防疫,注射前要做好防疫人员、防疫用具、注射部位的消毒。疫苗要现配现用,并要严格按照免疫程序进行注射,做到剂量足、时间准,注射部位、剂量、方法准确,不漏防。

(4)落实免疫制度,免疫时要做好免疫档案、免疫卡对照,免疫档案保存 2 年以上。兽医必须做好疫病的治疗记录,每幢禽舍都应有免疫登记卡。

(5)根据禽只生产发育不同阶段及体内、外寄生虫感染情况适时、有针对性地选用低毒、高效、经济的驱虫药。

(五)疫情监测

(1)根据动物防疫监督机构规定的动物疫病监测计划和方案,结合养禽场的实际情况,制订养禽场详细的疫病监测方案,经动物防疫监督机构批准,接受动物防疫监督机构监督和指导。

(2)疫病、疫情监测的种类至少应包括新城疫、禽流感、禽结核等。

(3)疫病监测必须由县以上动物防疫部门进行,并出具疫病监测合格报告。

(4)要做好疫病记录,按规定时间向动物防疫监督机构报告疫情监测结果。

(六)疫情登记、统计、报告

(1)动物防疫员负责动物疫情报告和动物疫情档案管理。

(2)按时上报动物疫情快报表、月报表、年报表。由填表人、主管领导签字并加盖公章后,上报动物防疫监督部门。

①快报。发生一类或疑似一类疫病时,或发生其他疫病,但发病死亡数量较多时;发生国内新发生的疫病;出现已经消灭,但又重新发生的疫病时,应在12h内向当地动物防疫监督机构报告。

②月报。每月5日前将本月养禽场发生的疫情向当地动物防疫监督机构报告。

③年报。每年1月10日前将上年发生的疫情向当地动物防疫监督机构报告。

(七)疫病扑灭、隔离

疫病扑灭应按“早、快、严、小”的原则执行:“早”即早发现,早上报;“快”即快隔离,快封闭;“严”即严格执行各种防疫措施;“小”即把疫情控制在最小范围。

1.隔离

(1)引种隔离。引种必须到合法的种禽场,引进后先进入隔离舍隔离饲养、观察一段时间(30天以上),经再次检疫合格后方可进入生产群。

(2)人员隔离。严禁非本场人员进入生产区,场区兽医不得到场外诊疗,饲养人员间不相互串岗。

(3)紧急隔离。当发生可疑传染病时,病禽应立即单独隔离饲养。根据病情紧急或严重程度以栏、幢、区为单位就地隔离,包括人员、工具等全部隔离。

(4)其他隔离。生产区不准饲养其他动物,严禁从市场上购买禽蛋、禽肉,已出生产区的禽只及禽蛋不准再回禽舍及生产区,外来车辆不准进入生产区等。

2.封锁禽场

当确诊为烈性传染病时,应根据疫情发展情况实行以栋为单位的就地隔离,病禽的同群不准移动,封锁整个禽场。此时禁止种禽、雏禽、商品蛋禽离开养禽场;工具、人员和其他物品不准随意进出。与此同时,应立即上报动物防疫监督部门。

3.紧急接种疫苗

经确诊发生传染病后,应立即对全场其他健康禽只进行全面的紧急免疫的消毒,以及孵化设备的消毒。

(八)病死禽只无害化处理

(1)饲养人员应及时、准确地报告禽群的伤亡情况,做到当天死亡、当天报告、当天记录、当天处理。

(2)饲养人员不得私自处理或出售病死禽只。

(3)病死禽只应采取深埋或焚烧等无害化处理措施,深埋时一定要在养禽场指定地点进行,并做好无害化处理记录。

(4)病死禽只处理后,应对死禽以前所在的位置进行严格消毒,防止病菌的滋长蔓延。

(5)动物防疫人员、兽医等应找出病死禽只的死亡原因,及时采取控制措施,减少不必要的损失。

(九)饲料和添加剂的使用管理

(1)使用的饲料原材料应来源于无疫病洁净地区,无霉烂变质。

(2)使用的预混料、浓缩料、饲料添加剂、全价饲料等要有生产企业不添加国家明文规定的违禁药品的承诺书,实行定点采购。

(3)严格执行农业部相关规定,严禁使用影响生殖的激素、具有激素作用的物质、催眠镇静药、肾上腺素类药等。

(4)加药饲料和不加药饲料要分开保存,标志明显,出售禽蛋应严格按休药期规定执行休药期。

(5)使用自配饲料要建立详细的饲料生产记录。

(6)饲料和添加剂要少存勤进,存放在阴凉干燥处,专人保管,专人调配。

(7)饲料生产记录和饲料、添加剂使用记录档案应保存 2 年以上。

(十)活禽出入场管理制度

(1)从外地引种时,首先要调查、了解种禽所在地的疫病流行情况,只能从取得《种畜禽生产经营许可证》和《动物防疫合格证》的无新城疫、无禽流感等疫病的种禽场的健康禽群中购买。经当地动物检疫机构检疫,签发当地检疫合格证书后方可启运。

(2)运输工具要经过彻底清洗和消毒,运输过程中避免接触其他动物。不要在疫区停留、饮水、饲喂。

(3)运回禽场后,要经隔离饲养 30 天以上,经当地动物防疫监督机构临床检查、实验室检验,确认健康无病,再经免疫防疫接种、驱虫、全身喷雾消毒后,方可进入生产群。

(4)出售或淘汰禽群时,要按规定向动物防疫部门提前报检,经检疫健康并发给《产地动物检疫合格证明》,调出县境时,必须换发《出县境动物检疫合格证明》和《动物及动物产品运载工具消毒证明》,同时还要证明所有产品“来自非疫区,无禽流感”,然后方可出场销售。

二、无公害禽肉质量控制

无公害食品肉鸡屠宰前的活鸡应来自非疫区,所用饲料和饲料添加剂应符合《饲料和饲料添加剂管理条例》的规定,饲养环境应符合《畜禽场环境质量标准》的规定,按照《无公害食品:家禽养殖生产管理规范》加强饲养管理,采取各种措施减少应激,增强机体自身的免疫力;应严格做好预防工作,防止发病和死亡,及时淘汰病鸡,最大限度地减少化学药品的使用。当必须使用兽药进行病鸡的预防和治疗时,应在兽医指导下进行。应先确定致病菌的种类,以便选择对症药品,避免滥用药物。所用兽药应符合《中华人民共和国兽药典》《进口兽药质量标准》《中华人民共和国兽用生物制品质量标准》等的有关规定。所用兽药应产自具有兽药生产许可证并具有产品批准文号的生产企业,或者具有《进口兽药登记许可证》的供应商。所用兽药的标签应符合《中华人民共和国兽药管理条例》的规定。无公害食品肉鸡饲养中允许使用的饲料添加剂如表 9-6-3 所示,允许使用的药物饲料添加剂如表 9-6-4 所示。为保证屠宰后禽组织中的兽药残留符合限量规定,应在停药 28 天后再屠宰供食用。抗球虫药应以轮换或穿梭方式使用,以免产生耐药性。

表 9-6-3　无公害食品肉鸡饲养中允许使用的饲料添加剂

类别	饲料添加剂名称
饲料级氨基酸(7种)	L-赖氨酸盐酸盐、DL-蛋氨酸、DL-羟基蛋氨酸、DL-羟基蛋氨酸钙、N-羟甲基蛋氨酸、L-色氨酸、L-苏氨酸
饲料级维生素(26种)	β-胡萝卜素、维生素A、维生素A乙酸酯、维生素A棕榈酸酯、维生素D_3、维生素E、维生素E乙酸酯、维生素K_3(亚硫酸氢钠甲萘醌)、二甲基醚丁醇亚硫酸钾萘醌、维生素B_1(盐酸硫胺)、维生素B_1(硝酸硫胺)、维生素B_2(核黄素)、维生素B_6、烟酸、烟酰胺、D-泛酸钙、DL-泛酸钙、叶酸、维生素B_{12}(氰钴胺)、维生素C(L-抗坏血酸)、L-抗坏血酸钙、L-抗坏血酸-1-磷酸酯、D-生物素、氯化胆碱、L-肉碱盐酸盐、肌醇
饲料级矿物质、微量元素(46种)	硫酸钠、氯化钠、磷酸二氢钠、磷酸氢二钠、磷酸二氢钾、磷酸氢二钾、碳酸钙、氯化钙、磷酸氢钙、磷酸二氢钙、磷酸三钙、乳酸钙、七水硫酸镁、一水硫酸镁、氧化镁、氯化镁、七水硫酸亚铁、一水硫酸亚铁、三水乳酸亚铁、六水柠檬酸亚铁、富马酸亚铁、甘氨酸铁、蛋氨酸铁、五水硫酸铜、一水硫酸铜、蛋氨酸铜、一水硫酸锌、七水硫酸锌、无水硫酸锌、氧化锌、蛋氨酸锌、一水硫酸锰、氯化锰、碘化钾、碘酸钾、碘酸钙、六水氯化钴、一水氯化钴、亚硒酸钠、酵母铁、酵母铜、酵母锰、酵母硒、酵母铬、甲基吡啶铬、烟酸铬
饲料级酶制剂(12类)	蛋白酶(黑曲霉、枯草芽孢杆菌)、淀粉酶(地衣芽孢杆菌、黑曲霉)、支链淀粉酶(嗜酸乳杆菌)、果胶酶(黑曲霉)、脂肪酶、纤维素酶(木霉)、麦芽糖酶(枯草芽孢杆菌)、木聚糖酶(腐质霉)、β-聚葡糖酶(枯草芽孢杆菌、黑曲霉)、甘露聚糖酶(缓慢芽孢杆菌)、植酸酶(黑曲霉、米曲霉)、葡萄糖氧化酶(青霉)
饲料级微生物添加剂(11种)	干酪乳杆菌、植物乳杆菌、粪链球菌、乳酸片球菌、枯草芽孢杆菌、纳豆芽孢杆菌、嗜酸乳杆菌、乳链球菌、啤酒酵母菌、产朊假丝酵母、沼泽红假单胞菌
抗氧剂(4种)	乙氧基喹啉、二丁基羟基甲苯、丁基羟基茴香醚、没食子酸丙酯
防腐剂、电解质平衡剂(25种)	甲酸、甲酸钙、甲酸铵、乙酸、双乙酸钠、丙酸、丙酸钙、丙酸钠、丙酸铵、丁酸、乳酸、苯甲酸、苯甲酸钠、山梨酸、山梨酸钠、山梨酸钾、富马酸、柠檬酸、酒石酸、苹果酸、磷酸、氢氧化钠、碳酸氢钠、氯化钾、氢氧化铵

注:选自中华人民共和国农业部颁布的《允许使用的饲料添加剂品种目录》。

表 9-6-4　无公害食品肉鸡饲养中允许使用的药物饲料添加剂

类别	药物名称	用量(以有效成分计)	休药期/d
抗菌药	阿美拉霉素	5～10g/1000kg	0
	杆菌肽锌	以杆菌肽计 4～40g/1000kg,16 周龄以下使用	0
	杆菌肽锌＋硫酸粘杆菌素	2～20g/1000kg＋0.4～4g/1000kg,16 周龄以下使用	0
	盐酸金霉素	20～50g/1000kg	7
	硫酸粘杆菌素	2～20g/1000kg	7
	恩拉霉素	1～5g/1000kg	7
	黄霉素	5g/1000kg	0

续表

类别	药物名称	用量(以有效成分计)	休药期/d
抗菌药	吉他霉素	促生长:5～10g/1000kg	7
	那西肽	2.5g/1000kg	3
	牛至油	促生长:1.25～12.5g/1000kg; 预防:11.25g/1000kg	0
	土霉素钙	混饲:10～50g/1000kg,10 周龄以下使用	7
	维吉尼亚霉素	5～20g/1000kg	1
抗球虫药	盐酸氨丙啉＋乙氧酰胺苯甲酯	125g/1000kg＋8g/1000kg	3
	盐酸氨丙啉＋乙氧酰胺苯甲酯＋磺胺喹恶啉	100g/1000kg＋5g/1000kg＋60g/1000kg	7
	氯羟吡啶	125g/1000kg	5
	复方氯羟吡啶粉(氯羟吡啶＋苄氧喹甲酯)	102g/1000kg＋8.4g/1000kg	7
	地克珠利	1g/1000kg	—
	二硝托胺	125g/1000kg	3
	氢溴酸常山酮	3g/1000kg	5
	拉沙洛西钠	75～125g/1000kg	3
	马杜霉素铵	5g/1000kg	5
	莫能菌素	90～110g/1000kg	5
	甲基盐霉素	60～80g/1000kg	5
	甲基盐霉素＋尼卡巴嗪	30～50g/1000kg＋30～50g/1000kg	5
	尼卡巴嗪	20～25g/1000kg	4
	尼卡巴嗪＋乙氧酰胺苯甲酯	125g/1000kg＋8g/1000kg	9
	盐酸氯苯胍	30～60g/1000kg	5
	盐霉素钠	60g/1000kg	5
	赛杜霉素钠	25g/1000kg	5

资料来源:中华人民共和国农业部.无公害农产品　兽药使用准则:NY/T 5030-2016[S].

◇复习思考题

1. 如何做好养禽场的管理工作?
2. 养禽场的生产成本费用由哪几部分组成?
3. 如何控制和降低养禽场的成本费用?
4. 制订养禽场生产计划的依据有哪些?

5. 如何控制禽产品质量?

【技能实训 18】　制定蛋鸡养殖场的消毒制度

一、目的要求

通过实训要求掌握养禽场各个环节的消毒方法、消毒剂的选择、常用消毒剂的浓度及消毒器械操作方法。

二、仪器设备与材料

常用消毒剂、消毒器械若干种。

三、方法与步骤

以3～4人为一组,进行调查分析、讨论总结,写出各小组的消毒制度,然后在老师的指导下,由各小组长综合整理,制定出一个有效的消毒制度。

⇨实训报告

写出蛋鸡养殖场的消毒制度。

参考文献

[1] 蔡长霞.养禽与禽病防治[M].北京:中国轻工业出版社,2013.
[2] 王小芬,石浪涛.养禽与禽病防治[M].北京:中国农业大学出版社,2012.
[3] 黄运茂,施振旦.高效养鸭技术[M].广州:广东科技出版社,2011.
[4] 赵聘,黄炎坤.家禽生产技术[M].北京:中国农业大学出版社,2011.
[5] 邹洪波.禽病防治[M].北京:北京师范大学出版社,2011.
[6] 周新民,蔡长霞.家禽生产[M].北京:中国农业出版社,2011.
[7] 史延平,赵月平.家禽生产技术[M].北京:化学工业出版社,2009.
[8] 杨宁.家禽生产学[M].北京:中国农业出版社,2002.
[9] 丁国志,张绍秋.家禽生产技术[M].北京:中国农业大学出版社,2007.
[10] 焦库华.禽病的临床诊断与防治[M].北京:化学工业出版社,2003.
[11] 徐苏凌.家禽生产学[M].北京:中国农业科学技术出版社,2002.
[12] 王春林.中国实用养禽手册[M].上海:上海科学技术文献出版社,2000.
[13] 康相涛,崔保安,赖银生.实用养鸡大全[M].郑州:河南科学技术出版社,2001.
[14] 豆卫.禽类生产[M].北京:中国农业出版社,2001.
[15] 甘孟侯.中国禽病学[M].北京:中国农业出版社,1999.
[16] 杨山.家禽生产学[M].北京:中国农业出版社,1995.
[17] 中华人民共和国农业部.无公害农产品　生产质量安全控制技术规范:第11部分　鲜禽蛋:NY/T 2798.11—2015[S].2015.
[18] 中华人民共和国农业部.无公害农产品　兽药使用准则:NY/T 5030—2016[S].
[19] 中华人民共和国农业部.标准化养殖场　肉鸡:NY/T 2666—2014[S].
[20] 中华人民共和国农业部.标准化养殖场　蛋鸡:NY/T 2664—2014[S].
[21] 中华人民共和国农业部.无公害食品　家禽养殖生产管理规范:NY/T 5038—2006[S].

图书在版编目(CIP)数据

家禽生产 / 吕骅,吴海洪主编. —杭州:浙江大学出版社,2017.8

ISBN 978-7-308-17099-4

Ⅰ.①家… Ⅱ.①吕… ②吴… Ⅲ.①养禽学—高等职业教育—教材 Ⅳ.①S83

中国版本图书馆 CIP 数据核字(2017)第 161775 号

家禽生产

主编　吕　骅　吴海洪

责任编辑　徐　霞
责任校对　陈静毅　陆雅娟　郝　娇
封面设计　续设计
出版发行　浙江大学出版社
(杭州天目山路 148 号　邮政编码 310007)
(网址:http://www.zjupress.com)
排　　版　杭州中大图文设计有限公司
印　　刷　浙江省邮电印刷股份有限公司
开　　本　787mm×1092mm　1/16
印　　张　16.75
字　　数　419 千
版 印 次　2017 年 8 月第 1 版　2017 年 8 月第 1 次印刷
书　　号　ISBN 978-7-308-17099-4
定　　价　38.00 元

版权所有　翻印必究　　印装差错　负责调换

浙江大学出版社发行中心联系方式:0571—88925591;http://zjdxcbs.tmall.com